U0336883

总主编 伍 江 副总主编 雷星晖

廖耀祖 李新贵 著

纳米尺度导电聚合物的
合成及多功能性

Synthesis and Multifunctionality of Nanoscale Conducting Polymers

内 容 提 要

本书应用简明的化学氧化聚合法合成了多功能纳米尺度聚苯并菲，系统讨论了溶剂、温度、单体浓度、氧单比以及酸对产物纳米微观形态、结构和性能的影响，提出了一种快速引发原位化学氧化聚合法制备聚苯胺/碳纳米管杂化纳米纤维的新方法。

本书适合材料学相关领域的人员参考。

图书在版编目(CIP)数据

纳米尺度导电聚合物的合成及多功能性/廖耀祖，李新贵著. —上海：同济大学出版社，2020.5
(同济博士论丛/伍江总主编)
ISBN 978-7-5608-6977-3

Ⅰ.①纳… Ⅱ.①廖… ②李… Ⅲ.①纳米材料—导电聚合物—研究 Ⅳ.①TB383

中国版本图书馆 CIP 数据核字(2020)第 075382 号

纳米尺度导电聚合物的合成及多功能性

廖耀祖　李新贵　著

出 品 人　华春荣　　责任编辑　解明芳　蒋卓文

责任校对　徐春莲　　封面设计　陈益平

出版发行　同济大学出版社　　www.tongjipress.com.cn
(地址：上海市四平路 1239 号　邮编：200092　电话：021-65985622)

经　　销　全国各地新华书店

排版制作　南京展望文化发展有限公司

印　　刷　浙江广育爱多印务有限公司

开　　本　787 mm×1092 mm　1/16

印　　张　13.25

字　　数　265 000

版　　次　2020 年 5 月第 1 版　　2020 年 5 月第 1 次印刷

书　　号　ISBN 978-7-5608-6977-3

定　　价　66.00 元

“同济博士论丛”编写领导小组

“同济博士论丛”编辑委员会

袁万城　莫天伟　夏四清　顾　明　顾祥林　钱梦騄
徐　政　徐　鉴　徐立鸿　徐亚伟　凌建明　高乃云
郭忠印　唐子来　阎耀保　黄一如　黄宏伟　黄茂松
戚正武　彭正龙　葛耀君　董德存　蒋昌俊　韩传峰
童小华　曾国荪　楼梦麟　路秉杰　蔡永洁　蔡克峰
薛　雷　霍佳震

秘书组成员： 谢永生　赵泽毓　熊磊丽　胡晗欣　卢元姗　蒋卓文

总序

在同济大学110周年华诞之际，喜闻"同济博士论丛"将正式出版发行，倍感欣慰。记得在100周年校庆时，我曾以《百年同济，大学对社会的承诺》为题作了演讲，如今看到付梓的"同济博士论丛"，我想这就是大学对社会承诺的一种体现。这110部学术著作不仅包含了同济大学近10年100多位优秀博士研究生的学术科研成果，也展现了同济大学围绕国家战略开展学科建设、发展自我特色，向建设世界一流大学的目标迈出的坚实步伐。

坐落于东海之滨的同济大学，历经110年历史风云，承古续今、汇聚东西，秉持"与祖国同行、以科教济世"的理念，发扬自强不息、追求卓越的精神，在复兴中华的征程中同舟共济、砥砺前行，谱写了一幅幅辉煌壮美的篇章。创校至今，同济大学培养了数十万工作在祖国各条战线上的人才，包括人们常提到的贝时璋、李国豪、裘法祖、吴孟超等一批著名教授。正是这些专家学者培养了一代又一代的博士研究生，薪火相传，将同济大学的科学研究和学科建设一步步推向高峰。

大学有其社会责任，她的社会责任就是融入国家的创新体系之中，成为国家创新战略的实践者。党的十八大以来，以习近平同志为核心的党中央高度重视科技创新，对实施创新驱动发展战略作出一系列重大决策部署。党的十八届五中全会把创新发展作为五大发展理念之首，强调创新是引领发展的第一动力，要求充分发挥科技创新在全面创新中的引领作用。要把创新驱动发展作为国家的优先战略，以科技创新为核心带动全面创新，以体制机制改革激发创新活力，以高效率的创新体系支撑高水平的创新型国家建设。作为人才培养和科技创新的重要平台，大学是国家创新体系的重要组成部分。同济大学理当围绕国家战略目标的实现，作出更大的贡献。

大学的根本任务是培养人才，同济大学走出了一条特色鲜明的道路。无论是本科教育、研究生教育，还是这些年摸索总结出的导师制、人才培养特区，“卓越人才培养”的做法取得了很好的成绩。聚焦创新驱动转型发展战略，同济大学推进科研管理体系改革和重大科研基地平台建设。以贯穿人才培养全过程的一流创新创业教育助力创新驱动发展战略，实现创新创业教育的全覆盖，培养具有一流创新力、组织力和行动力的卓越人才。“同济博士论丛”的出版不仅是对同济大学人才培养成果的集中展示，更将进一步推动同济大学围绕国家战略开展学科建设、发展自我特色、明确大学定位、培养创新人才。

面对新形势、新任务、新挑战，我们必须增强忧患意识，扎根中国大地，朝着建设世界一流大学的目标，深化改革，勠力前行！

万 钢

2017 年 5 月

论丛前言

承古续今，汇聚东西，百年同济秉持“与祖国同行、以科教济世”的理念，注重人才培养、科学研究、社会服务、文化传承创新和国际合作交流，自强不息，追求卓越。特别是近20年来，同济大学坚持把论文写在祖国的大地上，各学科都培养了一大批博士优秀人才，发表了数以千计的学术研究论文。这些论文不但反映了同济大学培养人才能力和学术研究的水平，而且也促进了学科的发展和国家的建设。多年来，我一直希望能有机会将我们同济大学的优秀博士论文集中整理，分类出版，让更多的读者获得分享。值此同济大学110周年校庆之际，在学校的支持下，“同济博士论丛”得以顺利出版。

“同济博士论丛”的出版组织工作启动于2016年9月，计划在同济大学110周年校庆之际出版110部同济大学的优秀博士论文。我们在数千篇博士论文中，聚焦于2005—2016年十多年间的优秀博士学位论文430余篇，经各院系征询，导师和博士积极响应并同意，遴选出近170篇，涵盖了同济的大部分学科：土木工程、城乡规划学(含建筑、风景园林)、海洋科学、交通运输工程、车辆工程、环境科学与工程、数学、材料工程、测绘科学与工程、机械工程、计算机科学与技术、医学、工程管理、哲学等。作为“同济博士论丛”出版工程的开端，在校庆之际首批集中出版110余部，其余也将陆续出版。

博士学位论文是反映博士研究生培养质量的重要方面。同济大学一直将立德树人作为根本任务，把培养高素质人才摆在首位，认真探索全面提高博士研究生质量的有效途径和机制。因此，“同济博士论丛”的出版集中展示同济大学博士研究生培养与科研成果，体现对同济大学学术文化的传承。

"同济博士论丛"作为重要的科研文献资源，系统、全面、具体地反映了同济大学各学科专业前沿领域的科研成果和发展状况。它的出版是扩大传播同济科研成果和学术影响力的重要途径。博士论文的研究对象中不少是"国家自然科学基金"等科研基金资助的项目，具有明确的创新性和学术性，具有极高的学术价值，对我国的经济、文化、社会发展具有一定的理论和实践指导意义。

"同济博士论丛"的出版，将会调动同济广大科研人员的积极性，促进多学科学术交流、加速人才的发掘和人才的成长，有助于提高同济在国内外的竞争力，为实现同济大学扎根中国大地，建设世界一流大学的目标愿景做好基础性工作。

虽然同济已经发展成为一所特色鲜明、具有国际影响力的综合性、研究型大学，但与世界一流大学之间仍然存在着一定差距。"同济博士论丛"所反映的学术水平需要不断提高，同时在很短的时间内编辑出版 110 余部著作，必然存在一些不足之处，恳请广大学者，特别是有关专家提出批评，为提高同济人才培养质量和同济的学科建设提供宝贵意见。

最后感谢研究生院、出版社以及各院系的协作与支持。希望"同济博士论丛"能持续出版，并借助新媒体以电子书、知识库等多种方式呈现，以期成为展现同济学术成果、服务社会的一个可持续的出版品牌。为继续扎根中国大地，培育卓越英才，建设世界一流大学服务。

伍　江

2017 年 5 月

前 言

导电聚合物以其特异的光、电、热、气敏特性等而备受研究者关注。另外，纳米技术给材料、能源、生物和信息等研究领域带来新的活力。导电聚合物与纳米技术相结合将有利于材料的集成与组装，同时也能拓展材料的功能性。因此，纳米尺度导电聚合物有望在微电子、光学器件、医学诊断、传感技术、药物分离、太阳能电池以及驱动器件等诸多方面发挥重要作用。本书从稠环或杂环芳烃如荧蒽、苯并菲、吡咯和苯胺单体出发，应用简明的化学氧化聚合法合成了多种纳米尺度导电聚合物。系统研究了聚合反应条件对纳米尺度导电聚合物的微观形态、结构和性能的影响，重点考察了它们在荧光传感器、化学传感器、超滤膜和制备炭材料中的应用。

首先，采用简单的化学氧化聚合法合成了多功能纳米尺度聚荧蒽，系统地讨论了聚合反应条件如溶剂、氧化剂、温度、时间以及氧化剂/单体摩尔比(氧单比)等对其纳米微观形态、结构和性能的影响。红外光谱、紫外光谱、飞行时间质谱、核磁共振谱以及X射线衍射光谱等，表明了聚荧蒽呈现环状锥形的长程有序、短程无序的聚集态结构；采用硝基甲烷为溶剂合成的聚荧蒽纳米纤维的长度约500 nm，直径约50 nm；随着温度、聚合时间和氧单比不断提高，聚荧蒽的产率、电导率以及共轭程度均呈现先提高后降低的趋势；聚荧蒽的产率和碘掺杂电导率最高分别达90.5%和10^{-2} S/cm；聚荧蒽独特的环状锥形结构和高度芳香性导致其具有非常高的热稳定性、成炭能力和光致发光能力；聚荧蒽的光致发蓝绿色荧光能力是荧蒽单体的12倍；基于聚荧蒽的

荧光传感器对 Fe^{3+} 和苦味酸的探测下限分别达 6.25×10^{-11} M、1.0×10^{-12} M，探测的浓度范围分别横跨 7～8、8～10 个数量级。

其次，应用简明的化学氧化聚合法合成了多功能纳米尺度聚苯并菲，系统地讨论了溶剂、温度、单体浓度、氧单比以及酸对产物纳米微观形态、结构和性能的影响；重点研究了聚苯并菲纳米纤维的导电性能、热稳定性能、光热效应以及荧光性能等；制备了聚苯并菲溶液荧光传感器和与聚砜复合的膜传感器，成功实现了对硝基化合物如硝基甲烷、硝基苯和苦味酸的检测。红外光谱、紫外光谱、核磁共振谱以及飞行时间质谱等，表明了聚苯并菲形成了环状五角形结构；扫描电子显微镜和透射电子显微镜表明聚苯并菲纳米纤维直径为 50～300 nm，长度为 1～5 μm；三氯化铁原位掺杂和碘掺杂聚苯并菲纳米纤维呈现典型的半导体特性，其电导率分别为 6.0×10^{-4} S/cm 和 8.0×10^{-4} S/cm；聚苯并菲纳米纤维显示良好的热稳定性和光热效应；聚苯并菲纳米纤维具有很强的光致发蓝色荧光能力，是其单体的 7 倍；基于聚苯并菲的荧光传感器对硝基化合物的检测符合典型的 Stern-Volmer 响应，对苦味酸的检测下限达 1.0×10^{-10} M，检测浓度范围跨度高达 5 个数量级。

再次，提出了一种快速引发原位化学氧化聚合法——制备聚苯胺/碳纳米管杂化纳米纤维的新方法。该方法通过在苯胺的聚合过程添加引发剂 *N*-苯基对苯二胺和羧酸功能化单壁碳纳米管，得到电导率高、分散好、溶解能力强和热稳定性优异的聚苯胺纳米纤维(壳)-碳纳米管(核)纳米网络结构。掺杂态和去掺杂态聚苯胺/碳纳米管杂化纳米纤维的电导率分别高达 95.2 S/cm 和 0.3 S/cm。基于杂化纳米纤维制备的微电极化学传感器，对气体(HCl、NH_3)探测的灵敏度是基于纯聚苯胺纳米纤维制备的化学传感器的 9 倍多(120 s *vs.* 1 000 s)。溶剂/非溶剂相转移法制备的聚苯胺/碳纳米管/聚砜复合膜的相容性良好；通过改变聚苯胺/碳纳米管杂化纳米纤维的含量和闪光强度可以调控复合膜的热稳定性、电导率、亲水性、水通量和牛血清蛋白质(BSA)截留率等；当杂化纳米纤维含量≥50 wt%时，聚苯胺/碳纳米管/

聚砜复合膜在 pH=7.0 和 0.5 时的电导率分别为 3.4×10^{-6} S/cm 和 0.1 S/cm;去掺杂态复合膜通过闪光后,电导率从 3.4×10^{-6} S/cm 提高至 2.2×10^{-4} S/cm;随着杂化纳米纤维含量的增加,复合膜的水通量逐渐提高,而 BSA 截留率逐渐减小;随闪光强度的提高,复合膜对 BSA 的截留率由高变低而纯水通量由低变高。

最后,发明了一种快速引发化学氧化聚合法制备聚吡咯纳米球的新方法。该方法通过在吡咯的聚合过程添加引发剂 2,4-二氨基二苯基胺,极大地提高了吡咯均相成核聚合速率;系统研究了引发剂浓度、氧化剂、酸和氧单比等对聚吡咯的化学结构、微观形貌、颗粒尺寸、电导率和产率的影响,阐明了聚吡咯纳米球的形成机理。随引发剂浓度从 0 mol%增加至 10 mol%时,聚吡咯的产率从 2.7%迅速提高至 42.6%,继续增加引发剂含量对产率影响不大。氧化剂的氧化能力越强、氧化剂/单体比越高,得到的产物 π-π 共轭程度越高,电导率和产率也越高。不同酸介质如 HCl、HNO_3、$HClO_4$ 和 CSA 对产率的影响较小,但能明显影响电导率。采用 HNO_3 为反应介质,产物的电导率最高,约为 10^{-2} S/cm。聚吡咯纳米球可以很容易地分散于多种溶剂如水、醇、甲苯和 *N*-甲基-2-吡咯烷酮等。采用热解法制备的炭纳米球尺寸受聚吡咯纳米球母体尺寸控制,但总体比母体纳米球的尺寸缩小 20~30 nm(如 60 *vs.* 85 nm)。炭纳米球的最高电导率高达 1 180 S/cm,可以与一些金属导体如汞、铅相媲美。溶剂/非溶剂相转移法制备的聚吡咯纳米球/聚砜复合膜的相容性良好;随聚吡咯纳米球含量的增加,复合膜的表面孔隙率、表面粗糙度以及膜本体的孔与孔的网络贯通性提高。聚吡咯纳米球的粒径对复合超滤膜的微观形态影响较小。相同条件下,纳米复合膜的纯水通量即渗透性明显高于纯聚砜膜,最大提高了 9 倍多。聚吡咯纳米球含量和粒径越高,膜的渗透性越好。采用 2~4 wt%聚吡咯纳米球制备的聚吡咯/聚砜纳米复合超滤膜显示出良好的渗透性和截留率协同性,不仅大大提高膜的纯水通量,同时导致了更高的 BSA 截留率。

目 录

第1章 引言

1.1 概述

材料是人类赖以生存和发展的物质基础。自20世纪70年代以来，材料、信息、能源就已经成为现代文明的三大支柱。导电聚合物材料以其特异的光、电、热、气敏特性等而备受研究者关注。一般来说，导电聚合物指的是一类分子主链含有大π键的不饱和有机化合物，由重复的单元链段彼此连接而成，重复单元一般由碳—碳单键和不饱和共价键(双键或三键)交替而成，给载流子提供了离域迁移的条件。与传统的无机物材料相比，导电聚合物具有密度小、耐腐蚀、可大面积成膜以及电导率可在十多个数量级的范围内进行调节等特点。导电聚合物主要包括稠环芳烃、芳基杂链和芳杂环聚合物或高聚物等。

导电聚合物的发展潜力在于其既具有金属或半导体的电学和光学性能，又保留传统高分子优越的成膜性能和加工性能。由于其刚性的主链结构以及分子链间较强的相互作用，合成的某些共轭聚合物或低聚物通常不溶或不能熔融，在很大程度上限制了它们的应用。另外，纳米技术的发展给物理、化学、材料、生物和信息等基础与应用研究领域带来新的活力。导电聚合物与纳米技术相结合有利于材料的集成与组装，同时拓展材料的功能性。因此，纳米尺度导电聚合物有望在微电子、光学器件、信息存储、医学诊断、传感技术、药物分离、太阳能电池以及驱动器件等诸多方面发挥作用。下面就一些典型的导电聚合物的合成方法、纳米化及应用研究进行综述。

1.2 稠环芳烃聚合物的合成

在聚对苯撑的研究基础上,基于稠环芳烃单体如萘、蒽、芴、荧蒽、薁、芘、苯并菲等化学结构式(图 1-1),采用电化学氧化聚合法、化学氧化聚合法、偶联反应和 Diels-Alder 加成反应等可以合成相应的稠环芳烃聚合物。

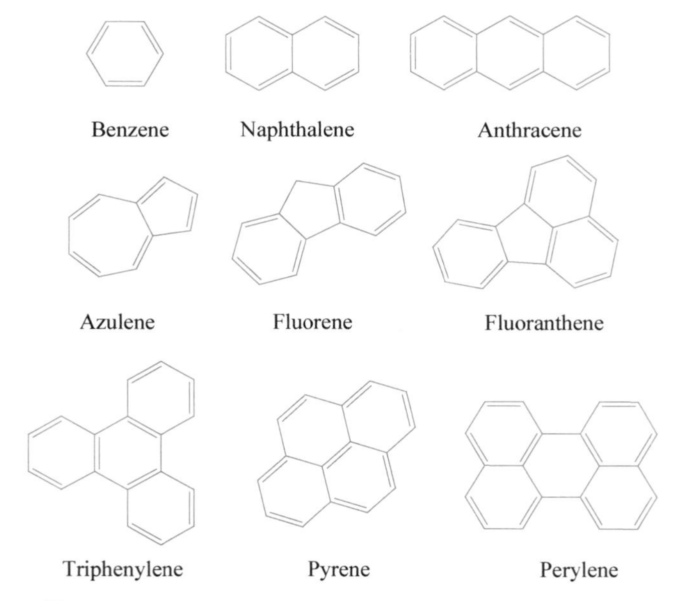

图 1-1 Chemical structures showing for several typical aromatic monomers

1.2.1 电化学氧化聚合法

电化学氧化法最早应用于苯的聚合。Fanvarque 等人[1]采用 Ni 为催化剂以对二溴苯实施电化学氧化制备了聚对苯撑。随后,Yamamoto 等人[2]提出在酸性环境下,对苯单体直接电化学氧化合成了聚对苯撑,该方法可得到聚苯撑粉末和自支撑膜。

基于苯的电氧化聚合,一系列的稠环芳烃聚合物相继被合成出来。Nie 等人[3]在三氟化硼乙醚溶液中通过电化学氧化方法,可以制备成非晶态聚薁导电膜,在薁五元环的 1、3 位连接成线性共轭结构。在聚合时,膜形成与电化学掺杂同时在电极表面完成，其电导率在 10^{-2}～2 S/cm 之间，与聚乙炔和聚苯导电聚合物相当。具体数值与电化学聚合时所用的溶剂、电解质等条件有关。采用恒电位法[4]，分别以 Pt、不锈钢以及 Ag/AgCl 为工作电极、对电极和参比电极，在三氟化硼乙醚电解液中制备了黑色聚蒽膜。聚蒽膜的产率、聚合度和电导率分别为 25%、4～7 和 0.1 S/cm，并能部分溶解于四氢呋喃、氯仿。石高全等人[5]借助氧化铝模板电聚合制备的直径为 200 nm 的高结晶性齐聚芘纳米线，在不同波长如 405 nm、488 nm 和 543 nm 的紫外线激发时，这种齐聚芘纳米线能够发射出蓝、绿和红三色荧光，借助图案电极电氧化聚合，还可以制备高结晶性齐聚芘的纳米网络结构膜片[6]。同时，这种齐聚芘纳米线在硝基芳香物的检测方面具有重要应用潜力[7]。通过电化学氧化聚合法合成电导率为 10^{-2}～10^{-1} S/cm 的聚菲[8]、聚荧蒽[9]、聚芴[10]以及聚苯并菲[11]也不乏报道。例如，采用电化学氧化聚合法，以氟化硼乙醚为电解液，在 1.23 V *vs.* SCE 的恒电位下氧化荧蒽单体，在阳极上直接合成了电导率为 10^{-2} S/cm 数量级的聚荧蒽薄膜。由于氟化硼乙醚可有效降低荧蒽的化学氧化电位，从而减轻了聚合物薄膜在合成过程中的破坏。采用电化学氧化法，以四乙基四氟硼酸为电解液，通过氧化苯并菲可以在 Pt 电极上沉积不溶不熔的聚苯并菲膜。通过 BF_4^- 离子掺杂的聚苯并菲膜具有一定的导电能力，并能够从电极上剥离下来。电化学氧化聚合法在合成稠环芳烃聚合物取得了一定的成功，然而产物的功能性如热稳定性、荧光性、导电性等有限，而且受电极面积的限制，不利于规模化生产。

1.2.2　化学氧化聚合法

化学氧化聚合法最先也是应用于苯的聚合，主要包括 Kovacic 法和 Toshima 法等。Kovacic 法是合成聚苯撑芳环聚合物应用较为广泛的一种方法[12]。即在 N_2 气氛下，以苯为母体，$CuCl_2$ 作氧化剂，$AlCl_3$ 作催化剂来制备聚对苯撑。当 $AlCl_3$ ∶ $CuCl_2$ 的摩尔比为 2∶1 时，聚对苯撑的产率最高，产物是不溶不熔的粉末。Sergei 等人[13]改进了 Kovacic 法，称为氧化缩聚法，用纯的无水 $AlCl_3$ 和氯化丁基吡啶(2∶1)的络合物作为溶剂，氯化烷氧基铝为催化剂，获得了较高分子量的聚对苯撑。Toshima 等人[14]用氧气作氧化剂，$CuCl/AlCl_3$ 为催化剂，这种方法无副产物，但聚对苯撑产率较低。另外，Yoshino 等人[15]通过 $FeCl_3$ 化学氧化法最早合成了可溶解的聚烷基芴，但得到的聚合物分子量低、存在大量的结构缺陷。同样，采用化学氧化法，在 250℃～325℃ 温度下使蒽油跟无水 $AlCl_3$ 反应，制备得到了一种类似于沥青的聚蒽[16]。通过调节反应温度和

氧化剂 $AlCl_3$的浓度可以控制蒽油的转化率。Ostrum 等人[17]通过采用一种混合氧化剂(60 wt% $FeCl_3$、26 wt% NaCl、14 wt% KCl),在高温(220℃)下化学氧化苯并菲单体,可以制备产率约 43%的氯代苯并菲三聚体。我们也已经报道了通过三氯化铁或三氯化铝氧化法,可以合成具有多功能性,如耐高温、光致发蓝色荧光和对金属离子具有一定识别能力的聚芘[18]。与电化学氧化聚合法相比,化学氧化聚合法具有操作易、能耗小、产率高、合成聚合物的量可规模化控制等优点。

1.2.3 偶联法

偶联法的主要思路是将芳烃卤化,利用偶联反应或缩聚反应来合成稠芳环聚合物。1981 年,Suzuki 等人[19]首次报道了在碳酸钠溶液中,苯基硼酸和苯基卤化物通过钯配合物催化发生偶合反应生成联苯,这类反应后来就被称作 Suzuki 偶联反应。随后,Yamamoto 等人[20]提出另一种脱卤缩合反应过程。该反应是以 $NiCl_2$(bpy)(bpy: 2,2′-吡啶)作催化剂,缩合得到了完全的 1,4-连接的聚对苯撑。后来,又用 Ni(Cod)/(Cod: 1,5-环辛二烯)代替 Mg,使合成产物产率提高,聚合度增大。将 9,10-二溴蒽与金属钠作用,经偶联反应可以制备以卤素为端基的黄色聚蒽[21]。将蒽酮加入到聚磷酸当中,在惰性气体(N_2)保护下高温加热(140℃),经偶联反应制得电导率为 1.9×10^{-11} S/cm、聚合度为 5~6、可溶于 NMP 的黑色聚蒽粉末。这种聚蒽表现出良好的耐热、抗氧化、热致变色、半导体以及顺磁等特性[22]。通过芳基双卤代物单体在零价镍络合物的作用下,发生 Yamamoto 偶联反应可以使聚蒽的聚合度提高至 10~38[23]。但是,这种方法对单体的纯度要求十分严格,一旦有单取代的分子出现,就会终止分子链的增长。以 1,3-二溴薁单体为原料,经脱卤化氢反应,在碱金属存在下通过偶联反应制备也可以制备聚薁[24]。另外,偶联反应也被成功地用于制备聚苯并菲及其衍生物[25-27]。例如,从含苯侧基的二溴化苯并菲出发,在 1,4-苯二硼酸双频哪醇酯/甲苯混合溶剂中,以四三苯基膦钯为催化剂,在 100℃采用微波辅助 Suzuki-Miyaura 偶联法能合成电致发蓝色荧光的聚苯并菲衍生物。Klaus 等人[28-30]则通过格式试剂偶联法合成了线型聚苝衍生物,采用 $FeCl_3$进一步化学氧化环化,合成了具有类似一维石墨的阶梯形聚苝衍。这种均聚物由于含有超溶性的 4-(1,1,3,3-四甲基)苯氧侧基,因而可溶于有机溶剂如氯仿,是制备聚合物充电芯片的理想材料。通过偶联反应制备稠环芳烃聚合物,一般能够得到较高分子量的产物,然而这种方法成本较高,需要严格的无水、无氧条件,且反应剧烈难以控制。同时，由于反应条件苛刻，导致生成的聚合物存在一定的结构缺陷。

1.2.4 其他方法

稠环芳烃聚合物及其衍生物还可以通过 Diels-Alder 加成反应来制备。例如，不饱和阶梯荧蒽类型的聚合物是通过五元环连接的苊(萘并戊烷)寡链节组成，其合成的起始单体并非荧蒽，而是以戊二烯酮和苊烯单元组成的复杂化合物为 AB 型单体，通过 Diels-Alder 反应即共轭双烯烃和亲双烯试剂发生 1,4 -加成生成环己二烯型化合物后，再氧化脱氢而形成只含 C、H 元素以及部分荧蒽链节的聚合物[31]。尽管所得聚合物并不是严格意义上的聚荧蒽，但这种具有独特的拓扑结构的聚合物具有离域的 π - π 共轭结构，是一种低能带隙聚合物，具有奇异的电学、光学以及光电子学特性[32]。只是其合成过程复杂，且最终所得聚合物缺乏可成型性。

1.3 芳杂链聚苯胺/碳纳米管杂化物的合成

聚苯胺(Polyaniline, PANi)作为一种特殊的芳杂链聚合物，以其原材料易得、简易合成、高电导率、耐高温以及抗氧化性能良好等优点，成为导电聚合物的研究热点之一。PANi 分子独特的线性大 π 电子共轭体系使载流子-自由电子离域提供了迁移条件，因而赋予其奇异的高导电性、磁学特性、电化学电容特性、催化性、电致变色性以及电致容积响应等特性；同时，PANi 不仅可以通过质子酸的掺杂获得良好的导电性能，而且可通过加入氧化剂或还原剂即氧化还原掺杂来使其骨架中的电子迁移发生改变[33]。另外，自 1991 年 S. Iijima 发现碳纳米管(CNT)以来[34]，碳纳米管以其准一维纳米结构、优良的电学和机械性能逐渐成为微电子研究领域的热点之一。将 PANi 与 CNT 复合将产生协同效应，合成综合性能优异的特殊功能有机杂化共轭材料。原位聚合复合法是合成 PANi/CNT 杂化物的最常用方法。这种方法是指在苯胺的聚合溶液中添加碳纳米管，待苯胺聚合反应完毕后，一部分 PANi 包埋 CNT 形成 PANi - CNT“壳-核”结构；另一部分 PANi 单独以无定形颗粒存在。例如，杨杰等人[35]通过化学原位聚合的方法合成了 PANi 均匀包裹 CNT 的杂化物，这种杂化有机共轭材料具有很好的电磁波屏蔽性。曾宪伟等人[36]也用原位聚合的办法合成了 PANi/

CNT杂化物，并且探讨了PANi在CNT表面的形成机理。Deng等人[37]通过原位聚合制备了PANi/CNT杂化物。PANi分子链与CNT相连成完善的导电通路，使杂化材料的导电性能提高，加入质量分数0.2%的CNT就能使材料的电导率提高3倍。邓梅根等人[38]采用搅拌法将苯胺单体加入CNT悬浮液，然后加入氧化剂$(NH_4)_2S_2O_8$原位化学氧化聚合合成了PANi/CNT杂化物，并研究了其在超级电容上的应用。封伟等人[39]采用十二烷基苯磺酸为乳化剂，利用乳液分散原位聚合方法制备了聚苯胺/多壁碳纳米管(PANi/MWCNT)杂化物，SEM和TEM照片显示杂化物的直径为60～70 nm，PANi的包裹层厚度约25～30 nm。X射线衍射光谱和热分析表明，杂化物的结晶性能增强、热稳定性得到提高；光电响应试验表明，杂化物的光吸收增强、光电流增大，PANi/CNT杂化物薄膜受光照射后发生光诱导电荷分离。朱美芳等人[40]采用超声波辅助搅拌法合成了PANi/MWCNT的壳-核结构，PANi与CNT之间通过强烈的π-π相互作用，大大提高了体系的电荷输送能力，从而改善了物质的电化学性能。传统原位聚合复合法如搅拌法、静置法、乳液聚合法以及超声法虽然取得一定成功，然而由于无定形颗粒状PANi的存在，即使采用大量CNT，得到的PANi/CNT杂化材料的电导率并不高、可加工性能也较差。本书将探索一种新的原位复合法，即采用添加引发剂的方法，合成网络结构的聚苯胺那纳米纤维(壳)-碳纳米管(核)杂化纳米纤维，有望进一步提高电学、机械加工性能等。

1.4 芳杂环聚吡咯纳米材料的合成

聚吡咯(polypyrrole, PPy)作为一种特殊的芳杂环导电聚合物，拥有良好的环境稳定性、简易合成以及高电导率等诸多优点。PPy独特的大π键赋予其奇异的光电磁效应、电化学效应、电化学机械致动效应等；同时，PPy分子链的自由电子的传输受特定环境如酸性、湿度、气体氛围以及化学键合等的控制而影响其电导率的大小。一般来说，PPy都是利用化学和电化学氧化聚合来合成的；少数情况下，还可以通过光引发和酶催化来合成PPy。然而，由共轭大π键形成的PPy高分子具有很强的链刚性，并且分子间和分子内的存在强烈的氢键相互作用，导致其不溶不熔，这就造成了难加工、力学性能差且不能生物降解等缺点，极大地限制了其实际应用。

因此，改善PPy的加工性能至关重要。将PPy纳米化，不但解决了难加工的问题，而且有可能获得电导率更高、电化学活性更强、力学性能更优、显示纳米效应的导电聚合物。例如，将 PPy 制成纳米纤维后应用于化学传感器，在敏感性和响应性上明显优于其宏观尺寸的 PPy 材料。可以预见，纳米 PPy 不仅可非常均匀地涂覆在电极上，有效地解决了聚吡咯难加工的问题，而且其带来的纳米效应如高比表面积等，使其在生物化学传感器上必然显示独特的优势。PPy 纳米化主要采用硬模板法、软模板法、表面活性剂法以及活性诱导聚合法等。

1.4.1　硬模板法

硬模板法是将吡咯单体包覆或沉积在纳米尺寸的微孔结构上，使吡咯在限域的模板上发生聚合，形成具有特定形态和尺寸的纳米 PPy。常用的硬模板主要有碳纳米管、多孔 Al_2O_3、Fe_3O_4、V_2O_5 和 SiO_2、介孔沸石、量子阱、径迹-蚀刻膜等。例如，利用多微孔 Al_2O_3 模板化学氧化聚合吡咯成功地制备了 PPy 纳米管[41-43]，其电导率比在相同条件下合成的宏观尺寸 PPy 材料高出一个数量级。将吡咯负载在介孔 Si 模板上，调节介孔 Si 的孔径，电化学氧化吡咯可以制备出不同长径比的 PPy 纳米棒[44]。将吡咯单体负载在 V_2O_5 纳米纤维表面进行化学氧化聚合，用盐酸除去 V_2O_5 模板得到外径 60～80 nm、内径 4～8 nm、长度 2～4 μm 的掺杂态聚吡咯纳米管[45]。Jang 等人[46]提出另一种新方法制备 PPy 纳米管。控制实验条件使吡咯单体在孔道里气化，吡咯气体具有很强的扩散能力，可以充满整个模板。然后，在孔道里引发吡咯单体聚合，PPy 链增长由孔道内壁向中心逐渐扩展，从而制备出表面均匀的、纳米管结构的聚吡咯。将吡咯单体与 Fe_3O_4 纳米粒子复合，进行原位聚合制得具有磁性壳-核结构的聚吡咯/Fe_3O_4 导电纳米粒子[47-48]，其饱和磁力矩大小取决于 Fe_3O_4 含量。另外，以纳米结构的卤化银为模板，将吡咯单体在模板上发生聚合后除去模板，则可制备直径约 50 nm、壳厚约 30 nm、近似单分散的 PPy 纳米空心球[49-50]。同时，聚合反应条件如模板尺寸、单体浓度、氧单比、反应时间以及反应温度等对 PPy 空心结构产生影响。硬模板法便于控制纳米结构 PPy 材料的形貌和尺寸。但是成本高、制备过程复杂、效率低，并且需要大量的溶剂洗涤将模板去除，洗涤过程还会降低 PPy 的性能。

1.4.2　软模板法

软模板法是利用吡咯与高分子聚合物、生物大分子或者表面活性剂在溶液中复合时,形成预想的图案或形状(如球状、棒状或层状胶束等),借此充当纳米反应器,引发吡咯聚合形成纳米结构 PPy。利用高分子或生物分子基体进行导电高分子的复合与组装工作,目前已有广泛研究。高分子聚合物或生物分子具有预组织、自组装成有机交联网站结构的特点,可为构筑有序化纳米结构提供化学反应环境和成长空间,从而实现在高分子或生物分子有机或水相原位生长出尺寸形貌可控的 PPy 纳米材料。例如,通过氢键作用吡咯可以吸附在淀粉上,吡咯的亚胺基与淀粉的羟基形成自组装,淀粉分子链充当模板作用,电化学引发吡咯聚合得到长度约 100 nm 的 PPy 纳米线[51-52],其合成机理见图 1-2。

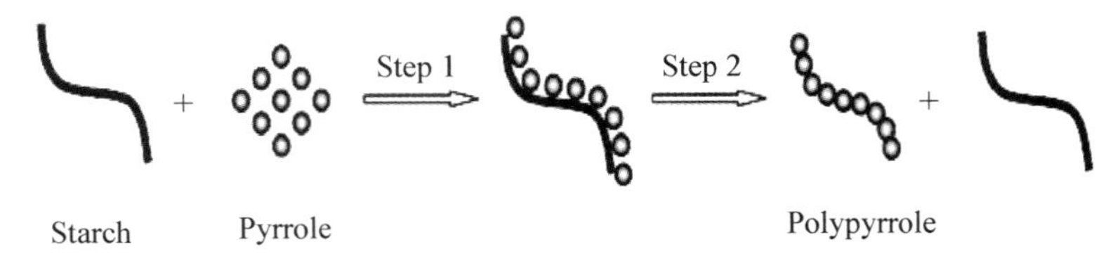

图 1-2　Starch-assisted template method for synthesis of polypyrrole nanowires[51,52]

另外,一些含—SO_3H、—COOH 或—OH 等功能性基团的生物分子具有直链形状,在溶剂容易聚集成一维结构,以此为模板可用来引导 PPy 纳米化。一般来说,生物分子在吡咯聚合的过程中起了双重作用:一方面作为模板引导纳米结构的形成;另一方面,待反应结束可充当掺杂剂以提高 PPy 的电导率。Yang 等人[53]利用 $(CH_3)_2NC_6H_4NNC_6H_4SO_3Na$(MO) 这种生物分子与吡咯倾向于形成纤维状结构,在 KNO_3 溶液中通过电化学聚合得到内径 100 nm、壁厚40 nm的 PPy 纳米管。MO 发挥了三种作用:模板作用、掺杂剂作用以及光电转换剂作用。所得的 PPy 纳米管电导率高达 76 S/cm 且具有光电化学效应。这些 PPy 纳米材料由于含有生物分子,形成了一种新型的纳米生物材料,可望应用于生物物质检测领域。与硬模板法比,软模板法较灵活、廉价,适于大量制备目标产物,但较难控制反应进程,获得的产物分离提纯较困难,导致制备的 PPy 纳米材料不纯净、结构形貌规整度不高。

1.4.3　表面活性剂法

表面活性剂是由亲水基和亲油基所组成的双亲性化合物。亲水基与水相容,亲油基受水分子的排斥。当表面活性剂加入溶液中其表面产生吸附,亲水基位于水溶液一侧，而亲油基位于空气一侧。随浓度的增加，表面吸附将达到饱和，此时，吸附在表面的活性剂分子全部定向排列（垂直于溶液表面），从而倾向聚集形成胶束以降低能量。选择不同类型的表面活性剂在不同溶剂、浓度下可自组装成各种各样的图案。通过控制一定条件得到预想的形状，如球状、棒状或层状胶束等充当纳米反应器限制了 PPy 链增长。不同类型的表面活性剂因为所起的胶体保护和稳定作用不同，对生成 PPy 纳米结构影响不同[54-56]。比如，不同类型表面活性剂：CTAB、DTAB、OTAB 和 SDS，只有 CTAB 最适合制备聚吡咯纳米纤维[57]。外部条件如温度、酸碱性、浓度、添加剂等也会对合成纳米结构的聚吡咯产生影响。酸性条件下，氢键作用导致 CTAB 胶束容易聚集形成网络状结构的聚集体，导致形成 PPy 纳米线[58-59]。无机酸作为掺杂剂比有机酸具有较小的分子尺寸，更容易获得直径小的 PPy 纳米线。低温可使胶束内部体积缩小，降低温度可制备尺寸更小的纳米材料。例如，应用表面活性剂 CTAB 在 0℃～5℃条件下可制得直径为 30～50 nm 的 PPy 纳米线[60]。采用表面活性剂 DTAB、DeTAB 和 OTAB，在 3℃ 可制得平均直径为 2～13 nm 的 PPy 纳米颗粒[61]。在聚合过程中，加入外添加剂可能获得尺寸更小的 PPy 纳米颗粒。例如，不同链长直链醇的加入可调节纳米反应器内部结构，形成更小的 PPy 纳米颗粒。值得注意的是，短链醇的引入还进一步提高了纳米颗粒的电导率[62-63]。此外，采用阴阳离子混合表面活性剂 CTAB/SDS 来制备 PPy 纳米线，大大降低了表面活性剂的用量[64]。CTAB 和 SDS 的摩尔比是影响 PPy 形貌的主要因素，过量的 SDS 会干扰 CTAB 的模板引导作用，导致形成 PPy 球形颗粒。表面活性剂法在制备 PPy 纳米材料上取得了一定的成功，然而，存在环境污染严重、产物不纯等缺点。

1.4.4 活性诱导聚合法

活性诱导聚合法是指添加纳米尺寸的线、纤维、棒、管或低聚物，以此为纳米反应活性中心诱导吡咯单体聚合生长路径，最终形成纳米结构 PPy，这点类似于模板法。但是，由于活性种用量属于催化剂量，无需后处理，因此，又不同于前面所述的模板法。活性种诱导聚合法最早被用于制备聚苯胺纳米纤维[65]。后来经过改进用以制备 PPy 纳米材料。例如，将吡咯单体、氧化剂以及 V_2O_5 纳米纤维迅速混合，利用 V_2O_5 纳米纤维为活性种子和 V_2O_5 在 HCl 可分解的原理，不需 V_2O_5 后处理，化学氧化聚合得到长度为 60～90 nm 的 HCl 掺杂 PPy 纳米纤维。值得注意的是，吡咯单体 540 s 前加入到反应体系得到的是纳米纤维,而超过 540 s 则只能获得 PPy 纳米颗粒[66]。上述制备 PPy 纳米材料的途径各具优缺点,均取得了一定的成功。但是,一方面,目前人们对不同方法制备不同纳米结构的 PPy 材料的形成机理,以及各种实验条件对材料性能的影响还不十分明确;另一方面,对 PPy 纳米结构材料的生物医学应用研究方兴未艾。因此,进一步弄清这些问题对精确控制纳米结构的形貌和尺寸,制备出性能优良、适合应用于生物医学领域的 PPy 纳米材料具有十分重要的意义。

1.5 导电聚合物的应用

1.5.1 荧光传感器

近年来,导电聚合物的荧光传感器以其高选择性、灵敏性和稳定性等在传感技术领域里取得迅猛发展。相比于传统小分子传感器,导电聚合物特有的传感信号放大功能是它们成为优良活性传感材料的重要原因,因此,导电聚合物通常又被称为荧光放大聚合物。另外,导电聚合物在溶液中和膜状态下通常具有很强的光致荧光,为发展新型的荧光传感材料提供了必要条件,而且很容易对其结构进行修饰,引入一些具有特定识别功能的基团,从而为设计和发展各种新型的具有不同功能的荧光传感材料提供了便利。下面就导电聚合物荧光传感器的主要特征及在金属离子和硝基爆炸物检测方面的应用做简单介绍。

(1) 荧光信号分子导线效应。导电聚合物荧光传感器最重要的特征就是荧光信号分子导线效应,即荧光信号放大效应。1995 年,麻省理工学院的 Swager 教授[67]提出了导电聚合物传感信号放大效应的概念。他认为这是由于导电聚合物独特的长程离域的 $\pi-\pi$ 电子结构,使其表现出特殊的"分子导线"效应,即光或电激发产生的激子或载流子可沿整个分子进行传输,这种效应导致在不改变功能基团的情况下,成千上万地放大传感响应信号,即对被测物表现出"一点接触、多点响应"的特征。这就导致在不影响可逆性的前提下有效地提高检测的灵敏度,降低检测下限,因而实现实时、可逆、痕量的生物化学检测。Swager 等人对仅含单个受体基团的小分子与以其类似结构组成重复单元的共轭聚合物进行比较,证实基于导电聚合物的荧光传感体系具有更高的灵敏度。其信号放大作用的机理如图 1-3 所示。

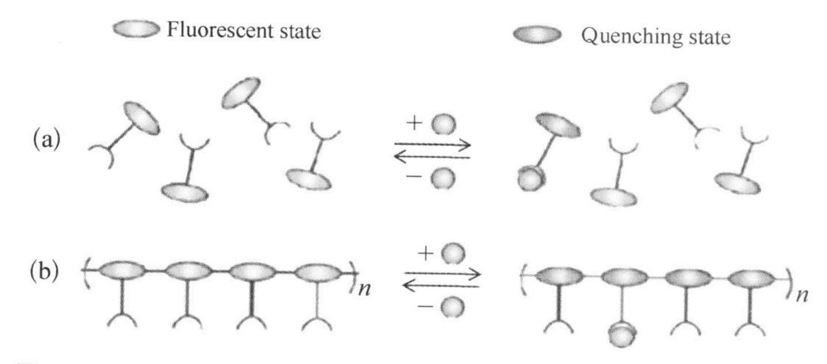

图 1-3 Quenching mechanisms for (a) small molecule and (b) conducting polymer "molecular wire"[67]

在没有淬灭剂存在的情况下，导电聚合物受紫外光激发后产生的激子或载流子可沿整个共轭体系迁移，激子辐射衰减产生荧光；当有淬灭剂存在的情况下，由于淬灭剂与导电聚合物官能团作用形成能量陷阱，因此激子或载流子在迁移过程受阻，激发到导带的电子从聚合物转移到淬灭剂，激发能量被电子转移有效地去活化，导致荧光被有效地淬灭。相对于分散的受体分子，淬灭剂分子必须与每个受体分子作用才能导致荧光被淬灭，而多个受体基团共轭相连的聚合物中只要部分官能团与淬灭剂分子作用就能有效地淬灭整个导电聚合物的荧光，表现出有效的协同放大效应。

(2) 金属离子选择性荧光传感器。金属离子与人类生活密切相关，比如 K^+、Mg^{2+}、Zn^{2+}、Fe^{3+} 等金属离子是人体不可或缺的微量元素，而 Hg^{2+}、Pb^{2+}、Cr^{3+} 等金属离子则会对环境造成污染，具有严重的生理毒性，因而对金属离子的高选择性、高灵敏度检测就显得异常重要。近些年来设计、合成对金属离子具有高选择性、高灵敏度荧光传感材料已经有一些报道。Swager 等人[68]合成了一种冠醚功能化聚合物，K^+ 的加入产生离子诱导聚集作用使聚合物吸收光谱红移，并出现荧光淬灭效应，从而实现对 K^+ 的检测。Li 等人[69]合成了带有含有联吡啶侧基的聚苯乙炔撑用于探测 Hg^{2+}，联吡啶作为捕捉基团与 Hg^{2+} 络合导致聚合物荧光淬灭，对 THF/乙醇溶剂体系中 8.0 nM 的 Hg^{2+} 都有一定的荧光信号响应。Jayakannan 等人[70]合成了可直接溶解在水中的含羧基的噻吩/苯乙烯撑类共聚物，对 Hg^{2+} 具有相对较高的选择性，而且探测效率是相应单体的 40 倍，其 Stern-Volmer 常数高达 $6.4\times10^5\ M^{-1}$。Jones 等人[71]设计、合成了一系列对烷氧基苯乙炔和 3-取代噻吩的共聚物。这种类型的聚合物在普通有机溶剂中具有良好的溶解性和荧光性，能够对 Ni^{2+} 进行高灵敏度探测。

(3) 硝基爆炸物选择性荧光传感器。硝基爆炸物的种类繁多，如三硝基甲苯(TNT)、二硝基苯(DNB)、黄色炸药苦味酸(PA)、旋风炸药(RDX)以及季戊炸药(PETN)等,这些炸药给军事和民用均带来诸多方便。然而,硝基爆炸物在使用过程或被恐怖分子利用则会给民众带来巨大的安全隐患,因此对不同场所不同硝基爆炸物的探测意义非凡。基于荧光导电聚合物检测技术逐渐发展成为一种新型高效的硝基爆炸物检测手段。聚合物分子链的效应在于当一个硝基爆炸物分子落在受体链上时,整个链的物理特性发生了改变。因此,极小浓度的硝基爆炸物就可以使整个荧光聚合物受体的电子结构发生改变,从而产生一个放大的信号,使检测器有很高的灵敏度。同时,荧光聚合物传感器检测具有成本低、可靠性高、性能优异、检测速率快等优点。麻省理工学院的 Swager 课题组作为该研究领域的先驱,对硝基爆炸物的探测做了一系列出色的工作。他们设计、合成了一种五蝶烯衍生化聚苯基乙炔撑聚合物Ⅰ(图 1-4),利用悬涂法制成荧光聚合物薄膜[72]。

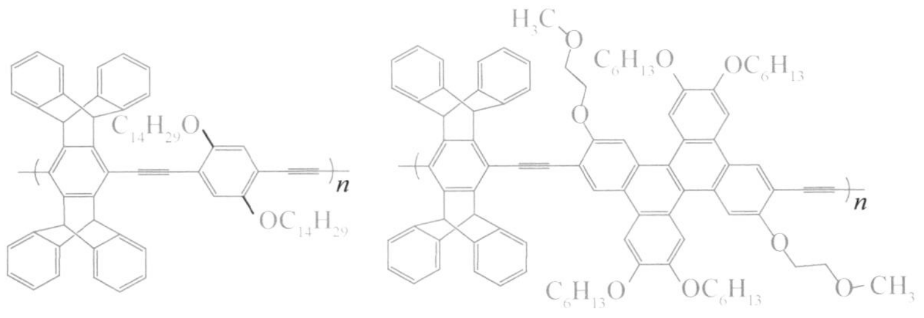

Polymer I　　Polymer II

图 1-4　Two typical conjugated polymers used for detection of TNT[90]

由于五碟烯单元具有高的空间位阻,使得薄膜中存在大量分子通道,TNT 分子在膜中扩散阻力的降低使薄膜对其响应速度显著提高,即使在检测分子浓度低于其常温下的蒸气压时仍能够实现灵敏、快速检测。厚度为 2.5 nm 左右的共轭荧光聚合物薄膜在 TNT 气体中暴露 30 s、60 s 后,荧光淬灭效率分别达到 50%和 70%左右。他们认为荧光淬灭效率的大小主要取决于荧光聚合物与 TNT 间的电子转移效率、聚合物分子与 TNT 的结合强度、TNT 的蒸汽压以及 TNT 在膜中的扩散速度等。他们还发现[73],相对于传统的聚亚苯基乙炔撑,含三苯基的聚三苯基乙炔撑类聚合物的荧光寿命更长。根据这一原理合成的聚合物Ⅱ对 TNT 的检测灵敏性要高于聚合物Ⅰ。另外,Mark Fisher 等人[74]用共轭荧光聚合物制作了爆炸物检测装置 Fido,并且研究了该装置对 TNT 的响应。

Chang 等人[75]将三种经典的共轭荧光聚合物(聚苯乙烯衍生物 MEH－PPV 和 DP10－PPV 以及聚苯乙炔衍生物 BuPA)分别加工成薄膜,以其作为荧光敏感元件,实现了对硝基芳烃类化合物蒸气的灵敏检测,灵敏度达到 10^{-9} 级。采用聚(亚苯基次乙炔基)衍生的荧光聚合物为敏感元件[76],对土壤中的芳香硝基化合物2,4－DNT 气体进行了检测,其下限也达 10^{-7} 级。

1.5.2　电化学传感器

电化学传感器一般指的是电流/电位型传感器。由于聚吡咯对气体、酸、生物物质等存在"掺杂-去掺杂"和"氧化-还原"相互作用,从而使导电聚合物发生电阻或电位的变化,从而实现对物质的检测。下面就纳米结构聚吡咯及其复合物电化学传感器在酶、核酸、DNA 等检测中的应用做简单介绍。

聚吡咯纳米线、棒、纤维、带、管可以成为连接电极与酶氧化还原活性中心的桥[77],检测物在酶催化作用下发生还原反应,通过测试电催化循环电流实现对生物分子的分析检测,所制备的纳米生物传感器灵敏度更高、分析速度更快,从而引起科学家的浓厚兴趣。例如,对葡萄糖检测时,双倒数法测得的 PPy 纳米纤维修饰的膜电极((GOX/nano－PPy－Au)/Al_2O_3)的 K_m 为 5.7 mM[78],远小于 PPy 微米膜电极(GOX/micro－PPy)/Pt 的 K_m 值(33 mM[79])。这种纳米纤维膜电极的检测下限为 1 mM,与微米尺寸 PPy 修饰电极相比(后者的检测下限为 20 mM),检测精度提高 20 倍[80]。其响应时间为 15 s,比微米尺寸 PPy 修饰电极的响应时间(40 s)[81]缩短了近 3 倍。这主要得益于 PPy 纳米纤维提高了酶活性和增加了 GOX 与葡萄糖的亲和性。使用更为适宜的修饰层和基底电极构筑的纳米结构 PPy 葡萄糖酶生物传感器,其性能还将进一步提高。将基底电极换成 GC 电极[82],获得的(GOX/nano－PPy－Au)/GC 电极的响应时间更是缩短为 4 s,检测线性范围为 2.5×10^{-3}～5.0 mM,线性相关系数高达 0.999 8,检测下限降低至 2.1×10^{-3} mM,而敏感度却高达 1.533×10^{4} mA/(M・cm^2);保持基底电极不变,将 Au 换成 Pt 纳米粒子,并沉积在抗干扰电活性层聚邻氨基苯酚(POAP)上获得的(GOX/nano－PPy－Pt)/GC 检测下限降低至仅 4.5×10^{-4} mM,而敏感度却高达 9.9×10^{6} mA/(M・cm^2);所制备的电极即使连续测试 76 天仍然能保持 60%的活度,使用寿命极高[83]。同时,POAP 能保护电极不受污染提高电极的抗干扰性。各修饰电极对葡萄糖检测的综合性能高低顺序大致为(GOX/nano－PPy－Pt)/GC＞(GOX/nano－PPy－Au)/GC＞(GOX/nano－PPy－Au)/Al_2O_3。这主要是由于基底电极的电催化活性 GC 大于

Al_2O_3，而 Pt 具有比 Au 更强的电催化活性和亲和性所致。尤为值得关注的是，纳米阵列电极由于具有较单个纳米电极更高的电流强度以及远高于相同几何面积的常规电极的信噪比，因此制备 PPy 纳米阵列酶电极在提高传感器的抗干扰能力、稳定性、响应速度等具有重要意义。以痕迹刻蚀聚碳酸酯膜的纳米孔道为模板，采用电化学聚合制备得到的 PPy 纳米阵列修饰 GC 电极，通过吸附法将 GOX 固定在 PPy 纳米阵列上制备了新型葡萄糖传感器[84]。PPy 纳米阵列可有效地降低 H_2O_2 氧化还原的过电位，在不加入任何贵金属粒子的条件下，实现了对葡萄糖的高灵敏度、高选择性检测。更为重要的是，传感器的重现性、稳定性和抗干扰性非常好。例如，在 0.2 mM 葡萄糖溶液中，传感器的电流响应的相对标准偏差小于 3.0%($n=9$)；连续测试 14 天，修饰电极的相应电流仍能保持原来的 95%左右；传感器的工作电位为 −200 mV，不需要进一步修饰抗干扰层就能有效消除血液样品中常见电活性物质如抗坏血酸、尿酸、谷胱甘肽以及半胱胺酸等物质的干扰，从而实现对血液样品的实际检测。

经单壁碳纳米管（SWCNT）[85-87]或多壁碳纳米管（MWCNT）[88-89]修饰基底电极后，再对酶进行固定化的 PPy 修饰电极对提高生物传感器的响应性、敏感性和选择性也具有积极意义。例如，以 GC 作为基底电极经 nano - PPy/SWCNT 复合膜修饰初步实现了对葡萄糖的探测[85]。进一步将 SWCNT 和 GOX 通过电化学聚合包埋法固定在 PPy 膜上制成电流型酶电极[86]，由于 SWCNT 均匀分散在 PPy 的纳米结构网络中，保留了对 H_2O_2 的电催化活性和高度的敏感性。将 GOX 和 HRP 共同固定在 SWCNT 和 PPy 的分子网络中对 Au 基底电极进行修饰，形成具有“三明治”结构的修饰电极((GOX - HRP/nano -PPy - SWCNT)/Au)，有利于提高 HRP 发生氧化还原反应时的电子转移速度，并发挥两者的协同效应使电化学信号放大、电催化活性可以提高 2～4 个数量级、检测限最高可提升 5 万倍[87]。例如，修饰电极对葡萄糖的敏感度从 0.056 mA/(M cm^2) 上升到 7.01 mA/(M cm^2)、检测下限从 0.9 mM 降至 0.03 mM且底物浓度对电流响应的线性相关性提高。由此可见，控制好电极的修饰层，PPy 纳米酶生物传感器能够取得良好效果，且这种分析装置制备简单，选择性高、灵敏度高、操作方便。

不仅如此，PPy 电极还可以实现图案化修饰。将吡咯单体在经过非导电聚合物微米印刷或等离子体处理预先形成有图案的不锈钢工作电极表面进行电聚合，吡咯单体将按照图案有选择性地沿着电极表面预先形成的氢气气泡软模板壁进行电沉积，从而在电极上沉积出纳米级或微米级图案。这种经纳米级或微米级 PPy 图案化修饰的电极负载 GOX 后，对葡萄糖氧化产物 H_2O_2具有良好的电流响应，其中纳米级 PPy 图案化修饰电极的响应峰电流高达 1.5 mA，是微米级 PPy 图案化修饰不锈钢的 2.4 倍[90]，体现出高比表面积带来的增敏效应。

聚吡咯的导电性能稳定且对蛋白质或 DNA 具有高度的选择吸附性能[91-92]，因而非常适宜作为核酸类物质的支撑物。同时，PPy 纳米化使其在 DNA 生物传感器中的应用独具优势[93-94]，与常采用的碳纳米管和硅纳米线比，PPy 纳米线具有三方面的优势，控制合成和掺杂条件 PPy 纳米线的性能可以精确控制；纳米线表面的自支撑氧化层非常有利于其大规模的表面功能化；DNA 固定化和纳米结构 PPy 的合成可以同时进行，而碳纳米管和硅纳米线对 DNA 的固定需要多个步骤。PPy 的纳米效应诱导微电极产生电流变化，通过电极检测 DNA 杂交，借此开发出高敏感性纳米生物传感器。采用特殊工艺可以在正、负电极之间通过电化学聚合得到直径为 200 nm、长度为 2.5 μm 的 PPy 纳米线桥，将 DNA 在纳米线桥上固定化，实时监测微电子细胞传感器阵列上细胞阻抗的动态变化，达到追踪 DNA 杂交反应的目的[94]。这种细胞阻抗系统极可能发展成为一种体外研究血管内皮细胞形态和屏障功能的检测手段。

碳纳米管作为 PPy 的掺杂剂，可以提供更高的比表面积、力学强度以及电子和热传导作用，可发挥两者的协同作用，进而提高器件的敏感性和选择性。将 MWCNT 羧基衍生化后加入到电化学聚合溶液中，吡咯单体聚合后沉积在 GC 电极上形成纳米复合膜。制成的修饰电极浸渍到 1-乙基-3-(3-二甲基氨丙基)碳化二亚胺(EDAC)溶液中，形成 DNA-NH_2型生物敏感探针，能检测到浓度仅为 5.0×10^{-9} mM 的与其相对应 DNA 片段，在检测物浓度为 $1.0\times10^{-8}\sim1.0\times10^{-4}$ mM 的范围内，线性相关系数高达 0.995 2[95]。另外，聚吡咯能有效保持抗体或抗原的生物活性，其合成过程可与生物分子的固定化同时进行；PPy 带正电荷并能够与生物分子形成氢键作用，从而有利于抗体或抗原的嵌入；PPy 独特的电化学活性使之能够成为抗体-抗原反应的电化学转换器[96]。例如，固定有 HRP 标记的二级抗体的过氧化 PPy 膜电极对肝炎 B 表面抗原、肌钙蛋白、地高辛的检测限分别达到 5.0×10^{-14} M、4.0×10^{-13} M 和 6.0×10^{-10} M，显示出良好的敏感性[97]。以 CNT 工作电极采用电化学聚合包埋法将寡脱氧核苷酸(ODN)以阴离子的形式嵌入 PPy 膜中[96]，CNT 高电导率和高比表面积导致电极阻抗受杂交反应的影响变化量显著提高，同时 PPy 可以被氧化和掺杂，这种富有阴离子的 ODN 探针可以探测短链的碱基序列(ODNs)的免疫活性，从而应用于过敏性疾病的免疫治疗和基因治疗。基于对 PPy 纳米线在 DNA 生物传感器上应用的成功实例[94]，将抗生素蛋白包埋在 PPy 纳米线中，抗生素蛋白（抗体）良好的生物亲和性使其对生物素酰化的 ODN（抗原）具有特异性锚定作用，这种免疫传感器能对浓度为 $1.0\times10^{-6}\sim1.0\times10^{-3}$ mM 的抗原进行精确检测，而修饰电极对缓冲液或纯 DNA 缓冲液的抗干扰性极强，将金属纳米粒子作为催化活性点与 PPy 共沉积在多氧化硅电极上，能增强对目标分子的富集，制备的免疫传感器信号提高了近 100 倍，响应时间仅为 5 s[93]。通过共价键偶联法分别将 HSA 抗原接枝到 PPy－Si 和 PPy－PS 复合纳米粒子表面[98-99]，HSA 的固定化发生在纳米粒子的三维方向且固定量很大，在浓度高达 1.5×10^{4} μg/L 的 HSA 抗体溶液中仍然保持良好的生物活性[99]，这种复合物可望制备出三维全方位多识别免疫生物传感器。

1.5.3 超滤膜

众所周知，聚砜（polysulfone，PSf）是一种成膜性好、宏观尺寸稳定的合成高分子，由于其性能重现好、孔结构可控常应用于水的纯化中。然而，聚砜可通透性较差，这就很大地限制了其在水处理中的应用。将导电聚合物如聚苯胺、聚吡咯与聚砜复合，在保证聚砜优异的结构性能的前提下，纳米结构的聚苯胺由于其良好的亲水性、规则的多孔结构以及高的比表面积，可以提高前者的通透性，并可用以制备导电复合膜。王志等人[100-101]利用 PSf 膜过滤 PANi 纳米纤维分散液制备出聚苯胺/聚砜复合膜。复合膜具有亲水的 PANi 纳米纤维多孔层。在相同条件下，复合膜的纯水通量比纯 PSf 膜提高了 60%，对 BSA 和 PEG－20000 的截留率与纯 PSf 膜相当分别为 99.2%、27%。当进水 pH<7 时，复合膜表面的氨基和亚氨基会被质子化，膜表面带正电荷。复合膜表现出较低的 BSA 平衡吸附量，大约是纯 PSf 膜平衡吸附量的六分之一。在过滤 BSA 溶液时，复合膜比纯 PSf 膜表现出较高的渗透通量和较慢的通量下降速率。Hoek 等人[102]利用溶剂/非溶剂相转移法制备出制备的 PANi/PSf 共混膜也比纯 PSf 膜具有更好的亲水性、较高的孔隙率及纯水通量。通过表面沉积制备 PPy/PSf 复合超滤膜也有相关报道[103]。

1.5.4 药物释放

导电聚合物具有独特的掺杂－去掺杂性能，当在氧化态与还原态之间变化时，伴随着掺杂剂进入与离开导电聚合物的过程，以维持电荷的平衡。当掺杂剂为药物分子时，利用这一原理，即可实现药物的存储与释放。Arbizzani 等人[104]

将地塞米松药物掺杂的 PPy 膜短时间还原后，掺杂药物可以缓慢释放出来，整个释放过程可以持续 7～30 d。通过该种方法制备的 PPy 药物膜可以做为药物洗脱支架的包被，应用于治疗血管堵塞。Langer 等人[105]首先制备了生物素掺杂 PPy，然后通过抗生物素蛋白识别 PPy 膜表面的生物素受体位点，将生长因子偶联至膜表面，通过施加还原电位，将生物素和与其偶联的生长因子同时释放出来。这种方法不受掺杂阴离子的限制，因而扩展了药物的选择范围。Thompson 等人[106]通过原位掺杂将神经营养素装载到 PPy 中，研究了 PPy 膜在不同的电刺激下的体外释放动力学，发现循环伏安法进行的药物释放效率较高。Martin 等人[107]将导电聚合物聚二氧乙基噻吩生长到聚乳酸纳米纤维的周围，形成聚二氧乙基噻吩纳米管包裹药物。在电场作用下，聚二氧乙基噻吩收缩，导致聚乳酸纳米纤维受挤压作用，使包裹药物更快地释放出来。导电共轭聚合物控制药物释放的优势就在于通过调节外部电压来控制药物释放的过程，可以获得连续式、脉冲式的药物释放模式，便于对药物释放进行高灵敏度控制。

1.5.5 组织工程

聚吡咯另一个显著特点就是其良好的生物相容性[108]，这也是它在体内能广泛应用的一个很重要的原因。将纳米结构的 PPy 与可生物降解聚合物基体如壳聚糖、聚乳酸、聚乙烯醇等复合，不仅可综合聚吡咯优良的多功能性与基体的易成膜性和生物降解性于一体，而且有望发挥两者的协同效应和纳米效应，是制备电活性、可生物降解、生物相容性、可加工的、低成本的生物材料的最有效途径之一。将 3 wt%的 PPy 纳米颗粒与可降解性聚乳酸复合[109-111]，所得聚吡咯/聚乳酸纳米复合膜的电导率在模拟生理溶液中能稳定地维持 8 周，且不受膜降解的影响，而在同样条件下，普通聚吡咯/聚酯纤维织品的电导率在几分钟内迅速减小至近 50%，1 周后总减幅超过了 85%[112]。此外，少量的 PPy 纳米颗粒不影响聚乳酸的生物降解性。通过电化学涂膜法制备的聚吡咯/聚乳酸复合膜[113]，小鼠皮下埋植实验、酶活性及组织免疫学实验均表明，复合膜对组织无不良反应，PPy 本身及存在形式(纳米粒子或膜)对复合膜的体内降解无影响，并且对其在在生理溶液中的降解实验中表明，所得聚吡咯/聚乳酸纳米复合膜确实可生物降解[109,114]。这种具有生物可降解功能的导电复合膜可以通过电刺激来促进细胞的增长。Shi 等人就证实了聚吡咯/聚乳酸纳米复合膜在合适的直流(50 μA)电激下确实能够诱导成骨细胞的生长，如图 1-5 所示[110]。

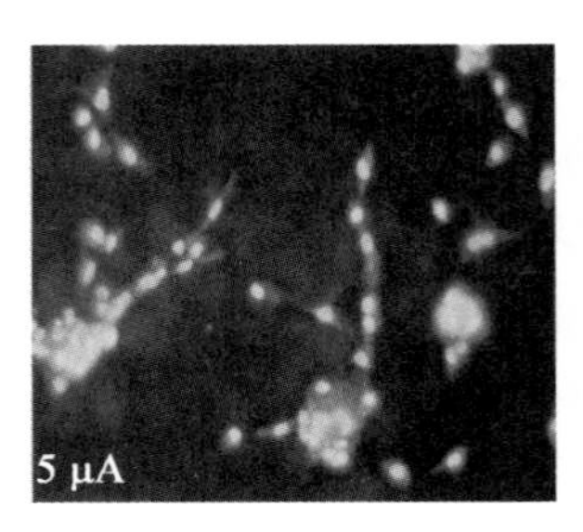

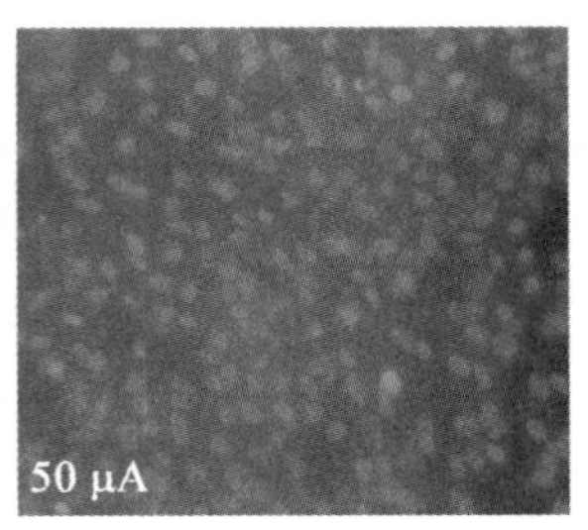

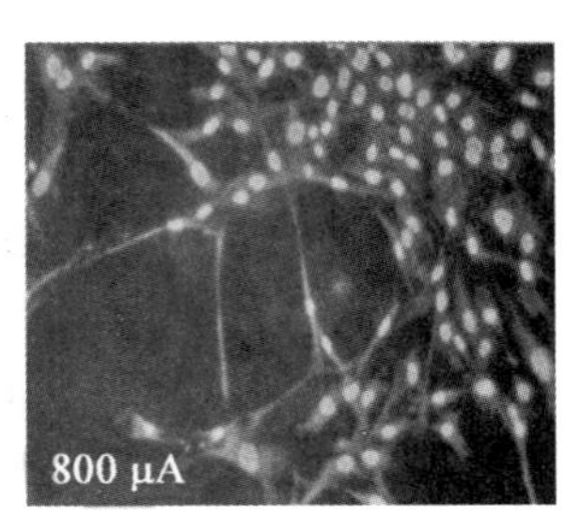

图 1－5　Fluorescence microscope observations of the growth of Osteoblasts on polypyrrole/PDLLA composite membranes under current stimulus[110]

Zhang 等人以 PC－12 为种子细胞验证了聚吡咯/聚乳酸/聚己内酯三元纳米复合膜良好的生物活性，并移植到小鼠体内以此为桥接成功修复小鼠的神经导管，术后复合膜自动降解而不影响动物体的新陈代谢[115]。因此，通过将 PPy 与可生物降解聚合物复合，解决了 PPy 加工性差、柔韧性差和不能生物降解的痼疾，该复合膜有望成为第一代可生物降解导电材料，并且采用不同制备法可制成多孔、块状、纳米结构的 PPy 复合膜，研究这些结构对复合膜的降解性的影响，还可为以 PPy 为功能载体的多元化组织工程支架提供理化信息。

1.6　研究思路和内容

稠环芳烃聚合物作为一类独特的一维或二维平面分子板的导电聚合物，因其潜在的导电性、荧光性、耐热性以及高成炭能力等而备受研究者关注。然而传统方法合成稠环芳烃聚合物如电化学氧化聚合法、偶联法存在严重不足。例如，电化学氧化聚合法合成产物的热稳定性、荧光性、导电性等有限，而且受电极面积的限制，不利于大规模生产；偶联法的成本太高，需要严格的无水、无氧的条件，且反应剧烈难以控制。同时，由于反应条件苛刻，导致聚合物存在一定的结构缺陷等。另外，研究稠环芳烃聚合物的化学氧化合成、结构与性能关系，挖掘其在荧光传感器、炭材料制备方面的应用，相关报道较少。因此，对这些方面的研究具有重要的理论和实际应用价值。稠环芳烃聚合物的电化学氧化和聚对苯撑的化学氧化合成的成功案例，揭示了稠环芳烃聚合物可以通过化学氧化聚合法来合成。同时，化学氧化聚合法具有操作易、能耗小、产率高、合成聚合物的量可规模化控制等优点，因而对拓展稠环芳烃聚合物的应用范围具有重要意义。

基于以上设想，本书的主要研究思路之一是直接从稠环芳烃单体出发，采用低成本、高效的化学氧化聚合法合成稠环芳烃聚荧蒽和聚苯并菲纳米纤维，通过控制聚合反应条件对其分子结构进行设计，从而达到调控导电聚合物的电、光、热以及传感性能之目的。研究的主要内容包括探索聚合反应条件如溶剂、氧化剂、温度、时间、氧单比以及酸等对聚合物的纳米微观形貌、结构以及性能的影响；找出最佳反应条件，制备高产率、综合性能优异的稠环芳烃导电荧光聚合物；探索聚荧蒽、聚苯并菲荧光材料在金属离子和硝基化合物探测方面的应用。

另外，聚苯胺、聚吡咯作为典型的导电聚合物具有简易合成、化学稳定性好、电导率高的优点。从前面的论述可知，通过对聚苯胺、聚吡咯纳米化或与碳纳米管复合能提高其多功能性，并拓宽其应用范围。然而，制备导电聚合物纳米材料的一些传统方法，如高成本的“硬模板法”和“软模板法”都需要使用大量的模板，导致最终产物成分复杂、产率不高，需要烦琐的后处理过程；“表面活性剂法”则会产生大量的环境污染、得到的产物也不够纯净。因此，迫切需要寻求一种操作简单、产量高、成本低的制备聚吡咯纳米材料和聚苯胺/碳纳米管杂化纳米纤维的新方法。笔者副导师 Richard B. Kaner 教授所领导的课题组在研究苯胺二聚体引发苯胺快速聚合时发现，由于其非常低的化学氧化电位，可以大幅度提高苯胺均相成核的聚合速率，从而制备出高质量的聚苯胺纳米纤维。在吡咯单体中添加催化剂量的吡咯二聚体，同样可以制备出聚吡咯纳米纤维，只是吡咯二聚体较昂贵且制备的聚吡咯纳米纤维分散性较差。但是，这种引发快速聚合法仍不失为一种高效的、环境友好的合成导电聚合物纳米材料的好方法。

基于以上设想，本书拟添加廉价的、催化剂量的 2,4 -二氨基二苯基胺引发吡咯单体化学氧化聚合，这样既提高了吡咯均相成核聚合速率，又在聚合物链上引入少量的胺基，利用其容易形成氨基离子导致高的静电排斥效应和空间位阻效应，可能制备稳定分散的聚吡咯纳米球。类似的，在碳纳米管悬浮液中，添加催化剂量的 N -苯基苯二胺引发苯胺单体原位化学氧化聚合，合成了聚苯胺/碳纳米管杂化纳米纤维。研究的主要内容包括探索聚合反应条件如氧化剂、时间、氧单比以及酸等对聚吡咯纳米球的微观形貌、结构以及各种性能的影响，找出最佳反应条件，制备高产率、尺寸和电导率可容易控制的聚吡咯纳米材料；探索碳纳米管含量和 pH 值对聚苯胺/碳纳米管杂化纳米纤维的化学结构和性能的影响；探索聚吡咯纳米球或聚苯胺/碳纳米管杂化纳米纤维在炭纳米球的制备、超滤膜以及化学传感器等方面的应用。

第2章 多功能纳米尺度聚荧蒽的合成及荧光传感器

2.1 概　述

荧蒽(Fluoranthene，FA)是一种仅含碳氢两种元素的高度芳香化的四环稠环芳烃，由两个单键同时连接一个苯环和一个萘环组成，其化学式为 $C_{16}H_{10}$，分子量为 202.26 g/mol，分子结构如图 2-1 所示。

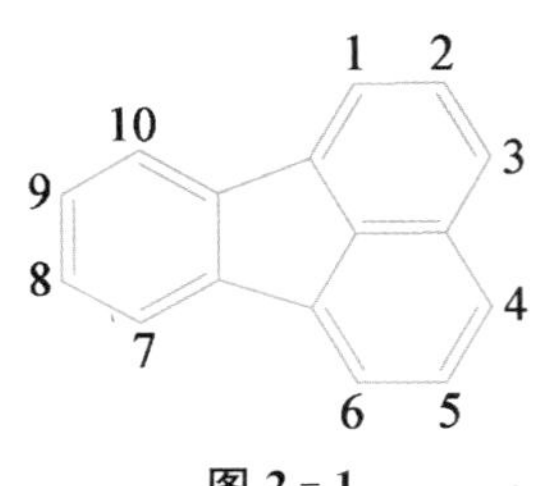

图 2-1
Chemical structure of FA monomer

荧蒽具有奇异的荧光性质，荧光寿命、荧光量子产率比理论计算值要长、要大[116]。由于荧蒽具有很强的荧光发射特性，荧光检测器(FD)对这类化合物具有极高的灵敏度和选择性，因而被用作激光光谱仪中分子晶体的掺杂剂[117]。荧蒽的分子结构中含有共轭苯环，且分子全部由 C、H 两种元素组成，从其分子结构来看，有潜力成为发展成集导电性、荧光性、耐热性以及高产炭等为一体的多功能高分子材料。对于这样一种充满吸引力的耐高温高残炭聚合物材料的憧憬，源于含有荧蒽链节的一维或二维平面分子板的 $\pi-\pi$ 共轭聚合物的研究[32]。这类完全不饱和阶梯荧蒽类型的聚合物是通过五元环连接的苊(萘并戊烷)寡链节组成，其合成的起始单体并非荧蒽，而是以戊二烯酮和苊烯单元组成的复杂化合物为 AB 型单体[31]，通过 Diels-Alder 反应即共轭双烯烃和亲双烯试剂发生 1,4-加成生成环己二烯型化合物后，再氧化脱氢而形成只含 C、H 元素以及部分荧蒽链节的聚合物。尽管所得聚合物并不是严格意义上的聚荧蒽，但这种具有独特的拓扑结构的聚合物具有离域的 $\pi-\pi$ 共轭结构，是一种低能带隙聚合物，具有奇异的电学、光学以及光电子学特性。只是其合成过程复杂，且最终所得聚合物的缺乏可成型性。因此，探索以荧蒽单体合成多功能共轭芳香聚合物就显得格外有意义。可惜的是，国内外对聚荧蒽的合成报道很少。仅见到电聚合生成聚荧蒽的报道[9]，即在三氟化硼乙醚(BFEE)络合物这一中等强度的Lewis酸介质中，采用电化学聚合法在1.23 V *vs.* SCE的恒电位下氧化荧蒽单体，在阳极上直接合成了电导率为10^{-2} S/cm数量级的聚荧蒽薄膜，并且对制得的薄膜进行了核磁共振和紫外光谱表征。在BFEE溶液中可有效降低荧蒽的化学氧化电位，使其氧化电位从在含有四丁基四氟硼酸铵电解质的乙腈介质中的1.68 V *vs.* SCE降为1.07 V *vs.* SCE，减轻聚合物薄膜在合成过程中受到的破坏。但电化学氧化法合成的聚荧蒽的功能性如热稳定性、荧光性有限，且受电极面积的限制，不利于大规模进行。

尽管如此，荧蒽电聚合成功展示了荧蒽化学氧化聚合的可能性，而结构最简单的芳烃苯的化学氧化聚合又为荧蒽的化学氧化聚合研究提供了非常有益的启示。利用二氯化铜/三氯化铝[6,118]、氯化烷氧基铝[13]、三氯化铁[119]、五氯化钼[120]以及氯化正丁基吡啶/三氯化铝[121]等为氧化剂和催化剂实施苯的脱氢氧化聚合已经制得了聚对苯撑，其合成条件、结构与性能的研究已形成较系统的理论，聚合机理也有探讨[122]。与电聚合法相比，化学氧化聚合法具有操作易、能耗小、产率高、合成聚合物的量可规模化控制等优点。同时，通过控制聚合反应条件如溶剂、温度、聚合时间、氧化剂以及氧单比等，对其实施学氧化聚合有可能合成多功能性聚荧蒽纳米材料，这些都具有重要的理论和实际意义。然而，国内外采用化学氧化聚合法合成稠环聚荧蒽导电纳米材料的领域尚无人涉足，本书即是探索一种简便地实施荧蒽化学氧化聚合的新方法。另外，近年来基于导电聚合物的荧光传感器研究取得了迅猛发展，新型共轭聚合物材料的设计合成使得其应用领域不断拓展。然而，高灵敏度、高选择性以及高浓度跨度的荧光传感器还比较缺乏。

本书系统地研究了各种反应条件如溶剂、氧化剂、反应温度、时间以及氧单比等对聚荧蒽的纳米微观形态、结构和性能的影响。所合成聚荧蒽(polyfluoranthene, PFA)是无定形的环状聚合物，微观形态呈现纳米纤维结构，展现出良好的荧光性、溶解性、导电性以及热稳定性等。利用聚荧蒽纳米纤维良好的热稳定性，制备了高产率的多孔炭泡沫；利用聚荧蒽溶液和聚荧蒽/聚砜(polysulfone, PSf)复合膜良好的荧光性能，制备了对苦味酸和铁离子具有超敏感性的、高度选择性荧光传感器。

2.2 实验部分

2.2.1 药品

荧蒽、无水三氯化铁、浓硫酸、正己烷、硝基甲烷、氢氧化钠、盐酸、乙醇、乙腈、*N*-甲基-2-吡咯烷酮、二甲基亚砜、甲酸、醋酸、四氢呋喃、苯、丙酮、乙醚和氯仿等药品均购自 Sigma-Aldrich 公司，无需经过处理，直接使用。

2.2.2 合成聚荧蒽的试管探索性实验

在小试管中加入 3～5 mL 的溶剂和 50 mg 荧蒽单体，超声充分溶解。在另一根小试管中也加入 3～5 mL 的同种溶剂，再加入 200 mg 无水氯化铁，超声充分溶解后，将氧化剂溶液加入单体溶液，观察反应体系颜色变化和产物析出情况。

2.2.3 化学氧化合成聚荧蒽

采用化学氧化法合成聚荧蒽纳米纤维是一种溶液沉淀型聚合。以无水三氯化铁作为氧化剂在硝基甲烷溶剂体系中的典型操作如下：称取荧蒽单体 0.417 0 g(0.002 1 mol)，置于 250 mL 的锥形瓶中，加入 10 mL 的硝基甲烷，超声促进溶解，配成摩尔浓度为 0.2 M 的荧蒽单体溶液。称取氧化剂无水氯化铁 1.640 7 g(0.010 1 mol)，置于 250 mL 的锥形瓶中，加入 10 mL 的硝基甲烷，超声促进溶解，过滤除去不溶固体，配成摩尔浓度为 0.1 M 的无水氯化铁溶液。与荧蒽单体溶液一起置于 50℃ 的水浴中平衡 30 min。将氧化剂以每两秒一滴的速度滴入荧蒽的硝基甲烷溶液内，约 15 min 滴加完毕。荧蒽溶液一旦滴入氧化剂即开始变成橙色，随着氧化剂的增多，反应体系颜色加深，待氧化剂滴加完毕后，整个反应体系变为黑色。氧化剂滴加完毕后，将反应体系置于密封状态于 50℃ 下反应 15 h。反应结束后，将反应混合物离心分离，以大量的无水乙醇和去离子水离心洗涤 3～5 次，至上层液无色，以浓度为 0.1 M 的氢氧化钠溶液检测，无沉淀出现为止。为了得到高纯度的聚荧蒽纳米纤维，在 50℃ 的水浴里，先后采用 0.1 M 的氢氧化钠、盐酸以及去离子水洗涤。最后将得到的产物置于 80℃ 左右的烘箱内干燥 48 h，称重，计算表观产率。

2.2.4　聚荧蒽的碘掺杂

对初生态聚合物进行掺杂处理，取一定量初生态聚荧蒽放入玻璃试管中，在 80℃左右的烘箱内静置热处理 48 h 以上，然后再加入约为 0.2 g 的碘，密封玻璃试管，于 80℃左右的烘箱内加热掺杂 48 h，即可完成聚荧蒽的碘掺杂。

2.2.5　高电导率炭泡沫的制备

采用简单的热解法在惰性气氛(Ar)保护下，通过马弗炉来制备高电导率炭泡沫。具体方法如下：将聚荧蒽纳米纤维粉末置于石英玻璃管中，放入马弗炉，通以氮气保护，以 3℃/min 的升温速率加热至高温如 1 100℃，然后在该温度下保温一段时间如 30 min。以 3℃/min 的降温速率冷却至室温，即获得炭泡沫。

2.2.6　聚荧蒽/聚砜复合膜的制备

聚荧蒽在复合膜中的质量比固定为 0.8%，以 *N*－甲基－2－吡咯烷酮(*N*－methyl－2－pyrrolidone，NMP)为溶剂，聚合物的浇铸浓度为 8.5 wt%。具体方法如下：将 5 mg 聚荧蒽粉末溶解于 7.0 g NMP 得到红色溶液，加入 650 mg 聚砜颗粒，在 50℃的热台上加热过夜，待聚合物完全溶解，得到一定黏度的溶液。将透明的玻璃板切割成长方形，使其体积刚好能固定于 3.5 mL 的比色皿中。采用玻璃板蘸取方法，先将切好的透明玻璃小板块置于复合物溶液中，提拉，然后在 50℃的热台上烘烤一晚，得到透明聚荧蒽/聚砜复合膜。用纸小心拭去朝热台方向一面的复合膜，得到只有一面含复合膜的玻璃板，以备后用。

2.2.7　材料的结构与性能表征

全反射红外光谱(ATR/FT－IR)：采用 EQUINOX55 型傅立叶变换红外光谱仪对荧蒽单体和聚荧蒽进行全反射测试，扫描范围为 4 000～400 cm^{-1}。

紫外可见光谱(UV－vis)：以 NMP 为溶剂，采用 HP－8453 型紫外光谱仪，在温度下对浓度为 0.001～0.005 g/L 的荧蒽单体和聚荧蒽溶液进行测试。

X 射线衍射光谱(XRD)：采用 Philips X' Pert Pro 型宽角 X 射线衍射仪对粉末状荧蒽单体、聚荧蒽以及炭泡沫进行测试，扫描角度为 2°～70°，扫描速率 2°/min。

飞行时间质谱(MALDI/TOF MS)：以二羟基苯甲酸(DHB)为基质，DMSO 为溶剂，采用 Voyager－DE－STR 型基质辅助激光解吸飞行时间质谱仪测试。

质子核磁共振谱(^1H NMR)：以 $CDCl_3$ 为溶剂，采用 Bruker ARX 400 型氢核磁共振仪对测试聚合物分子量。

扫描电镜：采用 JEOL JSM 6700 型场发射扫描电子显微镜对聚荧蒽的丙酮纳米分散液和炭泡沫固体的表面形貌进行观察；观察聚荧蒽的制样方法为将样品丙酮分散液滴在导电硅片上，自然干燥后对试样进行喷金处理。采用 JEOL JSM 6700 型场发射扫描电子显微镜进行观察。对炭泡沫进行电子显微镜扫描前，将样品碎片撒在导电铜胶片上，不进行喷金处理直接观察。

热性能：采用 Perkin Elmer TGA Pyris 1 型热重分析仪，升温范围为 25℃～1 100℃，升温速率为 15℃/min，在氩气中测定荧蒽单体和聚荧蒽的热稳定性。

导电性能：采用二探针法对压制的聚荧蒽和炭圆片的表面电阻进行了测试，即在圆片表面上均匀涂上长度和间距均为 1 cm 的两条平行的银胶线，待银胶干燥后，用二探针分别接触两条银胶线，然后通过 HP 3458A 型欧姆计测得方形电阻(Rsq)；圆片的厚度(d)采用测厚仪进行测试，电导率(σ)根据公式：$\sigma=1/(d\ Rsq)$进行计算；所有测试均进行至少 5 次以上，测试相对误差控制在 10%以内。

荧光性能：将荧蒽单体和聚合物溶解在 NMP 中配制成浓度范围为0.025～0.5 g/L 的红色透明溶液，采用 QM - 6SE PTI 型荧光光谱仪，在 200～700 nm 范围内，对其荧光发射光谱和激发光谱进行测试。采用相同方法，测试聚荧蒽/聚砜复合膜的荧光发射光谱。

2.2.8 聚荧蒽荧光传感器

基于聚荧蒽优良的荧光性能，制备了两类荧光传感器，即在溶液中使用的均相荧光传感器和易于重复使用的薄膜荧光传感器。溶液荧光传感器的灵敏度高、选择性好、广泛应用于金属离子、阴离子和中性分子的检测和识别。缺点是易于污染待测体系、只能一次性使用。薄膜荧光传感器是将荧光物质与基质复合制备成薄膜荧光传感器可实现传感器的重复使用、降低能耗。

2.2.8.1 金属离子荧光传感器

考察了聚荧蒽溶液对金属离子的荧光探测性。考虑到检测物为水溶性物质，而聚荧蒽仅能溶于有机溶剂如 NMP，虽然水和 NMP 是无限互溶的，但是水样的加入会把聚荧蒽沉淀出来，因此，在检测过程中，首先得排除纯水的干扰。具体方法如下：在 3 mL 浓度为 0.01 g/L 的聚荧蒽溶液中分别加入 50 μL、100 μL、200 μL 和 300 μL 超纯水，得出在 3 mL 的荧光溶液中加至 200 μL 水时对传感器没有干扰。聚荧蒽溶液荧光传感器的制备过程如下：在 3 mL 浓度为 0.01 g/L 的荧光溶液中分别加入 200 μL 不同浓度 Na^+、K^+、Ni^{2+}、Mn^{2+}、Ca^{2+}、Hg^{2+}、Co^{2+}、Cu^{2+} 和 Fe^{3+}，以 395 nm 为激发波长，测试荧光淬灭发射光谱。在 Fe^{3+} 溶液中加入不同浓度的 Cu^{2+}，考察了聚荧蒽溶液传感器的抗干扰性。除特别说明外，本章均基于荧光发射光谱的峰位波长对应峰强来计算荧光淬灭效率。

2.2.8.2　硝基化合物荧光传感器

聚荧蒽是一类富电子结构的 π - π 共轭有机材料，而绝大多数硝基化合物具有严重缺电子的特性，两者混合后通过电子的得失产生电荷或/和能量转移形成络合物。利用这一特性，聚荧蒽可以对硝基化合物如苦味酸即 2,4,6 -三硝基苯酚进行检测。采用聚荧蒽溶液检测苦味酸的方法如下：将苦味酸溶于水中，配制成不同浓度的溶液。在 3 mL 0.01 g/L 聚荧蒽溶液中分别加入 200 μL 不同浓度苦味酸溶液，混合均匀后，以 395 nm 为激发波长，测试荧光发射光谱，根据荧光淬灭程度与检测物浓度的关系建立工作曲线。

将含有荧光传感组分的荧光强度最强的聚荧蒽/聚砜复合膜为传感元素，对爆炸物苦味酸溶液进行检测。具体方法如下：将高纯度苦味酸溶于超纯水中配成不同浓度的标准溶液。将一面覆盖有聚荧蒽/聚砜复合膜的玻璃板放置于标准溶液中浸泡 1 h 后，小心拭去膜表面的溶液后放入比色皿中，测试其复合膜经不同浓度苦味酸浸泡后的荧光发射光谱，根据荧光淬灭程度与检测物浓度的关系建立工作曲线。

2.3　结果与讨论

2.3.1　聚荧蒽合成体系探索

2.3.1.1　反应介质的选择

为了选择合适的溶剂充当反应介质，对荧蒽单体以及选用的氧化剂三氯化铁在不同溶剂中的溶解性进行了探索，结果见表 2 - 1。黄绿色荧蒽针状晶体能完全溶解于乙醇、2 -丙醇、乙腈、甲酸、冰醋酸、乙醚、四氢呋喃、苯、正己烷、硝基甲烷、NMP、二甲亚砜、碳酸丙二醇酯(PGC)、二氯甲烷、*N*,*N* -二甲基甲酰胺和氯仿溶剂中，尤其是在硝基甲烷中溶解较快且充分；大部分溶解于丙酮，部分溶解于浓硫酸。另外，氧化剂无水三氯化铁在乙醇、异丙醇、乙腈、甲酸、浓硫酸、硝基甲烷、NMP和二甲亚砜中均能完全溶解，部分溶解于丙酮、*N*,*N*-二甲基甲酰胺和四氢呋喃中，微溶于乙醚、苯、二氯甲烷、氯仿中。

单体和氧化剂均能同时溶解的有冰醋酸、碳酸丙二醇酯、乙腈、硝基甲烷和NMP等5种溶剂(表2-1)。

表2-1 The solubility and solution color of FA monomer and $FeCl_3$ oxidant at room temperature

Solvents	FA		$FeCl_3$	
	Solubility[a]	Solution color[b]	Solubility[a]	Solution color[b]
Ethanol	S	C	PS	Br
Isopropanol	S	C	PS	Y
Acetronitrile	S	SY	S	Y
Formic acid	S	SY	PS	Y
Acetic acid	S	SY	S	Y
Sulfuric acid	PS	G	S	Y
Acetone	MS	C	PS	Y
Ether	S	C	SS	Y
THF	S	C	PS	Y
Benzene	S	SY	SS	SY
Hexane	S	SY	SS	SY
Nitromethane	S	Y	S	Y
PGC	S	C	S	Y
NMP	S	C	S	Y
DMSO	S	C	PS	Y
Dichloromethane	S	C	SS	C
DMF	S	C	PS	Y
Chloroform	S	C	PS	Y

注：1. MS=Mostly soluble; PS=Partly soluble; S=soluble。
2. Br=Brownish; C=Colorless; G=Green; SY=Slightly yellowish; Y=Yellowish。

从表2-1可知，这就意味着只有采用这5种溶剂，氧化剂和单体才能实现分子级接触，保证反应充分进行，故这5种溶剂满足了反应介质的必要条件。考虑到NMP的强溶剂能力，它在溶解荧蒽单体的同时还会溶解所得聚合物而给后处理带来困难，故锁定其余4种溶剂探索荧蒽在其中进行聚合的可能性。将单体溶液和同种溶剂的氧化剂溶液在试管中共混，使氧化剂和单体接触，观察反应现象，结果见表 2 - 2。遗憾的是，在冰醋酸或碳酸丙二醇酯溶剂中均未观察到任何反应迹象，更没有固体聚合物生成，然而，在乙腈和硝基甲烷溶剂中，分别有土黄色和暗褐色固体物质析出，预示着聚合反应的发生。另外，对于能够完全溶解荧蒽单体但不能完全溶解三氯化铁氧化剂的代表性溶剂体系如乙醇（部分溶解）、正己烷（微溶解）和氯仿（部分溶解），在试管中也进行了类似的探索性实验，发现采用乙醇和正己烷为溶剂没有观察到反应的进行；而采用氯仿为溶剂的反应有深褐色固体物质析出。

表 2 - 2　Reaction features exist between FA monomer and $FeCl_3$ oxidant at room temperature

Solvent	Reaction color feature[①]	Solid product feature	UV - vis band (nm)		Intensity ratio of Band II/Band I
			Band I	Band II	
Acetic acid	SY→Y	N/A	—	—	—
PGC	C→Y	N/A	—	—	—
Acetronitrile	SY→R→G→Bl	Y	277	—	—
Nitromethane	Y→R→Bl→Br	Br	293	537	0.085
Ethanol	C→R	N/A	—	—	—
Hexane	SY→R	N/A	—	—	—
Chloroform	C→R→G→Bl	Bl	264	531	0.048

① C＝Colorless；Bl＝Black；Br＝Brownish；G＝Green；R＝Red；SY＝Slightly yellowish；Y＝Yellowish。

分别将乙腈、硝基甲烷和氯仿中合成的固体物质溶解于 NMP 进行紫外扫描，所得图谱见图 2 - 2。为了与荧蒽单体的紫外图谱进行比较，将所有图谱进行归一化处理，即以苯环共轭吸收最强峰作为内标，所有图谱在 260～290 nm 的苯环吸收峰换算成一样高度，可以半定量地比较其他吸收峰强度。由此可知，对于在乙腈、硝基甲烷溶剂中合成的产物，其稠合芳环的吸收峰从单体的 344 nm 红移至 367 nm 处；对于在氯仿溶剂中合成的产物，该稠合芳环的吸收峰趋于消失。令人振奋的是，对于在硝基甲烷体系中合成的产物，在高波长处 500 nm 和 536 nm 左右出现了一对新吸收峰，这是单体分子连接而成的大 π 键吸收峰。合成产物在低波长 360 nm 左右出现的紫外吸收峰归属为共轭小分子的 $\pi - \pi^*$ 电子跃迁谱带；在 500 nm 和 536 nm 处两个相邻的吸收峰归属为共轭大分子的 n -

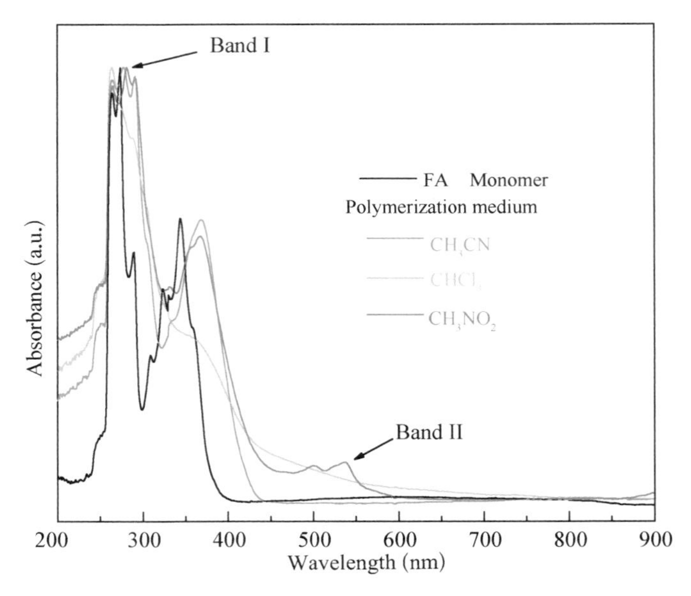

图 2－2 UV－vis spectra of NMP solutions of FA monomer and products synthesized with the following solvents: CH_3CN, $CHCl_3$, and CH_3NO_2

π* 双极子跃迁谱带，这是由共轭大分子内的双极子在醌式结构和相邻的苯式结构单元之间的转移导致的。尽管大分子的链构象也会影响高波长峰的位置，但该峰的强度、位置仍然可以反映出聚合物中的大分子共轭状况。吸收峰出现的波长越长、峰强越高，则其大分子共轭链越长、含量越多。

通过计算导电聚合物高波长与低波长紫外吸收的相对强度，可以定性分析体系的共轭程度。所涉及荧蒽的氧化产物的共轭程度均按其紫外吸收谱带Ⅱ和谱带Ⅰ的峰强比来定性衡量。根据图 2－2 可以计算，采用硝基甲烷为单体的溶剂时，合成产物的大 π 键吸收峰与苯环共轭吸收峰强度之比（即谱带Ⅱ和谱带Ⅰ的峰强之比）可达 0.085，明显大于氯仿介质中合成产物的峰强比0.048，见表 2－2。预示着采用硝基甲烷为溶剂可合成较高共轭程度的有机材料。此外，硝基甲烷的沸程为 99℃～102℃，常温下无挥发性，有利于改变反应温度探索产物最佳聚合温度，方便产物的洗涤与后处理。因此硝基甲烷可作为荧蒽化学氧化脱氢聚合的理想反应介质。

2.3.1.2 氧化剂的选择

C—C 偶联氧化脱氢反应多采用 Lewis 酸，像苯[6,118]、吡咯[123]和呋喃[124]的脱氢氧化聚合大都采用三氯化铁，而过硫酸铵是 C—N 偶联氧化脱氢反应的良氧化剂，如在苯胺[125]，苯二胺[126]、萘二胺[127]和蒽醌胺[128]等脱氢聚合反应。在此，我们探索了几种典型的具有不同标准电位的氧化剂如浓硫酸（0.17 V *vs.* SCE）、过硫酸铵（2.01 V *vs.* SCE）、无水三氯化铁（0.771 V *vs.* SCE）以及过硫酸铵/浓硫酸混合氧化剂对荧蒽的脱氢氧化聚合作用。仍然依据荧蒽单体的紫外光谱在高波长处没有吸收峰，而一旦发生聚合形成大 π 键共轭链结构后在大于 500 nm处将出现吸收峰，基于此判断是否有聚荧蒽生成。4 种氧化剂作用下所得产物的紫外图谱见图 2 - 3。与普通硫酸相比，浓硫酸绝大部分以分子状态存在而体现强的氧化性。选择浓硫酸为氧化剂时，直接将荧蒽单体与浓硫酸混合，超声 10 min，体系变成黄绿色黏溶液，随超声时间不断加长，溶液变成墨绿色溶液；取极少量的该反应液溶解于 NMP 进行紫外光谱分析，溶液的紫外吸收与单体的紫外吸收无明显差别，表明以浓硫酸为氧化剂较难引发荧蒽聚合。

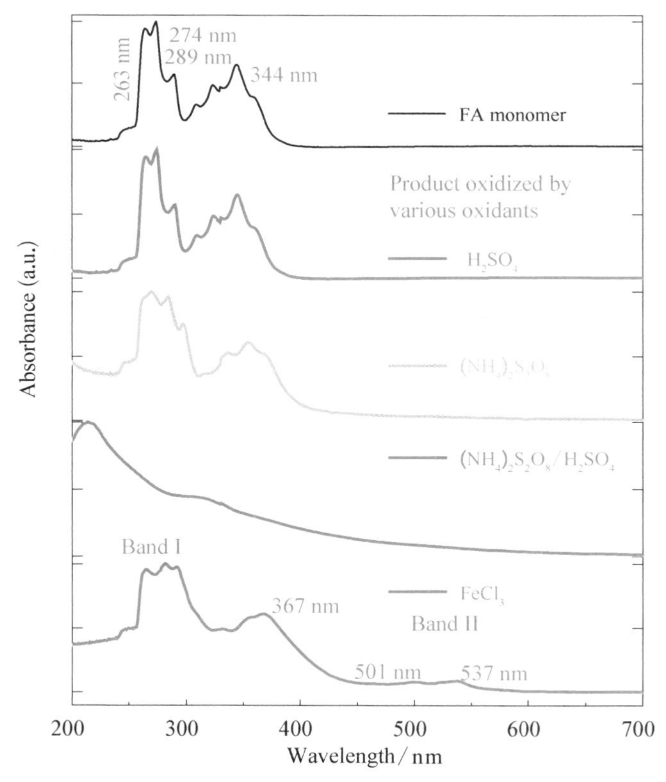

图 2 - 3　UV - vis spectra of NMP solutions of FA monomer and PFA synthesized with different oxidants

考察过硫酸铵引发荧蒽的化学氧化反应时，由于过硫酸铵仅溶于水，不溶于硝基甲烷，因此，选择了将荧蒽溶解于硝基甲烷后，直接加入过硫酸铵细粉的合成方案，期望两者发生固液界面反应，遗憾的是，即使在 50℃下搅拌 48 h 以上，两者都不发生任何反应。考虑到荧蒽和过硫酸铵均为结晶物质，前者熔点为 109℃，后者熔点为 124℃，且沸点均高于 300℃，可将两者的粉末机械混合，然后置于 130℃的坩埚里搅拌反应。在对固体粉末混合物加入过程中，待温度上升到两者熔点以上即发生剧烈反应，浅黄色(荧蒽为黄绿色，过硫酸铵为白色，充分混合后带浅黄色)固体混合物瞬间变成红褐色稠状流体，并伴随大量的白烟冒出；继续加热，流体颜色加深至黑色，仍然有少量白烟冒出。反应冷却后用无水乙醇洗涤，得黑色固体，再用水洗，得黑色溶液，但离心操作后未得到固体。若直接取少量黑色水溶液滴加到 NMP 中进行紫外分析，发现其紫外图谱与单体无本质上的区别，仅在 200～380 nm 的近紫外区，344 nm 处的吸收峰红移至 353 nm，峰型略有宽化，但在可见光区仍然无吸收峰，如图 2－3 所示，说明只是生成了极少量的聚荧蒽。

借助浓硫酸既可作溶剂又可作单体荧蒽的氧化剂的优势，将过硫酸铵溶解于浓硫酸中，并滴加到荧蒽的硝基甲烷溶液中，此时，单体溶液由亮黄变成绿色，随氧化剂的不断滴加，颜色变成墨绿，最后变成黑色，表明聚合反应的发生。但反应一段时间并依次用水、无水乙醇洗涤分离后，没有收集到固体产物。取一滴反应过程中的黑色溶液与 NMP 混合后直接进行紫外光谱测试，则发现其近紫外区吸收峰明显消失，263～273 nm 处的吸收峰紫迁至 214 nm，见图 2－3。这可能是浓硫酸和过硫酸铵的共同作用而带来的过强的氧化性使得荧蒽单体中的五元环遭破坏，从而形成了苯环和萘环结构单元的缘故。因此，过硫酸铵/浓硫酸也不适合作为荧蒽聚合的氧化剂。

当使用无水三氯化铁作为氧化剂时，将荧蒽单体的硝基甲烷溶液滴入氧化剂的硝基甲烷溶液中，溶液立即变成蓝黑色，并伴随固体颗粒的生成。随单体的不断加入，聚合体系颜色黑色加深，停止搅拌可以看到瓶底生成黑色絮状物，反应体系的上层呈蓝色透明溶液。经过无水乙醇终止反应，先后用无水乙醇和水洗涤完全后，可以得到红褐色固体粉末。其紫外光谱与单体的相比，在近紫外区 290 nm 附近的吸收峰明显增强，出现一个更为宽化的最强吸收峰；且单体在 344 nm 处的吸收峰红移至 367 nm，见图 2－3。表明氧化产物形成了更多荧蒽链节，有大量的荧蒽低聚物生成。尤其值得注意到的是，产物在 499 nm 和 537 nm 处还出现了新的双吸收峰，这是大 π 键共轭结构引起的吸收谱带，足以说明产物具有一定链长，荧蒽已经发生了一定程度的聚合。由此可见，三氯化铁能够氧化荧蒽聚合，可作为荧蒽化学氧化聚合的氧化剂。

为了进一步证实三氯化铁是在硝基甲烷溶剂体系中荧蒽氧化聚合的良氧化剂，投入相对于单体摩尔数5倍的氧化剂，在50℃下氧化聚合6 h，将所得产物与荧蒽单体分别溶解于NMP溶剂，进行紫外光谱表征，结果见图2-4c中红线。聚荧蒽的紫外吸收光谱再一次出现了大π键吸收峰，即在500 nm和536 nm处出现了双吸收峰，显然这是由于有机共轭大分子结构中的大π键所引起的，是荧蒽单体发生了聚合的信号。与单体相比，聚荧蒽在272～290 nm紫外区仍然出现最强吸收峰，其中290 nm吸收峰还明显增强，而位于345 nm的稠环结构单元次强吸收峰红移至367 nm。这些紫外峰特征与电化学方法合成的荧蒽聚合物基本一致，说明在该反应体系中可以通过化学氧化聚合法有效合成出聚荧蒽。

综上所述，通过化学氧化法，以无水氯化铁作为氧化剂，在硝基甲烷溶剂体系中实施荧蒽的化学氧化聚合是可行的。

2.3.2　紫外光谱

前面对荧蒽的化学氧化聚合的初探，已经对单体及其产物的紫外吸收已经有了初步研究。采用三氯化铁为氧化剂，改变反应条件如反应时间、温度以及氧化剂/单体摩尔比（氧单比）等合成的聚荧蒽以及荧蒽单体溶解于NMP和浓硫酸的紫外吸收光谱如图2-4和图2-5所示。

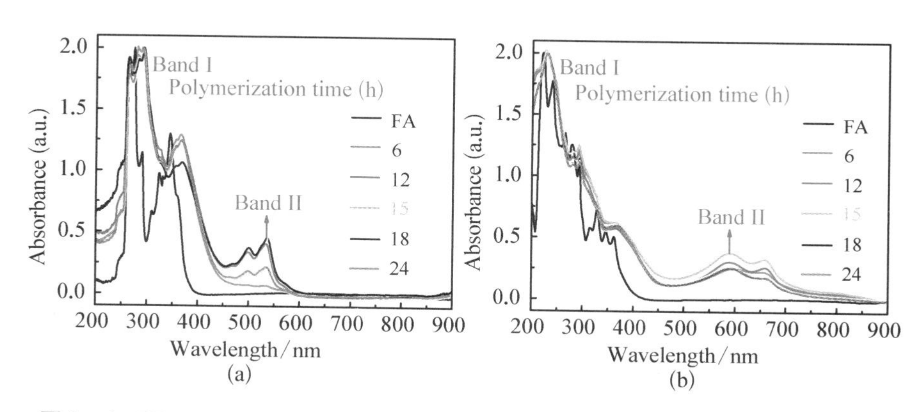

图2-4　UV-vis spectra of (a) NMP and (b) concentrated H_2SO_4 solutions of FA and PFA synthesized with following reaction time: 6, 12, 15, 18, and 24 h with $FeCl_3$/FA molar ratio of 5/1 at 50℃

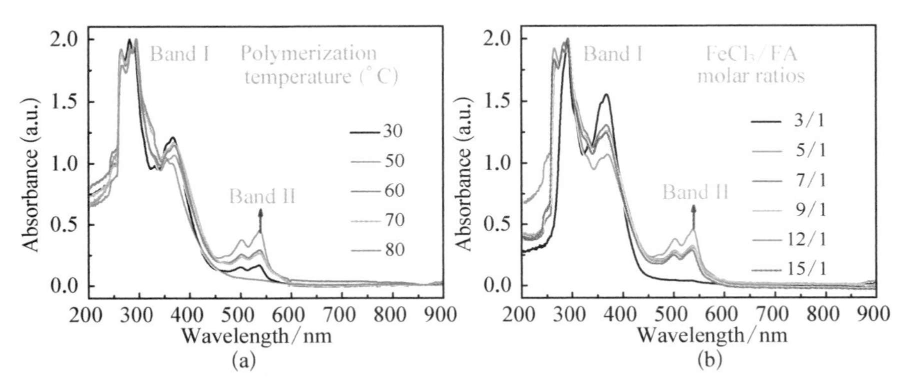

图 2-5 UV-spectra of PFA synthesized (a) at following reaction temperature: 30, 50, 60, 70, and 80℃ with $FeCl_3$/FA molar ratio of 5/1 and 15 h; (b) with following $FeCl_3$/FA molar ratios: 3/1, 5/1, 7/1, 9/1, 12/1, and 15/1 at 50℃ for 15 h

采用 NMP 为溶剂时，单体在 263 nm、274 nm、289 nm 和 344 nm 处出现几组归属于小 π 键的特征紫外吸收峰；对应聚荧蒽的吸收峰分别位于 280 nm、367 nm、501 nm 和 537 nm 处，并一直延伸至 600 nm 左右。采用浓硫酸为溶剂时，荧蒽单体的紫外特征吸收峰出现在 220 nm、239 nm、280 nm、329 nm、345 nm 和 360 nm 处，而聚荧蒽的紫外特征吸收峰则出现在 592 nm 和 665 nm 处，并一直延伸至 900 nm 左右。这些实验结果均表明，荧蒽经三氯化铁氧化后共轭程度大大提高，合成产物具有一定的分子量。比较 NMP 溶剂，采用浓硫酸为溶剂样品的紫外吸收峰向高波长位移，这可能是浓硫酸具有较强的氧化性，使荧蒽链节处于更高能量的氧化态导致的；而聚荧蒽由于存在更长的荧蒽链节，导致被氧化程度加剧，因而在波长高达 665 nm 处仍然观察到明显的紫外吸收峰。有关不同条件如反应时间、温度以及氧单比等对合成产物的共轭程度(即谱带Ⅱ与谱带Ⅰ的峰强比)的影响，详见节 2.3.8 探讨。

2.3.3 红外光谱

在硝基甲烷反应体系中，制备的聚荧蒽和荧蒽单体的全反射红外光谱见图 2-6。以 1 425～1 450 cm^{-1} 归属于苯环骨架振动红外吸收峰作为内标吸收峰，对聚合物和单体的红外谱图进行半定量分析。荧蒽单体在 910～1 134 cm^{-1} 范围内出现归属于 C—H 单键的面内弯曲振动吸收峰($\delta_{C\text{-}H}$)[9]，这在聚合物中基本消失，仅在 1 093 cm^{-1} 和 1 154 cm^{-1} 处出现较弱的吸收峰，说明聚合后 C—H 单键减少。荧蒽单体在 1 436～1 622 cm^{-1} 处产生了一系列中等强度的骨架振动吸收峰，聚合物的骨架振动吸收峰则出现在 1 425 cm^{-1}、1 450 cm^{-1} 和

1 612 cm^{-1}处。荧蒽单体在 1 600～2 000 cm^{-1}处还呈现苯环骨架振动造成的锯齿状吸收峰，发生聚合反应后，这些峰被宽化或消失。这些都说明芳环氢被取代，产生了聚合反应。更明显地，在 3 043 cm^{-1}处归属为荧蒽单体的芳环氢的伸缩振动峰，而聚合物中相应的峰变宽、强度明显减弱，进一步证实了脱氢聚合反应的发生。然而，变化最大的还属指纹区。

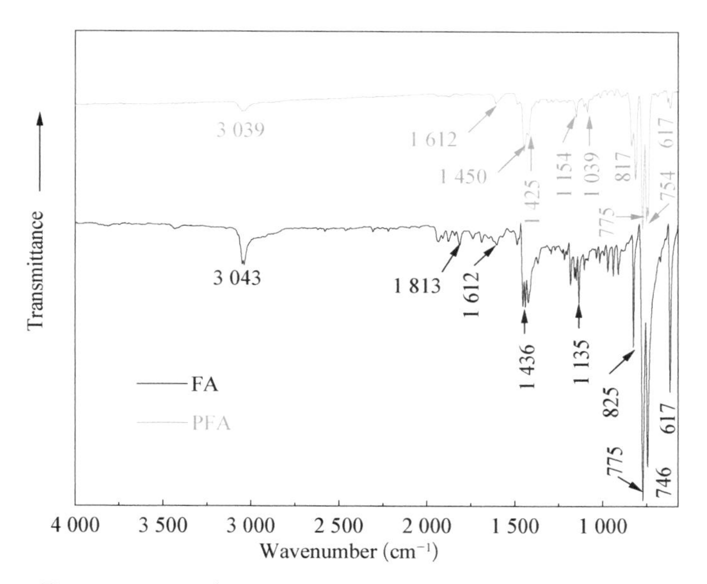

图 2－6　ATR/FT－IR spectra of FA monomer and PFA synthesized under optimal conditions.

通过单体的化学结构式可知，荧蒽含有 H_1、H_2、H_3、H_4、H_5、H_6、H_7、H_8、H_9和 H_{10} 10 个脱氢位点，存在 2 种三毗邻碳氢结构和 1 种四毗邻碳氢结构，它们均在指纹区产生吸收，导致结构分析复杂。从红外谱图可以看出，荧蒽单体在 825 cm^{-1}、775 cm^{-1}和 746 cm^{-1}分别出现了芳香族化合物多个毗邻碳氢的平面外弯曲振动吸收峰[6,129]，在聚荧蒽中明显减弱并宽化，且在 744～817 cm^{-1}处产生了较宽且分裂更多的中强度吸收峰，表明脱氢形成产物的毗邻碳氢大量减少，芳香环结构多样化或多元化；同时，单体在 617 cm^{-1}的吸收峰在聚合物中完全消失，这些都是脱氢聚合反应发生的证据。结合对荧蒽环活泼氢的理论计算[9,130]，聚合脱氢时，由于空间位阻效应，荧蒽单体脱氢的位置最可能发生在 C_3、C_4、C_1、C_6 4 个位置。

2.3.4　X 射线衍射图谱

通过 X 射线衍射定性地分析了不同氧单比制备的聚合物和单体粉末的聚

集态结构，如图 2 - 7(a)所示。荧蒽单体在 $2\theta=9.48°$，或 18.96°时，处存在两个极强的尖峰，可见荧蒽是一种结晶性较强的小分子晶体。与基线平整、衍射峰尖锐的单体不同，除氧单比为 3/1 合成的聚荧蒽外，所有产物在 2θ 为 15°～30°范围内均呈现弥散的宽化“隆峰”，其结晶性也完全不像齐聚芘含有大量的衍射峰尖峰[6]，这是聚荧蒽短程无序堆积产生的不定型结构；同时，在 $2\theta=5.3°$ 处出现一个新的衍生峰尖峰，这是聚荧蒽分子层间距导致的长程有序结构，表明聚合物的聚集态是一种长程有序而短程无序并存的微观结构。随氧单比从 3/1 增加至 15/1，聚荧蒽在 $2\theta=5.3°$ 处出现的衍生峰尖峰的强度先减后增加，在氧单比为 5/1、7/1 以及 9/1 时相对较弱，这可能是由于该系列氧单比形成了较高分子量的产物，空间位阻使聚合物分子链的 π - π 堆积受限制，形成的分子层有序结构下降导致的。另外，采用 X 射线粉末衍射光碟资料库 PCPDFWIN V. 2.3 软件查找，产物图谱中未发现三氯化铁或二氯化铁的衍射峰，说明所合成的聚荧蒽较为纯净，这对其今后作为金属离子和硝基化合物的探测提供了前提条件。

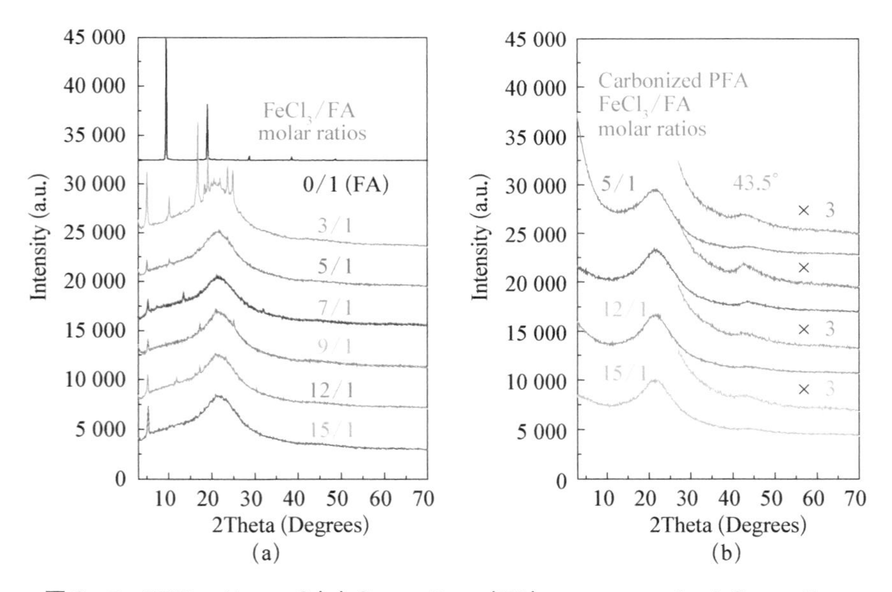

图 2 - 7　XRD patterns of (a) fluoranthene (FA) monomer and polyfluoranthene (PFA) synthesized with different O/M molar ratios and (b) carbon-based materials made from PFA

2.3.5　飞行时间质谱

飞行时间质谱法是一种分析芳香环状聚合物结构和组分分布的重要手段。

这是一种软电离技术，在线性模式下不产生或者产生很少的碎片离子。由离子源产生的离子加速后进入无场漂移管，并以恒定速度飞向离子接收器。离子质量越大，到达接收器所用时间越长，离子质量越小，到达接收器所用时间越短，根据这一原理，可以把不同质量的离子按核质比（m/z）大小进行分离。飞行时间质谱仪可检测的分子量范围宽、分析速度快、灵敏度高、分辨率高以及分离和鉴定可以同时进行等特点，能够给出聚合物结构的较为全面的信息。我们选择最佳条件下合成的聚荧蒽的可溶部分进行飞行时间质谱的表征，如图 2－8 所示。

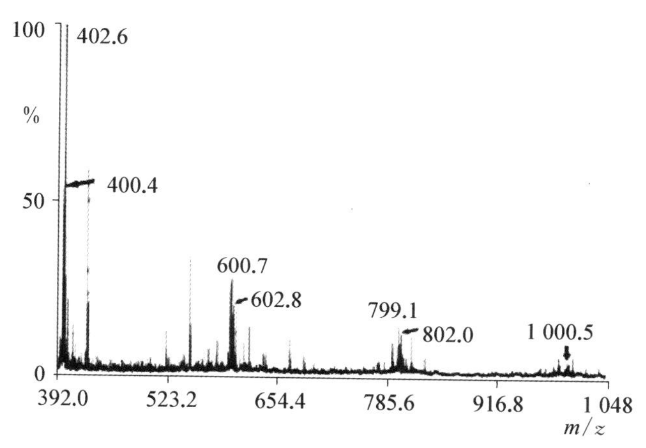

图 2－8　MALDI－TOF mass spectrum of the PFA synthesized with an optimal condition: $FeCl_3$/FA＝5/1, T＝50℃, t＝15 h

从聚合物的质谱图和荧蒽单体的分子量（202.25 g/mol）可以发现，聚荧蒽分子链主要由 2～5 个单体单元构成。通过质谱和红外光谱分析可知，可溶部分的聚荧蒽分子链的单元之间严格地通过单键相连形成环状结构，并形成了荧蒽二聚体、三聚体、四聚体以及五聚体等，如表 2－3 所示。

表 2－3　Possible assignments of MALDI－TOF mass spectrum of the PFA synthesized with an optimal condition

m/z	Molecular formula	Oligomer	Molecular structure
402.6	$C_{32}H_{18}$	Dimer	

续　表

m/z	Molecular formula	Oligomer	Molecular structure
600.7	$C_{48}H_{24}$	Trimer	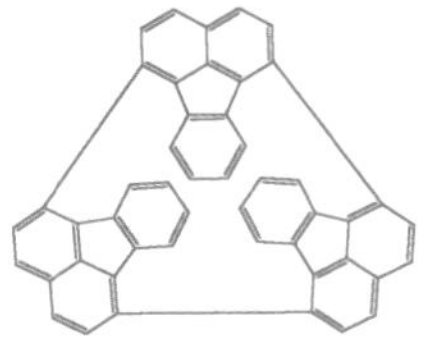
799.1	$C_{64}H_{31}$	Tetramer	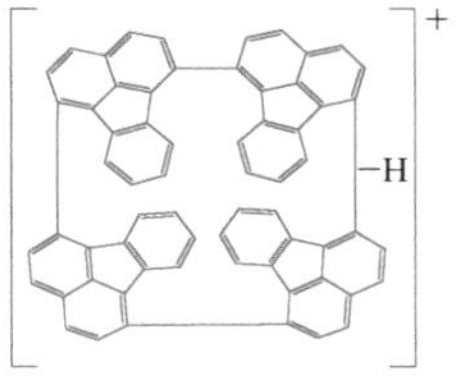
1 000.5	$C_{80}H_{40}$	Pentamer	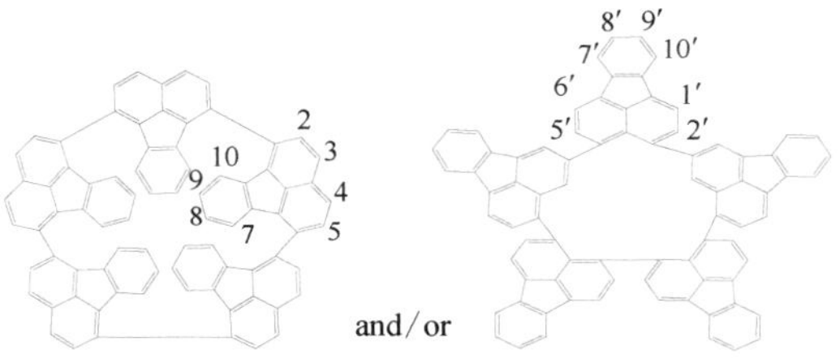 and/or

2.3.6　核磁共振谱

为了进一步验证聚荧蒽具有以上结构式，对荧蒽单体和聚荧蒽进行了氢质子核磁共振谱研究，见图 2-9。从图可以看出，聚荧蒽图谱的核磁共振峰比荧蒽单体宽许多，而且移向低场，这是因为聚合物分子链中具有较长的π-π共轭结构导致的。单体的核磁共振峰比较简单，分别在 7.90×10^{-6}、7.87×10^{-6}、7.80×10^{-6}、7.60×10^{-6}和 7.35×10^{-6}处出现对应为单体的 H_1/H_6、H_7/H_{10}、H_3/H_4、H_2/H_5和H_8/H_9的质子峰。而聚荧蒽的核磁共振较为复杂，这与其自身的复杂结构有关，分别在 8.52×10^{-6}、8.38×10^{-6}、8.25×10^{-6}、8.19×10^{-6}、8.12×10^{-6}、7.85×10^{-6}、7.55×10^{-6}和 7.45×10^{-6}处出现了对应为聚合物的 $H_{1'}$、$H_{2'}$、H_3、$H_{7'}$、H_7、H_2、H_8和 $H_{8'}$的质子峰，表明荧蒽单体化学氧化后的确形成了一定分子量的聚合物，聚合物的链接方式主要是发生在 C_3、C_4、C_1、C_6 4 个位置。

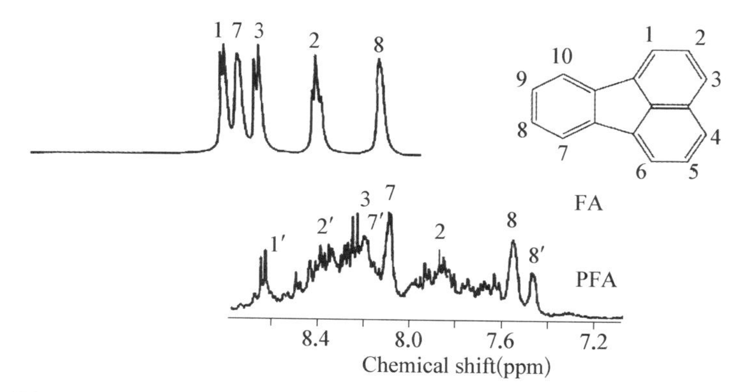

图 2－9　400 MHz ^{1}H－NMR spectra of fluoranthene（FA）and polyfluoranthene（PFA）synthesized with an optimal condition：$FeCl_3$/FA=5/1，T=50℃，t=15 h

2.3.7　形貌观察

有趣的是，聚荧蒽的微观形貌取决于单体的溶剂、三氯化铁/荧蒽摩尔比，见图 2－10 和图 2－11。

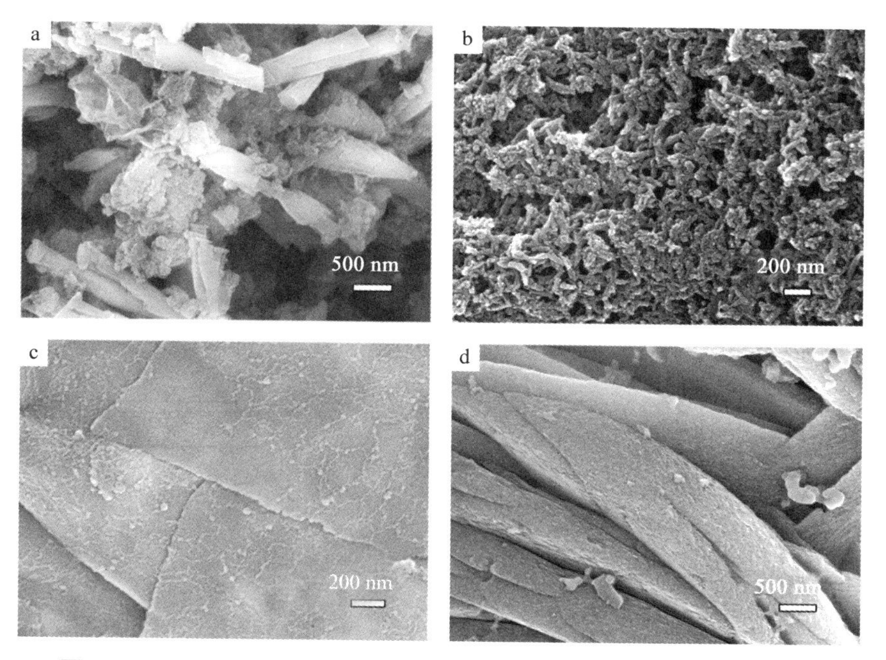

图 2－10　SEM images of PFA synthesized with the following solvents：(a) chloroform，(b) nitromethane，(c) acetic acid，and (d) acetronitrile using $FeCl_3$ as an oxidant

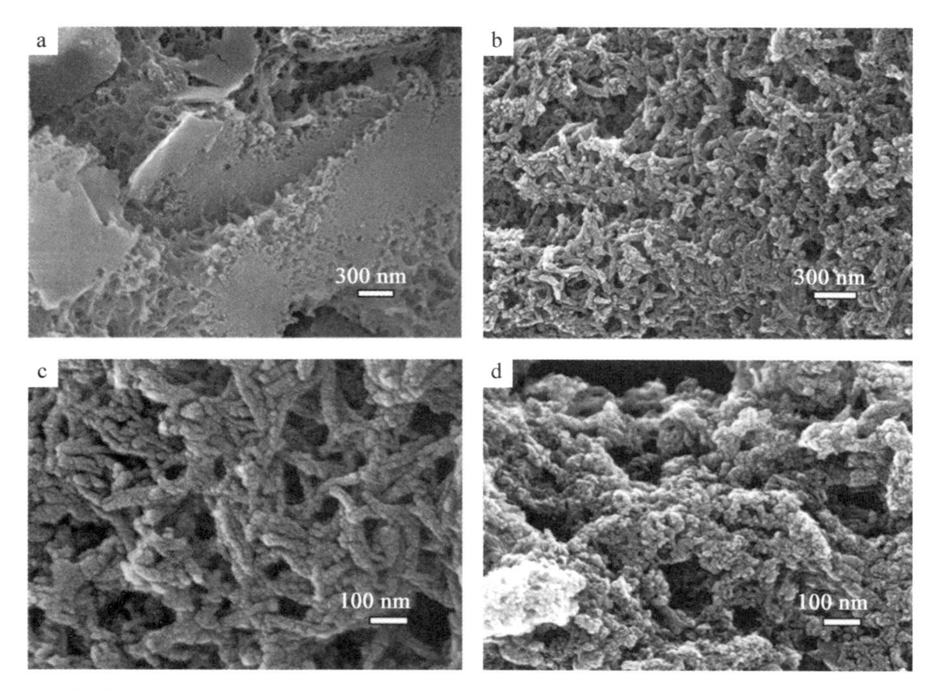

图 2-11　SEM images of PFA synthesized with the following $FeCl_3/FA$ molar ratios: (a) 3/1, (b) 5/1, (c) 9/1, and (d) 12/1 using nitromethane as solvent

以三氯化铁为氧化剂，分别采用氯仿、硝基甲烷、冰醋酸以及乙腈为荧蒽单体反应溶剂时，所得的氧化产物呈现不同的微观形貌。采用氯仿为溶剂时，产物呈现无定形的微观形态，并夹杂生成了少量的纳米棒。采用冰醋酸和乙腈为溶剂时，产物均呈现纳米片状微观形态，但是，后者生成的纳米片厚度较高。采用硝基甲烷为溶剂时，产物呈现大量的长度约为 500 nm、直径约为 50 nm、微观结构较均匀的纳米纤维，如图 2-10 所示。

选择三氯化铁和硝基甲烷分别为氧化剂、溶剂时，不同氧单比对聚荧蒽的微观形貌也有较大的影响。过高或过低的氧单比均不利于形成纳米纤维结构，而当氧单比为 5/1～9/1 时，产物的纳米纤维形态相对规整，如图 2-11 所示。

2.3.8　聚荧蒽的共轭程度和产率

2.3.8.1　反应时间的影响

齐荧蒽的共轭程度(即谱带Ⅱ与谱带Ⅰ的峰强比)和产率受反应时间的影响见图 2-12。随反应时间在 6～24 h 范围内变化，聚荧蒽的共轭程度和产率均出现先提高后降低的规律。当反应时间为 12 h 时，产物的产率达到最大值。即反应初期产率迅速增加，开始 6 h 产率达到 54%，15 h 时达到最大值 77.8%，当反应时间继续增加时，产率又有所下降。这与传统导电聚合物的化学氧化合成非常相似[131-132]。随反应时间从 6 h 增加至 15 h 时，产物的共轭程度从 0.029 提高至 0.227；继续增加反应时间，产物的共轭程度则下降至 0.1 左右。

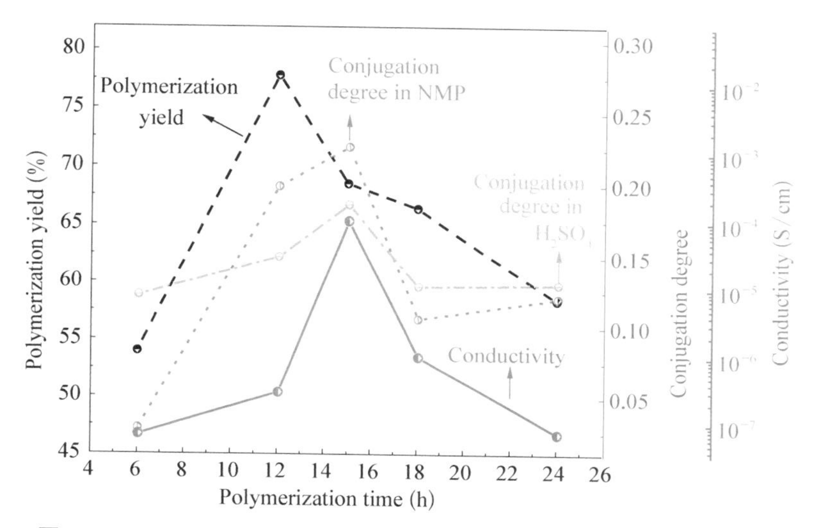

图 2 - 12　Effect of polymerization time on the polymerization yield, conjugation degree, and iodine-doped conductivity of PFA

在反应开始初期，三氯化铁快速氧化荧蒽单体脱氢聚合，大量单体相互脱氢缩合成低聚体，单体转化率迅速增加。这样，随氧化剂的快速消耗以及产物的不断被沉淀析出，聚合产率和具有一定链长的大 π 键的数量上升很快。随反应时间的延长，低聚体逐步缩合成中聚体，并伴随着残余单体继续反应成低聚体，此时聚合大 π 键的数量和产率增加速度减缓。随反应时间不断延长到15 h，荧蒽的聚合度进一步增加，形成最多的长共轭链的大 π 键，聚合产率也同时达到最大值。然而，过长的聚合时间可能又会使生成的聚合物发生降解，致使大 π 键含量和产率均随之下降。

2.3.8.2　反应温度的影响

一般来说，化学氧化聚合对温度的敏感性较强。温度太低，单体被引发的活化能不能达到，反应不能进行或者不能充分进行；温度过高，则又可能引起副反应、逆反应等。由此可见，确定最佳的反应温度，对于提高聚荧蒽的产率和性能都具有重要意义。对于分子量较大且结构均匀对称的荧蒽单体，其聚合活性远不如分子量较小且结构不对称的芳香胺和吡咯那样大。同时考虑到荧蒽单体在0℃左右都不溶解。因此，荧蒽的聚合反应从室温开始，控制氧单比为5/1和反应时间为15 h，考察了反应温度对荧蒽聚合的影响，结果见图2－13。

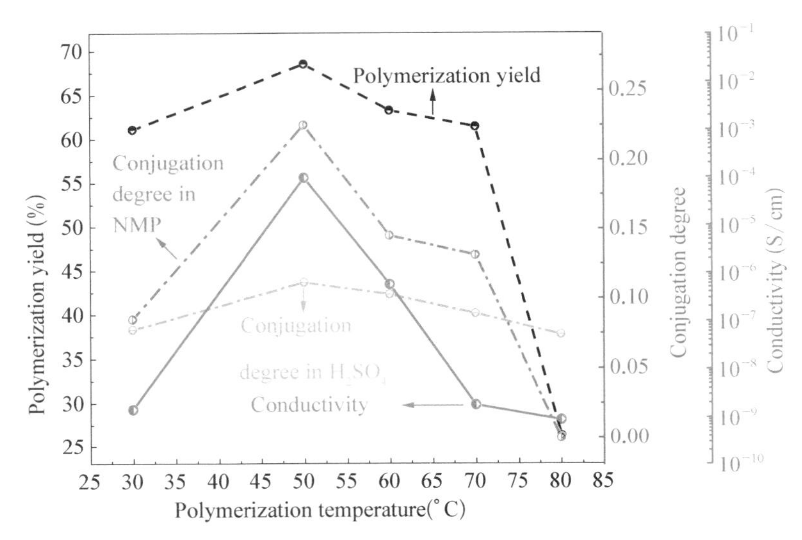

图2－13　Effect of polymerization temperature on the polymerization yield, conjugation degree, and iodine-doped conductivity of PFA

当氧单比为5/1，反应时间为15 h时，大部分聚合产物的产率都比较高，在30℃、50℃、60℃、70℃时，均超过了60%，其中，当反应温度为50℃时，产物的产率最高，为68.5%。值得注意的是，在80℃时，产率大幅下降到仅有26.3%。不同聚合温度下合成的聚荧蒽溶解于NMP和浓硫酸的共轭程度也随时间呈现规律性变化。当反应温度为30℃时，聚合物的NMP溶液在500 nm和537 nm处出现双吸收峰，但强度不大，共轭程度只有0.085，而聚合物的浓硫酸溶液的共轭程度也只有0.078。当反应温度上升至50℃后，500 nm和537 nm处出现的双吸收峰强度增强，溶解于NMP和浓硫酸时的共轭程度大幅度提高至0.225和0.112。当反应温度继续提高为60℃和70℃时，共轭程度逐渐减弱。当反应温度提高到80℃时，在500 nm和537 nm的高波长段几乎没有出现吸收峰即共轭程度严重下降。由此可见，反应温度为50℃最有利于荧蒽的化学氧化聚合。

2.3.8.3　氧单比的影响

氧化剂种类和用量对产物的产率、分子量以及电导率等具有重要影响。

首先，氧化剂必须保证能够氧化单体发生聚合；其次，氧化剂用量不能使合成的导电聚合物氧化降解。因此，在最佳温度（50℃）和聚合时间（15 h）的条件下，选取三氯化铁为氧化剂考察了氧单比对合成聚荧蒽的影响。结合图 2－5(b)的紫外谱图，不同氧化剂用量下所合成的聚荧蒽的共轭程度和产率见图 2－14。从图可以看出，以 3/1 的氧单比实施化学氧化聚合，聚合物产率可以达到41.6%，随氧单比从 3/1 升高到 9/1，聚合反应产率迅速升高至 90.5%。当继续提高氧单比至 12/1 和 15/1 时，聚荧蒽的产率反而下降。同时，聚荧蒽在 NMP 和浓硫酸中的共轭程度在氧单比为 3/1 时达到最大，分别为 0.227 和 0.095。

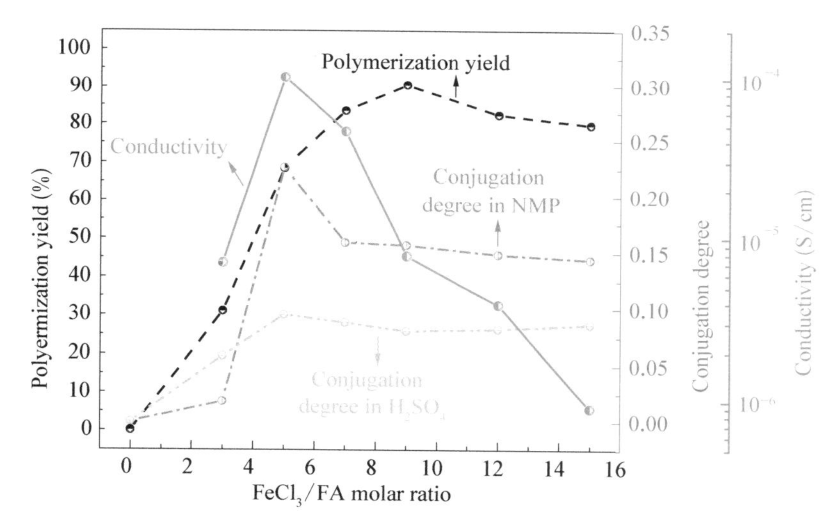

图 2－14　Effect of $FeCl_3$/FA molar ratios on the polymerization yield, conjugation degree, and iodine-doped conductivity of PFA

聚荧蒽的紫外吸收相对强度和产率随氧单比的变化规律可作如下解释。当氧单比较小时，氧化剂的量不足，氧化剂被迅速消耗完，从而不能激发更多的反应活性位点脱氢缩合，使得聚合物分子量较低、共轭链较短，甚至可能有单体未被氧化，结果导致产物产率较低以及大 π 键强度较弱。随氧单比继续增加，更多的氧化剂能足够氧化荧蒽单体，从而可以提供足够的反应活性位点，促进荧蒽的脱氢缩合反应的持续进行，最终导致单体完全转化为聚荧蒽，因此，聚合物产率迅速升高，且得到的聚荧蒽的大 π 键共轭程度高。当氧化剂过量时，反应过程中没能完全消耗的氧化剂可能会引起产物分子链降解，使体系的共轭性下降。因此，化学氧化合成聚荧蒽的最佳氧单比为 5/1。通过对研究不同聚合反应条件对化学氧化法合成聚荧蒽的影响，发现采用硝基甲烷为溶剂、三氯化铁为氧化剂、氧单比为 5/1、反应温度为 50℃以及反应时间为 15 h 制备的产物具有较高的产率和共轭程度。

2.3.9 电导性能

导电聚合物或高聚物的电导率很大程度上取决于掺杂度。聚荧蒽作为一种特殊的导电聚合物，仅含 C 和 H 元素，不像聚苯胺、聚吡咯等可以通过酸碱进行掺杂，只能通过氧化还原即通过电子转移掺杂而提高电导率。正是由于如此，原生态聚荧蒽的电导率受反应条件影响无规律可循且数值较小，约 10^{-7} ~ 10^{-10} S/cm。聚荧蒽是一种典型的富电子共轭有机材料，而碘在富电子环境下可以形成缺电子的 I_3^- 离子，可以作为聚荧蒽的掺杂剂，因而提高导电聚合物的电导率。由于聚荧蒽的大 π 键共轭程度取决于合成条件反应时间、温度以及氧单比等因素，导致碘掺杂态聚合物的电导率随之受影响。

不同聚合时间、温度以及氧单比对碘掺杂态聚荧蒽的电导率的影响见图 12—14。随反应时间在 6～24 h 内变化，聚荧蒽的电导率在 6.9×10^{-8}～1.0×10^{-4} S/m 内变化，反应时间为 15 h 时最高。随聚合温度在 30℃～80℃变化，聚合物电导率在 10^{-9}～10^{-4} S/cm 内变化，在 50℃时最高。随氧单比在 3/1～15/1 内变化，聚合物电导率在 9.0×10^{-7}～1.0×10^{-4} S/cm 内变化，氧单比为 5/1 时最高。最佳反应条件下合成的聚荧蒽的电导率最高，达 1.0×10^{-4} S/cm。从以上分析可以看出，要实现导电聚合物的导电功能性，首先，必须具有足够长的大 π 键共轭结构，其次，在分子链上含有自由移动的电子。由于最佳条件下合成的聚荧蒽具有最高的共轭程度，因此，在碘掺杂后获得的电导率最高。即使如此，比起五并苯、四聚萘以及聚噻吩等经碘掺杂后的电导率可提高至 1～100 S/cm，聚荧蒽的电导率有限，这可能与聚荧蒽的分子规整度比五并苯、四聚萘差，比聚噻吩分子量小有关。

2.3.10 热稳定性

不同氧单比合成的去掺杂态聚荧蒽及其单体在氩气(Ar)中的 TGA - DTGA 热失重曲线见图 2 - 15。采用失重曲线上的最高温度对应的残焦量、最高失重率、最高失重率对应的温度以及失重 2%对应的温度等来衡量材料热稳定性，其结果见表 2 - 4。

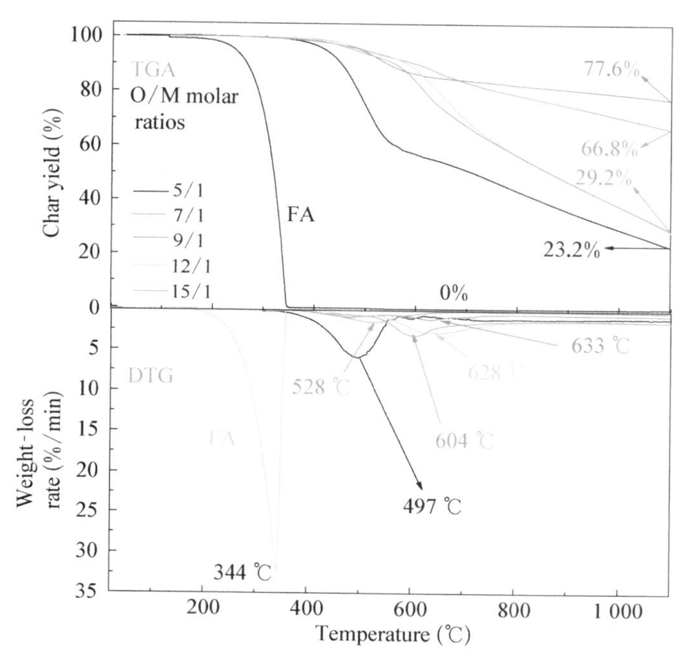

图 2 - 15　TGA and DTG curves of PFA synthesized with different $FeCl_3$ oxidant/FA monomer (O/M) molar ratios

表 2 - 4　Thermal properties of PFA synthesized with different $FeCl_3$/FA molar ratio

$FeCl_3$/FA Molar ratio	$T_d^{[a]}$/℃	T_{dm}/℃	$(d\alpha/dt)_m$ (%/min)	Carbon yield at 1 100℃/%
0/1	211	344	32. 4	0
5/1	384	497	5. 9	23. 2
7/1	419	528	1. 6	66. 8
9/1	446	633	1. 2	77. 6
12/1	445	628	2. 9	28. 7
15/1	425	604	3. 3	29. 2

单体在失重 2%时对应的温度、最大失重率对应的温度为 211℃、344℃以及最大失重率为 32. 4%/min，同时，在温度仅为 355℃时，单体就完全分解，表现出较差的热稳定性。聚荧蒽无论是残焦量还是热失重温度都比单体大大提高，并且受反应条件如氧单比不同呈现规律性变化。特别是温度升高至 400℃左右，聚荧蒽才开始发生分子主链的降解。随氧单比从 5/1 提高至 9/1 时，聚荧蒽失

重 2%时对应的温度从 384℃提高至 446℃；而最大失重率对应的温度从 497℃提高至 633℃；继续提高氧单体，这两个数值的变化不明显。

值得注意的是，当氧单比为 9/1 时，聚荧蒽的最大失重率为 1.2%/min，仅为荧蒽单体的 1/27；在最高温度 1 100℃时的残焦量仍然高达 77.6%。与电化学法合成的聚荧蒽相比，化学法合成的聚荧蒽要纯净得多。电化学法合成的聚荧蒽存在较多的水分和掺杂酸，导致其在 250℃前就有 15%的重量损失，最快热分解速率时的温度仅为 442℃，而在 727℃时残炭率也仅为 23.5%，表明化学法合成的聚荧蒽热温度性较电化学高许多。实际上，本研究所合成聚荧蒽的热性能与大多数的传统耐热高分子材料相比都具有明显优势，见表 2-5。这与聚荧蒽形成三维立体的环状结构有关，这种特殊的结构导致其分子链刚性和芳香性极度增强，从而使热稳定性大大提高。

表 2-5 Summaries of thermal properties of the PFA and some universal heat resistant polymers

Polymers	Atmosphere	Heating rate (℃/min)	T_d/T_{dm} (℃)	$(d\alpha/dt)_m$ (%/min)	Carbon yield (%/℃)	Refs.
PFA	In N_2	15	446/633	1.2	77.6/1 100 82.6/800	This study
PFA	In N_2	20	287/442	6.4	23.5/727	[9]
PAO	In N_2	10	200/250	0.07	37.2/600	[16]
PAQ	In N_2	20	310/450	0.1	71/985	[133]
Kelvlar 29	In N_2	—	540/565	—	62/650	[134]
Kelvlar 49	In N_2	—	539/564	—	64/650	[135]
Ekonol	In N_2	10	475/517	9.3	4/800	[136]
PBO	In N_2	10	700/720	—	68/800	[137]
PBT	In He	20	675/767	—	84/800	[138]
Vectra	In He	20	529/543	31	40/800	[139]

Abbreviations: poly(1 - aminoanthraquinone) (PAQ), poly (anthracene oil) (PAO), polybenzazole (PBO), poly (*p* - phenylene benzobisthiazole) (PBT), polyfluoranthene (PFA), poly (*o* - phenylenediamine) (PPDA).

2.3.11 成炭性能

由热稳定性研究可知，聚荧蒽在氩气中高温加热仍然保持高残焦量，如在

1 100℃时的残焦量仍然高达 77.6%，并且聚荧蒽的合成产率高达 90.5%。因此，聚荧蒽是一种制备炭材料的优秀母体。不同氧单比合成的聚荧蒽制备的炭材料的 X 射线衍射光谱图见图 2-7(b)。碳化后，在 $2\theta=5.3°$归属于聚荧蒽分子层间堆积的衍射峰消失了。碳化产物在 $2\theta=21.5°$和 43.5°处出现归属于石墨结构的(002)和(101)面的衍射峰[140-141]。因此，可以断定碳化产物不仅含有无定型的碳结构，还含有少量的石墨化结构。随氧单比在 3/1～15/1 范围内变化，氧单比为 9/1 时，碳化产物在(101)面的衍射峰最强，表明该聚合物的石墨化程度最高。同时，所得的碳化产物的电导率最高，达 100 S/cm。这可能是由于其具有较高的热稳定性，因而碳化更彻底有关。更为有趣的是，通过对不同氧单比合成的聚荧蒽的炭化后进行微观形貌观察发现，产物与炭泡沫类似，含有孔径较为均一的多孔结构，见图 2-16。

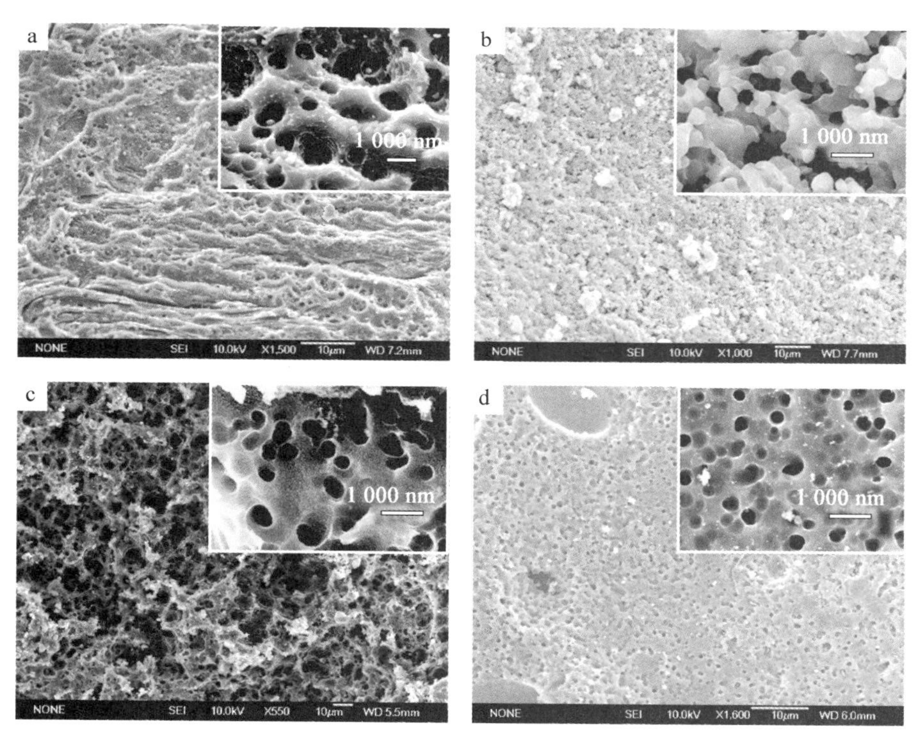

图 2-16　SEM images of porous carbon foams prepared from PFA synthesized with the following $FeCl_3$/FA molar ratios: (a) 5/1, (b) 9/1, (c) 12/1, and (d) 15/1

从图 2-16 可以看出，聚荧蒽碳化产物具有连续的网络结构，孔洞形状较为规整，孔径分布较为均匀。随氧单比从 5/1 提高至 15/1，平均孔径有减小的趋势,并且孔径分布的均匀性提高。总体上聚荧蒽炭化泡沫表面多孔孔径在300～900 nm 内变化。碳化泡沫之所以呈现多孔结构,主要归因于聚荧蒽的纳米纤维网络结构本身呈现的多孔结构,在高温处理后仍然在一定程度上得以保留。鉴于炭泡沫具有热力学稳定、质量轻、热膨胀系数低、抗热冲击性好等优点,以聚荧蒽母体将制备高性能炭材料将热控材料、电池电极、超级电容器、催化剂载体、技术分离、航空航天等领域中有着广泛的应用前景。

2.3.12 荧光性能

2.3.12.1 溶液荧光性能

通过肉眼定性地比较了荧蒽单体和聚荧蒽的荧光强度,相应溶液在 365 nm 紫外灯激发下显示的荧光照片见图 2－17。从图可以看出,荧蒽单体溶液呈现蓝绿色;而聚荧蒽溶液的荧光性能大大增强。随浓度从 0.005 g/L 提高至 0.05 g/L,浓度为 0.01 g/L 的聚荧蒽溶液呈现最强的荧光性能。采用荧光分光度计对不同浓度的聚荧蒽和荧蒽单体的 NMP 溶液进行了光致发光测试,其荧光激发和发射光谱图,如图 2－18 所示。

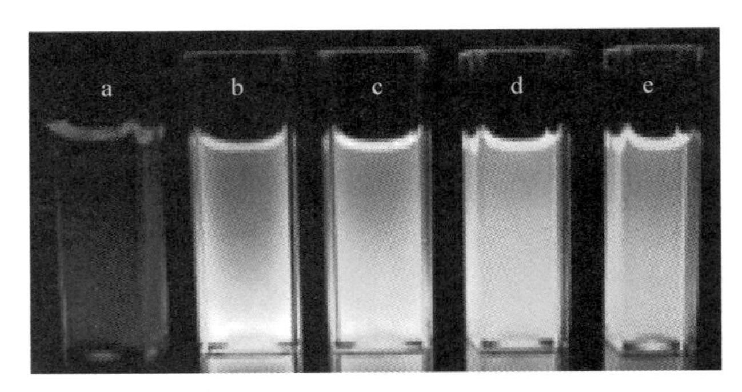

图 2－17　Pictures showing the NMP solutions of 0.01 g/L FA monomer and (b—e) PFA at the following concentrations: (b) 0.05, (c) 0.025, (d) 0.01, and (e) 0.005 g/L

荧蒽单体和聚荧蒽的激发荧光光谱的激发峰分别在 360 nm 和 385 nm 处,而发射荧光光谱的发射峰均在 492 nm 处。当聚荧蒽浓度分别为 0.005 g/L、0.01 g/L、0.025 g/L和 0.05 g/L 时,相应的荧光强度分别是 0.01 g/L 浓度的单体溶液的 8.0、12.2、10.6 和 6.6 倍,浓度为 0.01 g/L 的聚荧蒽溶液呈现最强的荧光性能。

单体和聚合物的荧光发射不存在明显的 Stoke 位移,表明聚合物与荧蒽单体的荧光性质类似,但是,聚合物的荧光强度明显增强,这与聚荧蒽形成的锥形

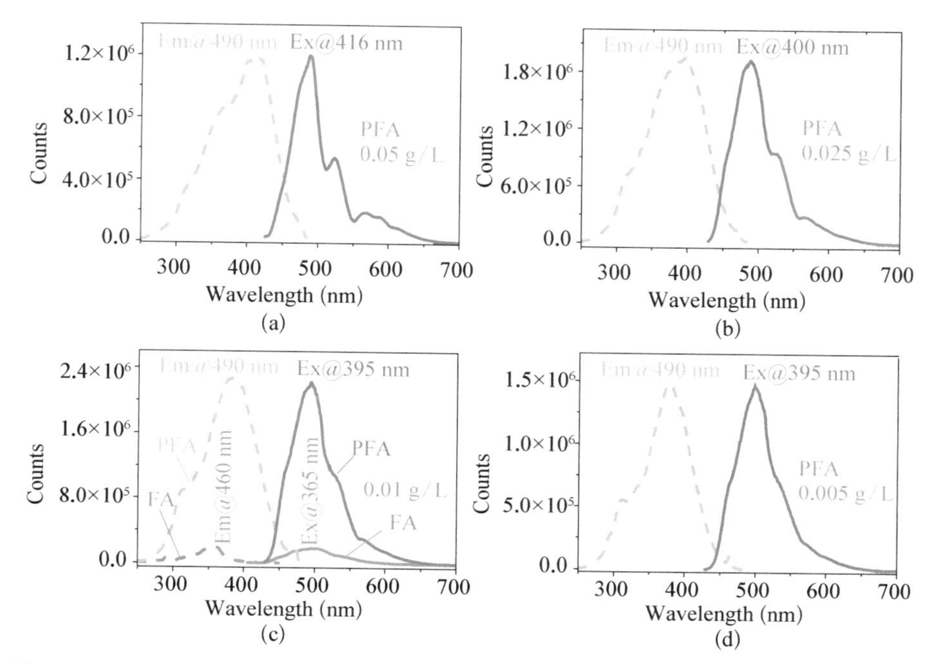

图 2－18　Excitation and emission spectra of NMP solutions of PFA at the following concentrations: (a) 0.05, (b) 0.025, (c) 0.01, and (d) 0.005 g/L. The insets in (c) showing the excitation and emission spectra of NMP solution of FA monomer at concentration of 0.01 g/L

环状结构有关。这种独特的结构导致聚荧蒽形成了更高的 π－π 共轭程度，避免荧蒽荧光单元在平面上 π－π 堆积，无形中增加了发光基团浓度，从而大大提高了共轭材料的荧光强度。

另外，聚荧蒽溶液在不同浓度条件下起荧光强度存在较大差别。这是因为，在过高的浓度时，荧光物质本身溶液发生团聚，经紫外线照射，需要吸收更多的光能后才能进入激发态，从而导致退激发时出射光的强度减弱。相反，在低浓度时，溶液很容易吸收到足够的光能从而使荧光物质受激发而发出出射光[142]。因此，在低浓度等件下，样品浓度和荧光强度呈线性关系。这就是聚荧蒽溶液的荧光强度随着浓度的提高先增大而后又减小的原因所在。

2.3.12.2　膜荧光性能

将聚荧蒽与聚砜溶液复合，制备了高透明性光致发白色荧光薄膜。典型聚荧蒽/聚砜复合膜的透明性和荧光性研究如图 2－19 和图 2－20 所示。从图 2－19a 可以看出，复合膜呈现红橙色；在 365 nm 的紫外灯激发下，呈现出白色荧光，见图 2-19(b)。在可见光波长 600～900 nm 范围内，复合膜具有良好的光透过性能，透过率可以达到 95%，其紫外吸收光谱在 373 nm、495 nm 和 530 nm 出现典型的紫外吸收峰，与聚荧蒽 NMP 溶液的紫外吸收特征相差无几，见图 2-20(a)和图 2-4。比较聚荧蒽溶液荧光发射光谱，复合膜荧光发射光谱的发射峰红移了 5 nm (490 *vs.* 495 nm)，见图 2-20(b)。

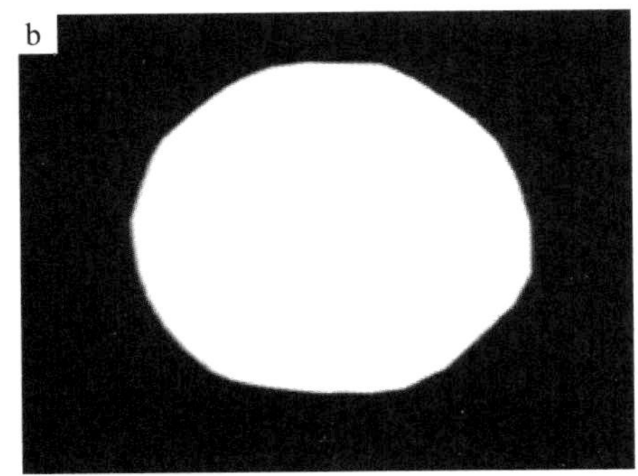

图 2-19　Transparent, free-standing, and fluorescent PFA/PSf composite thin film: (a) in sunlight and (b) in 365 nm UV

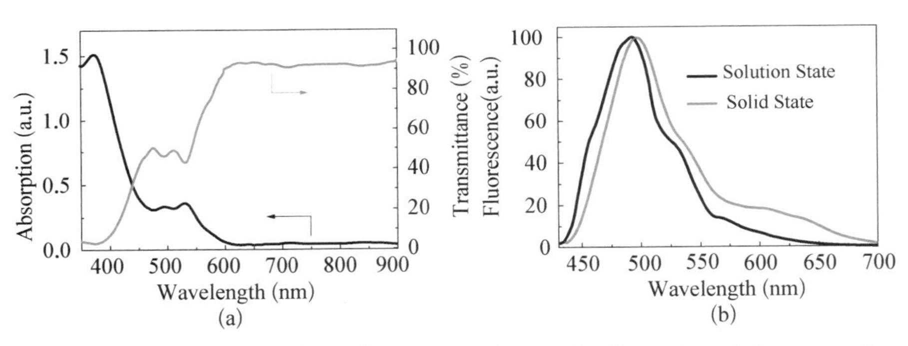

图 2-20　(a) UV-vis (black) and transmittance (red) spectra of the composite film; (c) The composite film displays strong white light emitting under 365 nm UV light; (b) Normalized fluorescence spectra of PFA/PSf (1/130) composite solution (black) and composite film (red)

这是因为，荧光物质以固态存在时，相比较溶液会产生 J-聚集效应，被紫外光激发后在高波长处释放光子。

2.3.13　三价铁离子选择性荧光传感器

铁元素是构成人体的必不可少的元素之一，缺铁性贫血是世界卫生组织确认的四大营养缺乏症之一。人体缺铁会造成贫血、智力受损、免疫力和抗感染力下降等。同时，铁在代谢过程中可反复被利用。除了肠道分泌排泄和皮肤、黏膜上皮脱落损失一定数量的铁(1 mg/d)，几乎没有其他途径的丢失。血液里流动的太多的自由铁不仅无助于抵抗能力，不能保护人的肌体，反而会被细菌吞噬，成为细菌的美食，并且细菌会因此而大量地繁殖。铁过多诱导脂质过氧化反应的增强，导致机体氧化和抗氧化系统失衡，直接损伤 DNA，诱发突变，与肝、结肠、直肠、肺、食管、膀胱等多种器官的肿瘤有关。另外，过量的铁对环境也会造成严重污染，如水体中铁化合物浓度为 0.1～0.3 mg/L 时，会影响水的色、嗅、味等，这对一些特殊工业对水中含铁量要求较高，如纺织、造纸、酿造和食品工业等产生重要影响。因此，对于生物和环境领域来说，实现对水中微量 Fe^{3+} 的探测是十分必要的。考虑到 Fe^{3+} 是一种严重缺电子的金属离子，而聚荧蒽是一种富电子导电聚合物。因此，将 Fe^{3+} 和聚荧蒽接触后，由于两者存在电荷转移，前者会对后者的荧光性能产生猝灭。这也是荧光传感器用以检测铁离子的一般原理。到目前为止，已有许多小分子甚至高分子荧光材料制备的传感器，成功地实现了对不同形态 Fe^{3+} 的检测，见表 2-6。然而，大多数的荧光传感器的选择性较差、易于被其他金属离子干扰，而且灵敏度不高、浓度检测范围较窄等。因此，开发一种新型荧光材料，用于在较宽的浓度范围内实现对 Fe^{3+} 高选择性、高灵敏感性地检测具有十分重要的意义。

2.3.13.1 荧光传感器的离子选择性

相同浓度(3.13×10^{-4} M)的不同金属离子如 Na^{+}、K^{+}、Ca^{2+}、Mn^{2+}、Fe^{3+}、Co^{2+}、Ni^{2+}、Cu^{2+} 和 Hg^{2+} 加入 0.01 g/L 聚荧蒽的 NMP 溶液内，在 365 nm 的紫外灯激发后的照片如图 2-21 所示。

从图 2-21 可以看出，Fe^{3+} 的加入导致荧光溶液的荧光强度明显降低，所有其他金属离子对荧蒽溶液的荧光强度改变较小，初步表明聚荧蒽对 Fe^{3+} 具有高度的选择性。对加入金属离子的溶液进行荧光强度测试，并与空白荧光溶液进行了对比。采用荧光猝灭效率(F_0/F)定量地研究了不同金属离子的荧光猝灭能力，见图 2-22(a)。从图可以看出，Fe^{3+} 对聚荧蒽的荧光猝灭能力是其他金属离子的 40 倍。光谱测试进一步验证了荧光传感器对 Fe^{3+} 具有高度选择性，而其他金属离子的干扰性有限。这主要是由金属离子的电荷密度决定的，Na^{+}、K^{+}、Ca^{2+}、Mn^{2+}、Fe^{3+}、Co^{2+}、Ni^{2+}、Cu^{2+} 和 Hg^{2+} 的电荷密度分别为 0.224 7 $Å^{-3}$、0.090 8 $Å^{-3}$、0.4773 3 $Å^{-3}$、1.587 3 $Å^{-3}$、4.304 7 $Å^{-3}$、1.156 1 $Å^{-3}$、0.724 6 $Å^{-3}$、

表 2-6 Comparison of PFA sensors and other fluorescent sensors for detection of Fe^{3+}

Sensing materials	Fe^{3+}-based analytes	$\lambda_{ex.}$ /nm	$\lambda_{em.}$ /nm	Limit of detection (M)	Linear Region (M)	Linearity	Ref.
PFA solution	$FeCl_3$ in MQ water	395	490	6.25×10^{-11}	$6.25\times10^{-11}\sim3.13\times10^{-3}$	0.996 3, 0.981 5	This work
Parabactin-silica sol-gel thin film	Fe^{3+} nitri-lotriacetate	311	460	5.0×10^{-11}	$5.0\times10^{-11}\sim1.0\times10^{-9}$	0.987	[143]
Salicylic acid solution	$FeNH_4(SO_4)_2$ $12H_2O$	409	409	5.0×10^{-8}	$1.0\times10^{-6}\sim1.0\times10^{-5}$	—	[144]
Modified-naphthalene solution	Fe^{3+} buffer solution	280	335	—	$1.6\times10^{-5}\sim6.3\times10^{-5}$	0.997	[145]
Modified-rhodamine solution	Fe^{3+} buffer solution	500	552	1.4×10^{-8}	$6.0\times10^{-8}\sim7.2\times10^{-6}$	0.998	[146]
Pyoverdin solution	$Fe(NO_3)_3 9H_2O$	500	550	7.0×10^{-9}	$7.0\times10^{-9}\sim1.5\times10^{-6}$	0.997	[147]
Modified-dipodal solution	Fe^{3+} buffer solution	275	375	5.0×10^{-6}	$5.0\times10^{-6}\sim8.0\times10^{-5}$	0.999	[148]
BFK-PVC film	$Fe(NO_3)_3$	326	414	6.0×10^{-7}	$1.0\times10^{-6}\sim8.0\times10^{-4}$	0.983	[149]
$Na_3Tb(PDA)_3$ solution	Fe^{3+} in water	—	543	1.0×10^{-6}	$1.0\times10^{-6}\sim3.0\times10^{-4}$	0.994	[150]

续　表

Sensing materials	Fe^{3+}-based analytes	$\lambda_{ex.}$ /nm	$\lambda_{em.}$ /nm	Limit of detection (M)	Linear Region (M)	Linearity	Ref.
Bacterial siderophore solution	$FeCl_3\ 6H_2O$	416	484	1.9×10^{-9}	$1.9\times10^{-9}\sim3.5\times10^{-7}$	—	[151]
Hexacyano-ferrate (II) solution	$NH_4Fe(SO_4)_2$ $12H_2O$	400	—	1.5×10^{-8}	$2.1\times10^{-8}\sim1.1\times10^{-5}$	0.999	[152]
Pyoverdin solution	$Fe(NO_3)_3\ 9H_2O$	500	552	2.5×10^{-8}	$2.5\times10^{-8}\sim4.5\times10^{-7}$	—	[153]
Immobilized-pyoverdin solution	$Fe(NO_3)_3 9H_2O$	500	552	7.4×10^{-9}	$7.4\times10^{-9}\sim4.9\times10^{-7}$	—	[153]
Poly(HQPEMA) solution	$FeCl_3 6H_2O$	356	453	7.5×10^{-6}	$7.5\times10^{-6}\sim7.5\times10^{-4}$	—	[154]
PMBA - SBA solution	Fe^{3+} in water	246	310，425	1.0×10^{-6}	$1.0\times10^{-6}\sim4.0\times10^{-5}$	0.997	[155]
HPQ - PVC film	$FeCl_3$ in water	364	493	8.0×10^{-8}	$7.1\times10^{-7}\sim1.4\times10^{-4}$	—	[156]
NN525 solution	$Fe(ClO_4)_3$ solution	—	670	6.2×10^{-8}	$6.2\times10^{-8}\sim1.5\times10^{-7}$	—	[157]
Alexa fluor 488 solution	Fe^{3+} in water	493	517	1.8×10^{-7}	$2.0\times10^{-7}\sim1.5\times10^{-5}$	0.995	[158]
PFO - PVC film	Fe^{3+} buffer solution	385	448	3.8×10^{-6}	$6.0\times10^{-6}\sim6.0\times10^{-4}$	0.998	[159]

图 2-21　PFA solution at 0.01 g/L upon adding different metal ions: Na^{+}, K^{+}, Ca^{2+}, Mn^{2+}, Fe^{3+}, Co^{2+}, Ni^{2+}, Cu^{2+}, and Hg^{2+} excited by 365 nm UV at a same concentration of 3.13×10^{-4} M

1.227 0 $Å^{-3}$和0.449 4 $Å^{-3}$(图 2-22(b)),Fe^{3+}的高电荷密度导致其与聚荧蒽容易通过电荷转移形成静态络合,使能量或电子从聚荧蒽分子骨架传输到络合的金属离子,导致聚合物分子的激发态经由非辐射的途径衰变到基态的过程更为有效,最终加剧荧光淬灭[69]。同时,我们也注意到,当采用更高电荷密度的Al^{3+}或Cr^{3+}与聚荧蒽结合时,相对于Fe^{3+},对聚荧蒽的荧光淬灭程度仍然小很

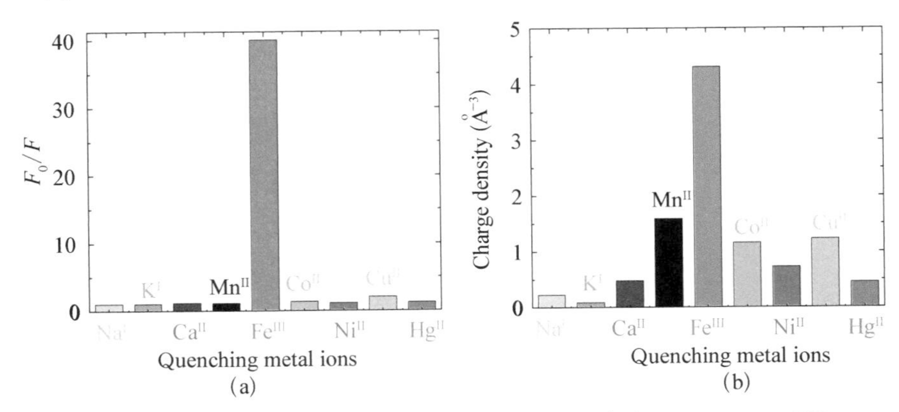

图 2-22　(a) Fluorescence quenching intensity (F_0/F) upon adding different aqueous solutions of metal ions at a same concentration of 3.13×10^{-4} M; (b) Charge densities of different metal ions

多。这可能与金属离子的氧化能力有关，在所有检测金属离子中 Fe^{3+} 的氧化能力最强，即夺电子能力最强，与聚荧蒽就更容易形成络合物。双方面原因导致了聚荧蒽对 Fe^{3+} 具有高度选择性检测功能。

2.3.13.2　荧光传感器的检测下限和范围

聚荧蒽溶液在加入不同浓度的 Fe^{3+} 后的荧光发射光谱见图 2－23(a)。很明显，聚荧蒽的荧光可以被 Fe^{3+} 有效地淬灭；同时随 Fe^{3+} 浓度的提高，荧光发射光谱的发射最强峰呈现红移的趋势，最高红移了 18 nm，表明 Fe^{3+} 与聚荧蒽分子链存在了强烈的相互作用，可能是在金属离子作用下，聚荧蒽的平面性增强，并且电荷密度发生改变导致的。将荧光淬灭效率(F_0/F)与 Fe^{3+} 浓度按校正的 Stern-Volmer 进行线性拟合(图 2－23(b))，得到的拟合方程如下：

$$\mathrm{Lg}(F_0/F) = 0.018\,9\mathrm{Lg}[Fe^{3+}] + 0.084\,6 \tag{2-1}$$

$$\mathrm{Lg}(F_0/F) = 0.469\,7\mathrm{Lg}[Fe^{3+}] + 3.215\,8 \tag{2-2}$$

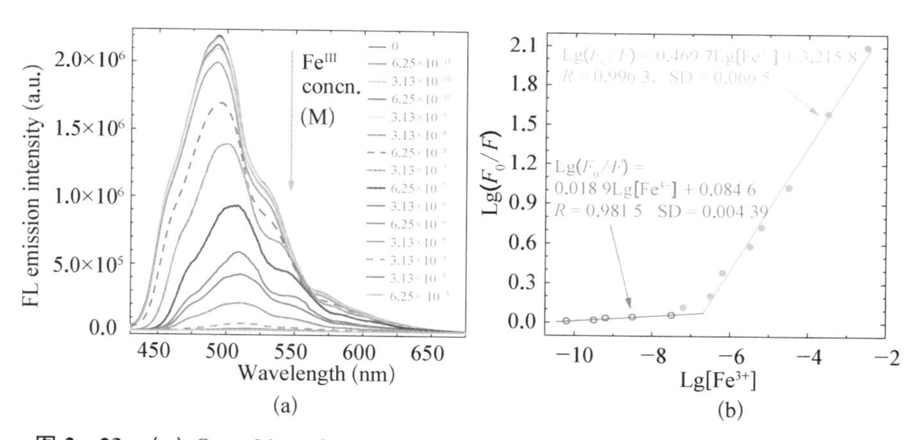

图 2－23　(a) Quenching of the fluorescence emission (F/F_0) excited at 395 nm of PFA solution at 10 mg/L upon adding aqueous $FeCl_3$ between 6.25×10^{-11} M to 6.25×10^{-3} M; (b) Linear relationships between F_0/F and Fe^{3+} concentration using PFA solutions as sensors

在低浓度的 Fe^{3+} 即 $6.25\times10^{-11}\sim1.0\times10^{-7}$ M 范围内，满足的检测标准直线方程为式(2－1)，相应的线性相关性为 0.981 5；在高浓度 Fe^{3+} 即 $1.0\times10^{-7}\sim3.13\times10^{-3}$ M 范围内，则满足的检测标准直线方程为式(2－2)，相应方程的线性相关性为 0.996 3。可以看出，聚荧蒽溶液荧光传感器对 Fe^{3+} 的检测浓度范围为 6.25×10^{-11}～3.13×10^{-3} M，其检测范围横跨 7～8 个数量级，这就克服了传统荧光传感器只能检测 3～4 个数量级的浓度范围的缺陷，适用于多样化实际环境和生物领域的检测。

值得注意到的是，相比较大多数荧光传感器的检测下限只有 10^{-6}～10^{-9} M（表 2-6），聚荧蒽溶液传感器对 Fe^{3+} 的检测下限为 6.25×10^{-11} M，表明该荧光传感器具有良好的选择性、敏感性；同时，由于聚荧蒽的制备简单、产率高，拥有其他荧光材料不可比拟的优势。

2.3.13.3 荧光传感器的抗干扰性

考察了聚荧蒽溶液传感器在 Fe^{3+} 检测时不同浓度 Cu^{2+} 存在的情况下的抗干扰性。具体实验方法是，测量仅存在 Fe^{3+} 时的荧光强度（F_0）和加入不同浓度 Cu^{2+} 时的荧光强度（F），抗干扰系数（ε）按 $F/F_0\times 100\%$ 来计算，当 ε≥94%时，即认为传感器的抗干扰性良好。在聚荧蒽溶液中加入 5 μM Fe^{3+} 和同时分别加入 5 μM、10 μM、20 μM 和 50 μM 的 Cu^{2+} 的荧光淬灭光谱图和相应的抗干扰系数见图 2-24。当检测的 Fe^{3+} 浓度相对较小时，加入相对于检测离子浓度的 1、2、4 和 10 倍的 Cu^{2+} 对荧光传感器的干扰性较小。在聚荧蒽溶液中加入 5 mM Fe^{3+} 和同时加入 0.5 mM、1.0 mM、2.0 mM 和 5.0 mM 的 Cu^{2+} 的荧光淬灭光谱图和相应的抗干扰系数，见图 2-25。

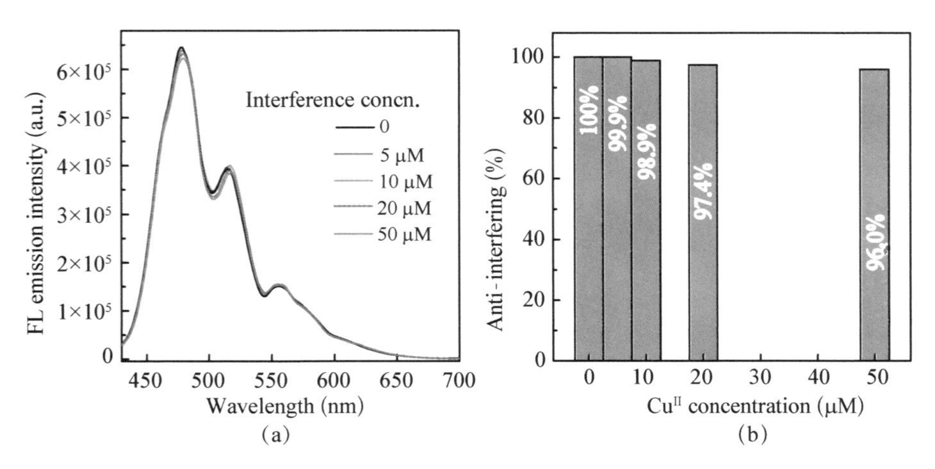

图 2-24 (a) Quenching of the fluorescence emission (F/F_0) excited at 395 nm and (b) interfering percentage ($F/F_0\times 100\%$) of PFA solution at 0.01 g/L upon adding 5 μM Fe^{3+} in the presence of interfering Cu^{2+} at following low concentrations: 0, 5, 10, 20, and 50 μM

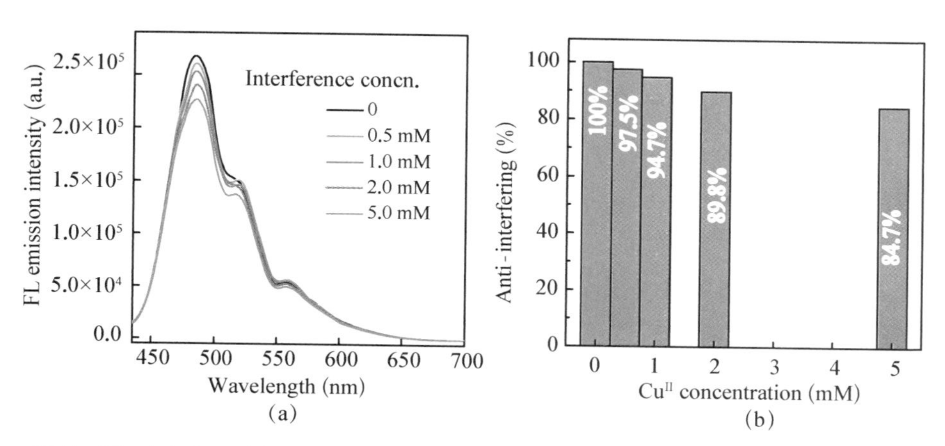

图 2－25　(a) Quenching of the fluorescence emission (F/F_0) excited at 395 nm and (b) interfering percentage ($F/F_0 \times 100\%$) of PFA solution at 0.01 g/L upon adding 5 mM Fe^{3+} in the presence of interfering Cu^{2+} at following low concentrations: 0, 0.5, 1.0, 2.0, and 5.0 mM.

由图 2－25 可知，当检测的 Fe^{3+} 浓度相对较高时，加入相对于 Fe^{3+} 浓度为 10%和 20%的干扰离子 Cu^{2+}，传感器的抗干扰性仍然＞94%；而继续增加干扰离子的浓度，传感器的抗干扰性下降至＜90%。

2.3.14　苦味酸选择性荧光传感器

微痕量硝基芳香爆炸物的准确、快速检测对安检排爆、反恐防恐以及环境污染治理等具有十分重要的意义。目前，对硝基芳香爆炸物的检测采用的手段主要有 X 射线、红外成像、太赫兹波成像、中子分析以及核四极矩等技术，或者气相色谱法、质谱法、热能分析法和离子迁移法等。这些技术都存在一定的缺陷，如检测下限太高、仪器经常需要校正、价格太昂贵以及重复性较差等。

荧光化学传感器以其制备简单、灵敏度高、操作简单以及重现率高等优点，逐渐发展成为硝基芳香爆炸物检测的重要手段之一。荧光化学传感器的检测原理是因为用于制备传感器的荧光材料一般都是具有强的给电子能力[160]，是良好的电子给体；而硝基芳香爆炸物都具有较强的受电子能力，芳环上的吸电子的硝基可以降低 π^* 空轨道的能量，因此，这类化合物都是好的电子受体。有机荧光共轭材料在光电激发下，电子被激发至激发态，由于电子受体的 LUMO 能级较低，所以，可以发生由 HUMO 的荧光材料导带向硝基芳香爆炸物的电子转移，导致荧光猝灭。根据荧光强度的变化，可推断是否有受电子的硝基芳香爆炸物的类别及其浓度。值得注意的是，苦味酸是一种比 TNT 还猛烈的炸药，其做功能力是 TNT 的 105%、猛度是 TNT 的 103%、撞击感度为 24%～36%、摩擦感度为 0%以及爆发点爆发仅需要 5 s，因而在二战期间被广泛应用于军事领域。同时，苦味酸还与金属络合，形成更猛烈的炸药。因此，实现对苦味酸的快速、高灵敏度检测意义十分重大。利用荧光共轭材料对苦味酸的检测已经取得了一定的成就，见表 2-7。然而，制备的大多数荧光传感器存在敏感度不高、原材料难得以及检测的浓度跨度不高等缺点。在此重点介绍聚荧蒽溶液荧光传感器和聚荧蒽/聚砜复合膜荧光传感器对苦味酸的高灵敏度、快速、高选择的检测。

图 2-26 为 0.01 g/L 聚荧蒽溶液中加入 0、50 μM 和 5 000 μM 的苦味酸水溶液在太阳光和紫外灯激发下的照片。从图可以看出，加入仅 50 μM 浓度的苦味酸后，聚荧蒽溶液的荧光强度就明显下降，加入 5 000 μM 浓度的苦味酸后，荧光基本被完全淬灭了，表明聚荧蒽溶液的荧光性能对苦味酸十分敏感。

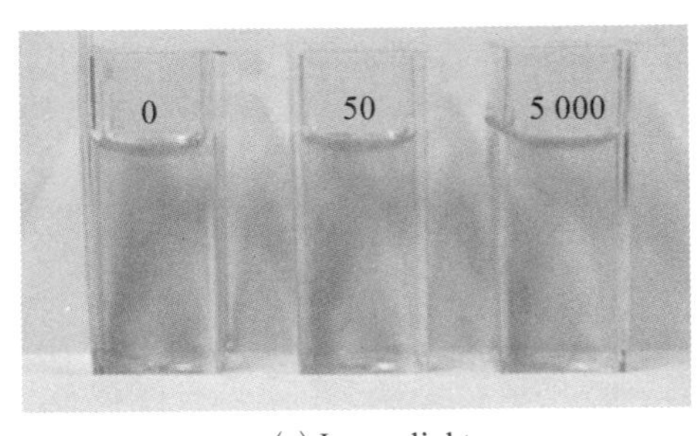

(a) In sun light

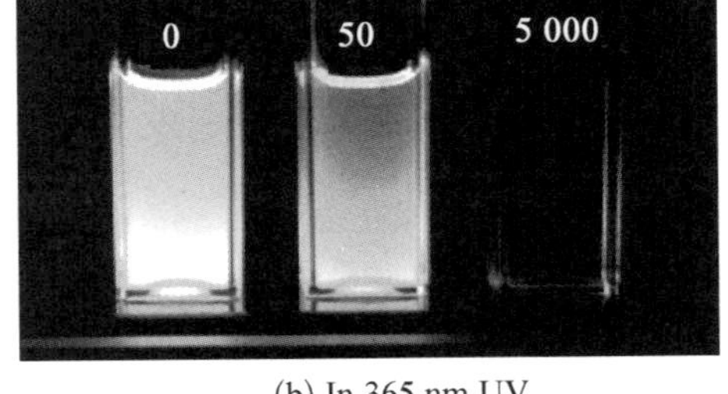

(b) In 365 nm UV

图 2-26　Solution of polyfluoranthene dissolved in NMP at 10 mg/L upon adding 0, 50, and 5 000 μM picric acid in (a) sunlight and (b) 365 nm UV

加入不同浓度的苦味酸对聚荧蒽溶液的荧光淬灭光谱见图 2-27(a)。将荧光淬灭效率的倒数(F/F_0)与苦味酸浓度按校正的 Stern-Volmer 进行线性拟合(图 2-27(b))，得到的拟合方程如下：

$$F/F_0 = 0.523\,9 - 0.040\,5\mathrm{Lg}[PA] \tag{2-3}$$

$$F/F_0 = -1.350\,5 - 0.414\,2\mathrm{Lg}[PA] \tag{2-4}$$

在低浓度的苦味酸即 1.0×10^{-12}～1.0×10^{-5} M 范围内，满足的检测标准直线方程为式(2-3)，相应的线性相关性为 0.997 6；而在高浓度的苦味酸即 1.0×10^{-5}～1.0×10^{-2} M 范围内，则满足的检测标准直线方程为式(2-4)，相

表 2 - 7　**Comparison of PFA fluorescent sensors and traditional fluorescent sensors for detection of picric acid (PA)**

Sensing materials	Solvent for PA	E_x. (nm)	E_m. (nm)	Detection limit (M)	Linear Region (M)	K_{sv} (M^{-1})	Ref.
PFA NMP solution	MQ water	395	490	1.0×10^{-12}	$1.0\times10^{-11}\sim1.0\times10^{-2}$	26 706^a	This work
PFA/PSf film	MQ water	395	495	1.0×10^{-10}	$1.0\times10^{-10}\sim1.0\times10^{-3}$	4 466^a	This work
MEAC film	Water	275	384	1.0×10^{-5}	$1.0\times10^{-5}\sim1.0\times10^{-2}$	—	[161]
TTA - Eu^{3+}/resin film	Water	352	612	2.0×10^{-6}	—	—	[162]
Poly(tetraphenyl silole) film	Sea-water	340	513	2.2×10^{-5}	$(2.2-22)\times10^{-5}$	4 340	[163]
Polymetallole/germanium solution	Toluene	340	385,510	—	—	11 000	[164]
Polymetallole/Si - Ge solution	Toluene	340	400,486	—	—	9 990	[164]
Polymetalloles film	Solid	360	400—510	5.0 ng (25℃)	—	—	[165]
Fluorinated polysiloles solution	THF	280	335	6.0×10^{-6}	$(6.0\sim46)\times10^{-6}$	41 500	[166]
Fluorinated polysiloles film	Water	280	346	2.2×10^{-5}	$(2.2\sim10.1)\times10^{-5}$	52 800	[167]

续 表

Sensing materials	Solvent for PA	E_x. (nm)	E_m. (nm)	Detection limit (M)	Linear Region (M)	K_{sv} (M^{-1})	Ref.
$Pt(PEt_3)_2(NO_3)]$ triphenylamine	CH_2Cl_2-DMF	380	413	1.0×10^{-6}	$(1.0\sim5.0)\times10^{-4}$	48 100	[168]
Phosphole oxide solution	THF	370	500	50 ng/cm^2(25℃)	$(2.0\sim4.0)\times10^{-5}$	20 300	[169]
Anthracene/ PVC film	Water	378	421	—	$1.0\times10^{-6}\sim5.5\times10^{-4}$	2 543^b	[170]
DTPP/PVC film	Water	420	657	—	$5.0\times10^{-5}\sim1.0\times10^{-4}$	58^b	[170]
Anthracene - DTPP/ PVC film	Water	378	657	1.5×10^{-7}	$3.0\times10^{-7}\sim2.0\times10^{-3}$	3 885^b	[170]
Poly(HPMA)/ PVC film	Water	414	458	8.0×10^{-7}	$8.0\times10^{-7}\sim4.0\times10^{-3}$	2 000^b	[171]
Poly(PAEAN-HPMA)/PTFE film	Buffer	457	522	7.1×10^{-7}	$9.8\times10^{-7}\sim2.0\times10^{-4}$	1 024^b	[172]
Pyrene/PVC film	Water	338	390，470	2.1×10^{-6}	$8.7\times10^{-6}\sim4.3\times10^{-4}$	130 000^b	[173]
Am-EPPS solution	Water	370	471	8.7×10^{-7}	$8.7\times10^{-7}\sim3.8\times10^{-5}$	80 000	[174]

a：Based on modified Stern-volmer equation；b：Based on Yu's equation.

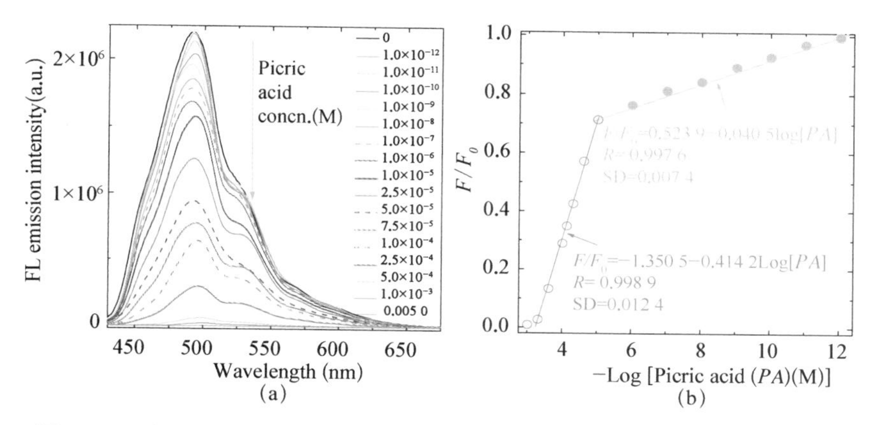

图 2-27　(a) Quenching of the fluorescence emission (F/F_0) excited at 395 nm of PFA solution at 10 mg/L upon adding aqueous PA between 1.0×10^{-12} M to 5.0×10^{-3} M. (b) Linear relationships between F/F_0 and *PA* concentration using PFA solutions as sensors

应方程的线性相关性为 0.998 9。

聚荧蒽溶液荧光传感器对苦味酸的检测浓度范围为 1.0×10^{-12}～1.0×10^{-2} M，其检测范围横跨 10 个数量级；同时，其检测下限低至 1.0×10^{-12} M，克服了传统荧光传感器只能检测 3～4 个数量级的浓度范围，以及检测下限相对过高等缺陷(表 2-7)，适用于多样化实际环境和爆炸领域的检测。另外，聚荧蒽溶液传感器对苦味酸的检测时具有良好的抗干扰性，在 0.5 M 各种无机酸如 HCl、HNO_3、H_2SO_4 以及 $HClO_4$ 等共存时，其抗干扰系数均>99%，见图 2-28。

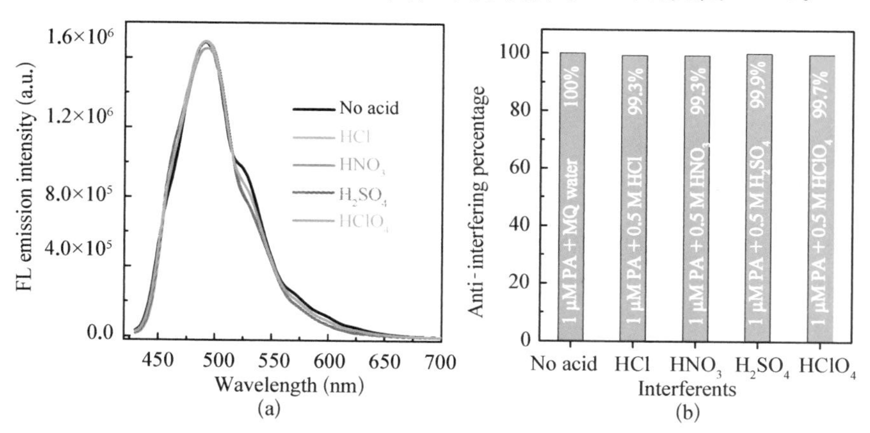

图 2-28　(a) Quenching of the fluorescence emission (F/F_0) excited at 395 nm and (b) anti-interfering percentage ($F/F_0\times100\%$) of PFA solution at 10 mg/L upon adding 0.5 M interferents such as HCl, HNO_3, H_2SO_4, or $HClO_4$

另外，在荧光传感器研制过程中，运用聚荧蒽和聚砜均能溶解于 NMP 的能力，制成荧光敏感膜对苦味酸进行分析测试。不同浓度下淬灭后的聚荧蒽/聚砜复合膜荧光发射光谱图如图 2-29(a)所示。

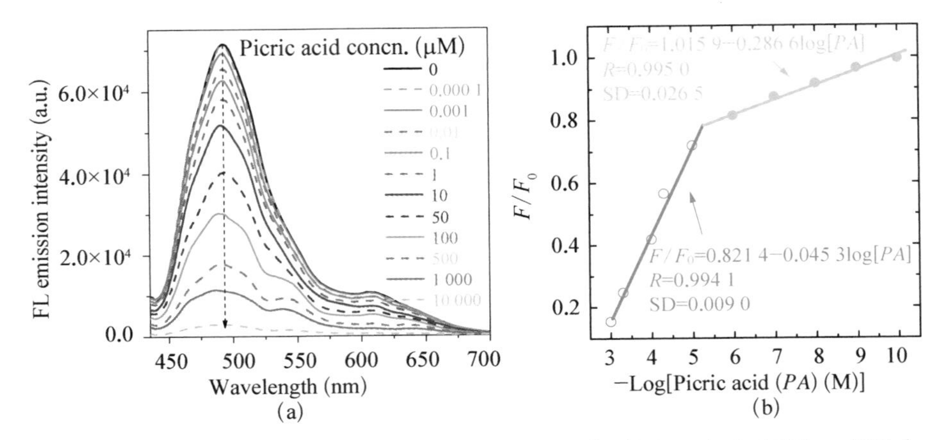

图 2-29 (a) Quenching of the fluorescence emission (F/F_0) excited at 395 nm PFA/PSf composite films upon soaking in aqueous *PA* between 1.0×10^{-10} M to 5.0×10^{-2} M. (b) Linear relationships between F/F_0 and *PA* concentration using PFA/PSf composite films as sensors

随着苦味酸浓度的提高，复合膜的荧光发射强度不断减小，以致最后几乎完全被淬灭。将荧光淬灭效率的倒数(F/F_0)与苦味酸浓度按校正的 Stern-Volmer 进行线性拟合(图 2-29(b))，得到的拟合方程如下：

$$F/F_0 = 1.0159 - 0.2866\mathrm{Lg}[PA] \tag{2-5}$$

$$F/F_0 = 0.8214 - 0.0453\mathrm{Lg}[PA] \tag{2-6}$$

在低浓度的苦味酸即 $1.0\times10^{-10}\sim1.0\times10^{-6}$ M 范围内，满足的检测标准直线方程为式(2-5)，相应的线性相关性为 0.995 0；而在高浓度的苦味酸即 $1.0\times10^{-6}\sim1.0\times10^{-3}$ M 范围内，则满足的检测标准直线方程为式(2-6)，相应方程的线性相关性为 0.994 1。由此可以看出，聚荧蒽/聚砜复合膜荧光传感器对苦味酸的检测浓度范围为 $1.0\times10^{-10}\sim1.0\times10^{-3}$ M，其检测范围横跨 7 个数量级；同时，其检测下限低至 1.0×10^{-10}。虽然膜荧光传感器的检测下限和检测浓度范围均不如溶液荧光传感器，但是，具有操作更简单、可重复利用等优点。

值得注意到的是，聚荧蒽溶液和复合膜荧光传感器均满足 Stern-Volmer 公式。通过对荧光淬灭与苦味酸浓度进行 Stern-Volmer 公式拟合，对传感器的淬灭机理进行了简单的研究，如图 2 - 30 所示。聚荧蒽溶液和复合膜荧光传感器的 Stern-Volmer 系数分别为 26 706 M^{-1} 和 4 466 M^{-1}，表明荧光材料和分析物质之间主要是通过电荷转移形成了稳定的络合物，导致荧光淬灭。

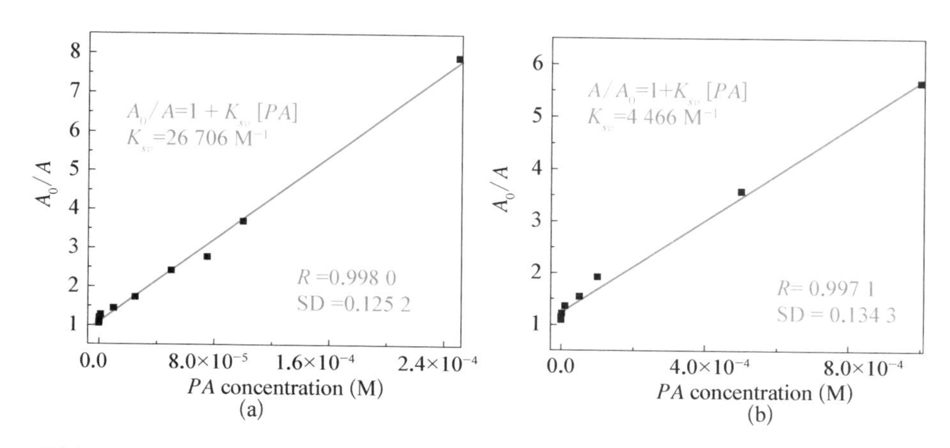

图 2 - 30　Stern-Volmer relationships between A_0/A and picric acid (*PA*) concentration using (a) PFA solutions and (b) PFA/PSf composite films as sensors

2.4 本章小结

导电聚合物的新型荧光传感器在医疗诊断、基因分析、环境检测以及国家安全防御等方面具有广泛的应用前景，越来越受到人们的关注。随着研究的不断深入，聚合物荧光传感器将对生物医学、环境工程学和材料科学等产生深远的影响。本章采用简单的化学氧化法，一步合成了光致发蓝绿光的聚荧蒽。通过各种表征手段，系统研究了不同溶剂、氧化剂、氧单比、反应温度和时间等对聚荧蒽的微观形态、结构和性能的影响。基于聚荧蒽良好的热稳定性和独特的纳米纤维微观结构，制备了具有多孔结构的炭泡沫。基于聚荧蒽独特的环状锥形结构和优异的荧光性能，探索了其溶液和复合膜荧光传感器在金属离子和硝基芳香爆炸物探测方面的应用。主要结论如下：

(1) 通过化学氧化法合成了聚荧蒽，该方法具有操作简便、可重复性好、后处理简单以及产率高等特点；紫外光谱分析表明合成聚荧蒽的最佳条件是，采用硝基甲烷为溶剂、三氯化铁为氧化剂、氧单比为 5/1、反应温度为 50℃和反应时间为 15 h。红外光谱、飞行时间质谱以及核磁共振谱等均表明聚荧蒽呈现环状的锥形结构；X射线衍射分析表明聚荧蒽具有长程有序、短程无序的聚集态结构；可溶解性聚荧蒽的聚合度为2～5。采用硝基甲烷为溶剂合成的聚荧蒽呈现长度约500 nm、直径约50 nm的纳米纤维微观形态。

（2）随着温度、聚合时间和氧单比的不断地提高，聚荧蒽的产率、电导率以及共轭程度均呈现先提高后降低的趋势；聚荧蒽的产率最高达90.5%、碘掺杂电导率最高达10^{-2} S/cm。聚荧蒽独特的环状锥形结构和高度芳香性导致其具有非常高的热稳定性和成炭能力；当温度升高至400℃左右，聚荧蒽才开始发生分子主链的降解；在最高温度为1 100℃时的残焦量仍然高达77.6%；与电化学法合成的聚荧蒽相比，化学法合成的聚荧蒽更为纯净、热稳定性高许多；聚荧蒽的炭化产物呈现多孔的泡沫结构，其电导率高达100 S/cm。X射线光谱分析表明，这些泡沫产物主要是含有一些有序石墨结构的无定形碳。

（3）聚荧蒽具有优异的光致发蓝绿色荧光功能性，其发荧光能力最高是荧蒽单体的12倍以上；聚荧蒽存在较长的$\pi-\pi$共轭链、独特的环状锥形结构，降低了自吸收淬灭，是导致其优异的荧光强度的主要原因。基于聚荧蒽的荧光传感器对Fe^{3+}和苦味酸的探测下限分别达6.25×10^{-11} M、1.0×10^{-12} M，探测的浓度范围分别横跨7～8、8～10个数量级。Fe^{3+}或苦味酸的高电荷密度导致其与聚荧蒽容易通过电荷转移形成静态络合，使能量或电子从聚荧蒽分子骨架传输到络合的金属离子或硝基化合物，导致聚合物分子的激发态经由非辐射的途径衰变到基态的过程更为有效，最终加剧了荧光淬灭效应。

第3章 多功能纳米尺度聚苯并菲的合成及荧光传感器

3.1 概　　述

苯并菲(Triphenylene, TP),又名三亚苯,是一种平面结构的多环芳烃,由4个苯环稠合而成,化学式为 $C_{18}H_{12}$,分子量为228.29 g/mol,其化学结构和电子分布如图3-1所示。

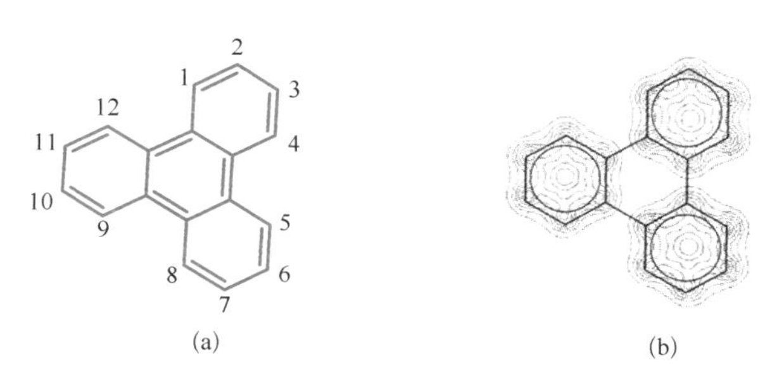

图3-1　(a) Chemical structure and (b) electronic distribution of TP monomer

从化学结构和电子分布可以看出,苯并菲是由4个三亚苯分子组成的具有18个离域π电子的平面结构。三亚苯是一种具有全苯式结构的多环芳烃,其结构可以看成是由4根碳-碳单键将3个苯环依次连接。苯并菲及其衍生物因合成方法简单、高纯度样品易于获得、引入官能团较容易以及丰富多变的结构特征和优异的物理性能,成为盘状液晶化合物的研究热点之一[175]。这类化合物易于形成柱状相结构,在柱中轴方向电子云相互交叠,能进行具有指向性的电荷和能量传输,具有较高的电导特性,可以作为理想的光导材料和载流子输送材料,因而在有机光电二极管、太阳能电池、高速复印机及扫描仪、气体分子传感器、锂离子电池固体电解质等领域显示出巨大的应用前景[176]。例如，Wendorff 和 Schmidt 等人[177]将小分子和聚合物的苯并菲液晶作为有机光电二极管的空穴注入和超导材料，证明了苯并菲液晶有助于降低光激发起始电压。另外，苯并菲是一种多功能有机化合物，可用作高能固体推进剂的辅助燃烧剂，使燃烧均匀、不爆轰、不留残渣、能增大燃烧值。

苯并菲作为一种高度对称的、平面刚性稠环芳香化合物，与荧蒽类似，可以采用化学氧化法合成聚苯并菲。这类聚合物的主要特征是在整个分子中存在较长的共轭链，其 π 电子可以通过共轭链传递，导致电子像云团一样弥散于整个高分子链，表现出特殊的“分子导线效应”，这种效应导致在不改变功能基团的情况下，成千上万地放大传感响应信号，即对被测物表现出“一点接触、多点响应”的特征，因而在荧光化学传感器中具有重要的应用前景。聚苯并菲具备大 π 共轭刚性平面结构、含有 $\pi-\pi^*$ 极子跃迁等特征，通过测量荧光化合物荧光强度的下降，可以间接地分析和鉴定物质。例如，大多数硝基芳香化合物由于存在严重缺电子性质，与具有荧光性质的富电子聚苯并菲通过电子或能量转移形成配体，导致后者的荧光猝灭或强度降低等，从而间接识别硝基芳香化合物及其浓度。

聚苯并菲（Polytriphenylene，PTP）最早是通过电化学氧化聚合来合成的[11]。基于苯并菲的共聚物或枝状聚合物也有报道，可以通过偶联反应来合成[28-30]。然而，电化学聚合的产物量完全依赖于电极面积，所获得的聚苯并菲极为有限；更为值得注意的是，虽然电化学聚合得到的掺杂态聚苯并菲具有一定数量级的电导率，但是，由于存在结构缺陷，导致荧光强度不高；偶联反应合成方法较为复杂、价格昂贵且产物不是纯粹意义上的苯并菲聚合物。因此，采用简单的方法合成结构规整的聚苯并菲，研究反应条件对合成产物的纳米形貌的影响，以及研究聚苯并菲在硝基芳香化合物的探测等方面具有十分重要的意义。

考虑到苯并菲与苯和荧蒽具有非常相似的电子结构和能量分布，研究借鉴苯和荧蒽的化学氧化聚合成功案例，采用苯并菲为单体溶解于二氯甲烷、三氯化铁为氧化剂溶解于硝基甲烷，通过化学氧化法来合成聚苯并菲。这种方法与电聚合法相比，具有操作易、能耗小、产率高、合成产物的量可规模化控制等优点；如果能合理控制化学氧化反应条件，有望获得结构对称、平面刚性高的聚苯并菲。本章系统地研究了反应条件如溶剂、单体浓度、氧单比、温度以及酸等对聚苯并菲的结构、性能和微观形貌的影响。所合成聚苯并菲是半结晶性的环状五角形聚合物纳米纤维，具有良好的导电性能、荧光性能、热稳定性能以及独特的光热效应等。利用聚苯并菲溶液以及聚苯并菲/聚砜复合膜良好的荧光性能，制备了对硝基化合物如硝基甲烷、硝基苯和苦味酸具有超敏感性、高选择性的荧光传感器。

3.2　实验部分

3.2.1　药品

苯并菲、无水三氯化铁、樟脑磺酸、甲烷磺酸、三氟甲烷磺酸、盐酸、硝酸、高氯酸、苦味酸、硝基甲烷、二氯甲烷、氯代苯、硝基苯、氢氧化钠、乙醇、乙腈、*N*-甲基-2-吡咯烷酮（*N*-methyl-2-pyrrolidone，NMP）、二甲基亚砜（DMSO）、甲酸、冰醋酸、四氢呋喃、苯、丙酮、氯仿、聚砜（Polysulfone，PSf）。以上药品无需处理，直接使用。

3.2.2　化学氧化合成聚苯并菲

在两个互溶的溶剂如硝基甲烷/二氯甲烷、硝基甲烷/氯代苯、硝基甲烷/硝基苯中，采用化学氧化聚合法合成聚苯并菲纳米纤维。一个典型合成路线如下：将 115 mg(0.5 mmol)苯并菲单体溶解于 50 mL 二氯甲烷，将无水三氯化铁氧化剂溶于 75 mL 硝基甲烷。将上述氧化剂溶液快速加入单体溶液并剧烈摇匀约 15 s，在超声波辅助下反应 30 min。然后磁力搅拌进一步反应两天。反应过程中，无色的单体溶液变成棕褐色，体系的黏度逐渐上升并发现有羊绒毛状粒子析出。继续搅拌数小时，反应体系的黏稠度慢慢降低，粒子均匀分散于溶剂中。反应结束后，体系呈深蓝色。产物经硝基甲烷离心洗涤数次后，得到三氯化铁原位掺杂的聚苯并菲纳米纤维。原位掺杂产物再用 0.1 M 盐酸、0.1 M 氨水和去离子水先后洗涤数次后，得到去掺杂的聚苯并菲纳米纤维。原位掺杂和去掺杂的产物在 40℃下真空干燥 48 h，分别得到深褐色和棕黄色粉末。去掺杂态纳米纤维的产率为 72 wt%。若无特别说明，本章节涉及的所有反应均是基于该典型反应进行的。

3.2.3　聚苯并菲的碘掺杂

取一定量去掺杂态的聚苯并菲粉末放入玻璃试管中，加入约为 0.2 g 的碘，密封玻璃试管，于 100℃左右的烘箱内产生碘蒸汽，进行热掺杂 48 h 后，粉末的颜色由棕黄色变成棕褐色。

3.2.4 聚苯并菲/聚砜复合透明膜的制备

精确称取 2 mg、5 mg、10 mg、30 mg 去掺杂态聚苯并菲粉末和 650 mg 聚砜置于 7.0 g NMP 溶剂中，磁力搅拌使其充分溶解，得到浓度约为 8.5 wt%的红色半透明混合溶液；将溶液均匀滴浇在玻璃板上，在 50℃下令溶剂慢慢挥发，分别得到聚苯并菲含量为 0.3%、0.8%、1.5%和 4.5%的透明复合薄膜。

3.2.5 结构与性能表征

紫外可见光谱(UV - vis)：以 NMP 为溶剂，采用 HP - 8453 型紫外光谱仪，在温度下对浓度为 0.001～0.005 g/L 的聚合物溶液进行测试。

红外光谱(FT - IR)：采用 JASCO 420 型傅立叶变换红外光谱仪测试，扫描范围为 400～4 000 cm^{-1}。

X 射线衍射光谱(XRD)：采用 Philips X' Pert Pro 型宽角 X 射线衍射仪测试，扫描角度为 2°～70°，扫描速率 2°/min。

飞行时间质谱(MALDI/TOF MS)：以二羟基苯甲酸(DHB)为基质，DMSO 为溶剂，采用 Voyager - DE - STR 型基质辅助激光解吸飞行时间质谱仪测试。

质子核磁共振谱(^1H NMR)：以 $CDCl_3$ 为溶剂，采用 Bruker ARX 400 型氢核磁共振仪对测试聚合物分子量。

扫描电子显微镜(SEM)：采用 JEOL JSM 6700 型场发射扫描电子显微镜对聚合物形貌进行观察；制样方法为将聚合物水分散液滴在导电硅片上，自然干燥后对试样进行喷金处理。

透射电子显微镜(TEM)：采用 FEI Titan 型高分别率透射电子显微镜对聚合物形貌及晶态结构进行观测；制样方法为将聚合物水分散液滴经过聚醋酸甲基乙烯酯或碳喷涂的铜网上，待样品自然干燥后直接观测。

电导率：见 2.2.7 节。

热性能：见 2.2.7 节。

荧光性能：见 2.2.7 节。

光热效应：将聚苯并菲纳米纤维水分散液均匀滴在硅片上，待水分蒸发后形成一层薄膜；采用普通的 Digi-Slave Deluxe 3000 型数码相机在薄膜上方 2 cm

处对其闪光，通过SEM观察闪光前后聚合物微观形态的变化，初步得出聚合物纳米纤维的光热响应性。

3.2.6 聚苯并菲荧光传感器

聚苯并菲是一类富电子结构的共轭高分子，而绝大多数硝基化合物具有严重缺电子的特性，两者将通过电子配对形成络合物。利用这一特性，聚苯并菲可以对硝基化合物进行检测。其方法如下：将硝基化合物溶于NMP，配制成不同浓度的溶液。在3 mL浓度为0.1 g/L的聚苯并菲溶液中分别加入200 μL不同硝基化合物溶液，混合均匀后，以399 nm为激发波长，测试其荧光光谱。同时，以甲苯和氯代苯作为参比物，采用同样方法，测试其荧光发射光谱。除特别说明外，本章均基于荧光发射光谱的峰位波长对应峰强来计算荧光淬灭效率。

将传感元素分子聚苯并菲按一定比例与易成膜、机械强度高、耐溶剂性好的聚砜溶液复合，然后通过旋涂或流延在玻璃片上，得到透明的、机械强度好和具有荧光性的聚苯并菲/聚砜复合膜。选取荧光强度最强的复合膜为传感器的传感元素，对爆炸物苦味酸溶液进行检测。具体方法如下，将高纯度苦味酸溶于超纯水中配成不同的浓度溶液。将带玻璃板的聚苯并菲/聚砜复合膜切成长方形，其体积刚好能固定于3.5 mL比色皿中。将3 mL不同浓度的苦味酸溶液注入比色皿中，放置1 h后测试其荧光光谱。

3.3 结果与讨论

3.3.1 聚苯并菲纳米纤维的合成

通过化学氧化合成方法，依靠控制溶剂、氧单比、酸的种类、单体浓度以及反应温度，可以在不使用任何模板、引发剂或稳定剂的情况下合成得到聚苯并菲纳米纤维，合成工艺非常简单、无需繁杂的后处理。与黄绿色苯并菲单体溶解于NMP呈现无色不同，深褐色聚苯并菲纳米纤维溶解于NMP呈现橙色，分散在水中呈现墨绿色，如图3-2所示，表明单体发生化学氧化反应后的确生产了更大分子量的聚合物。

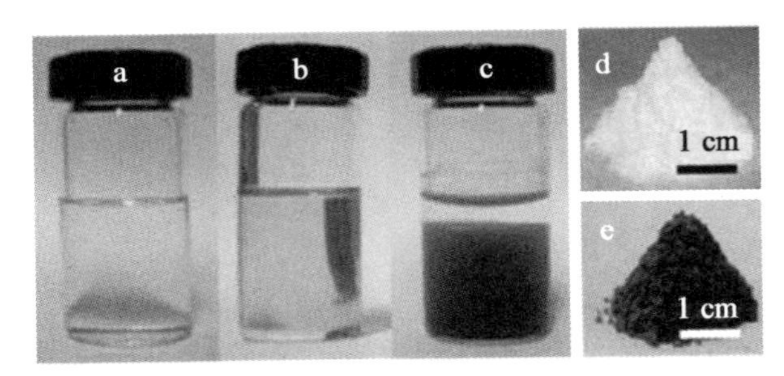

图 3 - 2　Pictures showing the solutions of (a) TP monomer and (b) PTP dissolved in NMP, (c) dispersion of PTP dispersed in DI water, (d, e) powders of (d) TP and (e) PTP

3.3.1.1　溶剂的影响

选择 3 种具有代表性的溶剂即二氯甲烷、二氯代苯和硝基苯作为单体的溶剂，研究其对聚苯并菲微观形貌的影响。与界面合成聚苯胺纳米纤维不同的是，溶剂的选择对聚苯并菲纳米纤维的尺寸和规则性具有重要影响。在固定氧化剂三氯化铁及其溶剂硝基甲烷不变的前提下，采用二氯甲烷、氯代苯和硝基苯作为单体的溶剂时，所得到纳米纤维的直径分别为 60 nm、80 nm 和 120 nm，如图 3 - 3 所示。采用二氯甲烷为溶剂能够形成直径相对较小、规则度最高的纳米纤维。因此，以二氯甲烷为单体的溶剂成为本研究的优先选择。

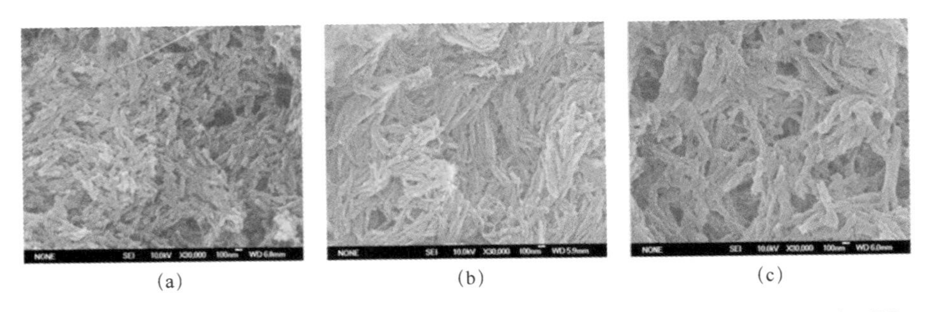

图 3 - 3　SEM images of PTP nanofibers synthesized by using different solvents for TP monomer: (a) chlorobenzene, (b) dichloromethane, and (c) nitrobenzene

3.3.1.2　温度的影响

在导电聚合物的化学氧化聚合中，温度的变化影响反应的自由能从而直接影响反应速率，从而对产物的微观形貌产生重要影响。不同温度下合成的苯并菲聚合物的微观形貌，如图 3 - 4 所示。由此可见，即使将温度提高至 50℃和

60℃，聚苯并菲仍然呈现纳米纤维的微观形貌。而温度提高导致聚苯并菲纳米纤维呈现更为聚集的形态，这是因为提高反应温度虽然能加速反应速度，但是，对分子规则排列具有一定的破坏能力所致。

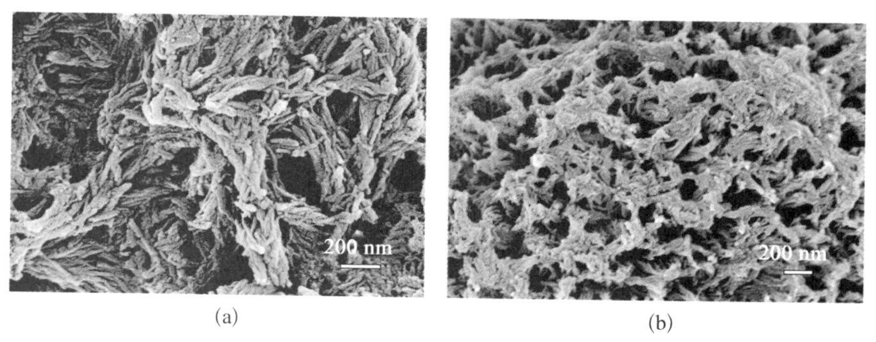

图 3-4　PTP nanofibers synthesized at the temperature of (a) 50 and (b) 60℃

3.3.1.3　氧单比的影响

苯并菲是一种化学性质较为稳定的多环芳烃，因此，在对其实施化学氧化聚合时，氧化剂浓度对其最终形态必将产生重要影响。在不同氧化剂浓度条件下制备的聚苯并菲的形态见图 3-5。

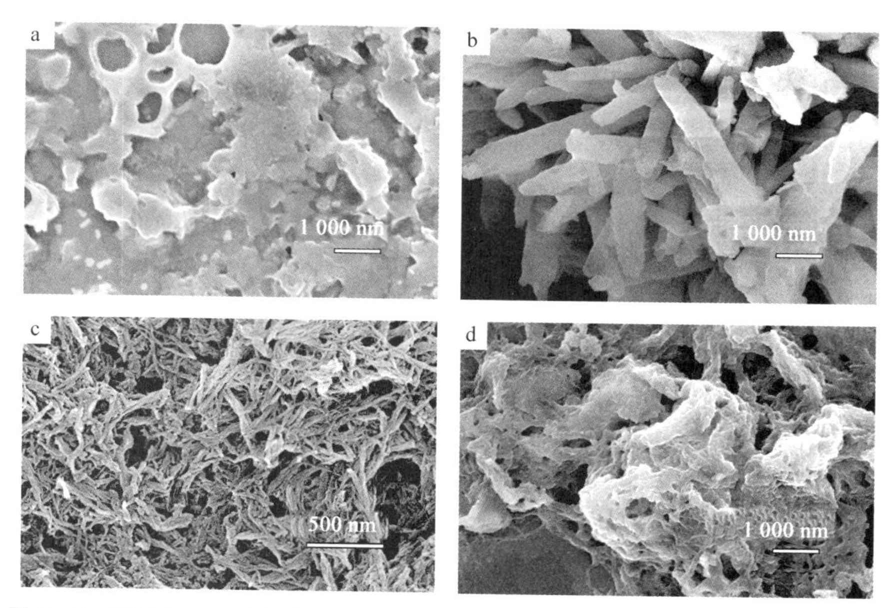

图 3-5　SEM images of PTP synthesized with the following $FeCl_3$ oxidant/FA monomer (O/M) ratios: (a) 5/1, (b) 10/1, (c) 20/1, and (d) 30/1

当氧化剂浓度为5/1时，聚苯并菲呈无规则形态。随着氧化剂浓度提高至10/1时，聚苯并菲呈现出直径约为800 nm、长度为2～3 μm的纳米棒。随着氧化剂浓度提高至20/1时，纳米棒转变为直径约为80 nm、长度为1 μm的纳米纤维。提高氧化剂浓度降低了纳米结构的尺寸，但是过高的氧化剂浓度如30/1，则会抑制纳米结构的形成。

3.3.1.4 单体浓度的影响

单体浓度对共轭聚合物纳米结构的形成具有重要影响，较低的单体浓度往往更容易形成规则性好和长径比较高的纳米纤维。

当单体浓度为0.04 M时，聚苯并菲那么纤维的直径约80 nm，如图3－6(b)和图3－7(a)、(b)所示。将单体摩尔浓度降为0.01 M时，不仅聚苯并菲纳米纤维的直径变得更均一，约50 nm，如图3－6(a)和图3－7(c)、(d)所示。然而提高单体摩尔浓度至0.08 M时，产物的形貌则由纤维结构变成厚度小于100 nm的片状结构，如图3－6(c)所示。进一步提高单体浓度至0.1 M时，纳米片状结构的厚度上升，如图3－6(d)所示。这可能是由于较稀的单体浓度使得产物在反

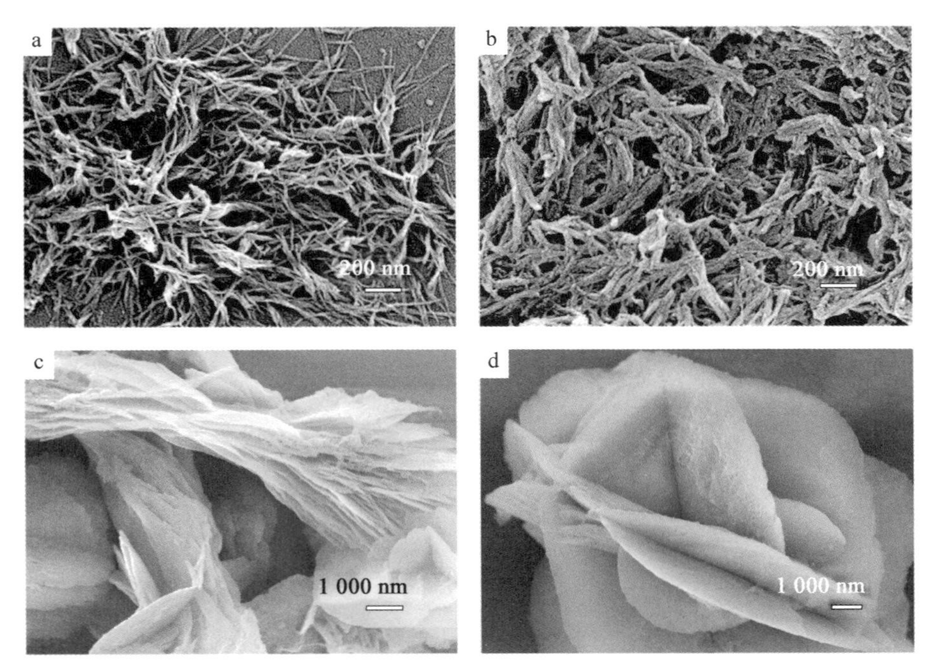

图3－6 SEM images of PTP synthesized with the following TP monomer concentrations: (a) 0.01, (b) 0.04, (c) 0.08, and (d) 0.1 M

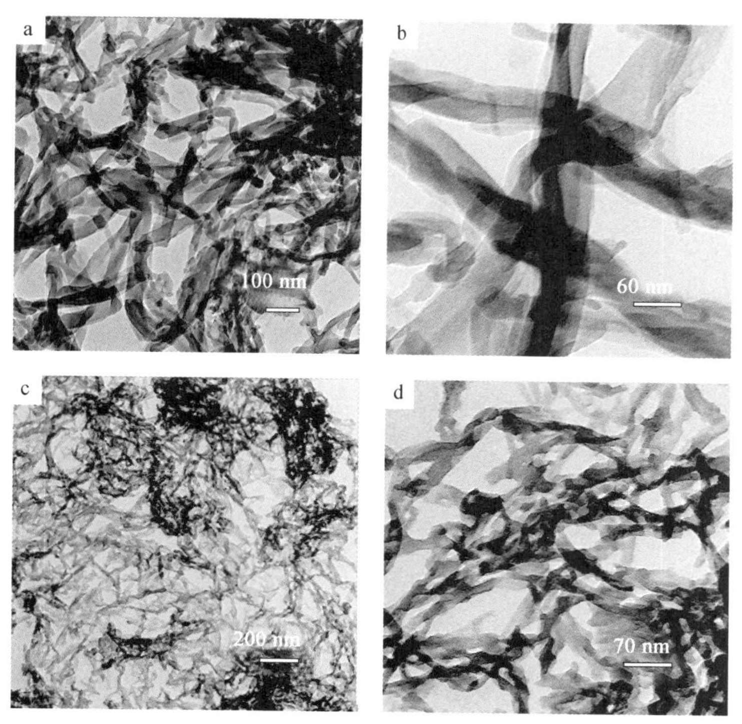

图 3 - 7　TEM images of PTP nanofibers synthesized with the TP concentrations of (a, b) 0.04 and (c, d) 0.01 M in the absence of acid

应过程中生成各种微观结构时，彼此相互干扰性较小，从而有利于聚合物分子规则排列，在同一方向形成均一的纳米纤维。相反，因为单体的浓度太高，聚合物容易相互干扰，彼此容易团聚在一起，从而形成了块状的微观结构。

3.3.1.5　酸种类的影响

聚苯并菲的合成可以在不存在质子酸的条件下进行，因为三氯化铁作为氧化剂时，其本身作为强的路易斯酸，可以活化苯并菲单体。同时，聚苯并菲纳米纤维的形成也不依赖于质子酸。然而，选择合适的质子酸可以对其微观形态进行调控。考察了 3 种特殊的磺酸即甲烷磺酸、三氟甲基磺酸和樟脑磺酸对苯并菲聚合的影响，见图 3 - 8。由此可见，甲烷磺酸和三氟甲基磺酸对聚苯并菲的纳米纤维形成产生抑制作用。樟脑磺酸可以提高聚苯并菲纳米纤维的取向度，同时提高了纳米纤维的直径和长度，分别约为 200 nm 和 5 μm。

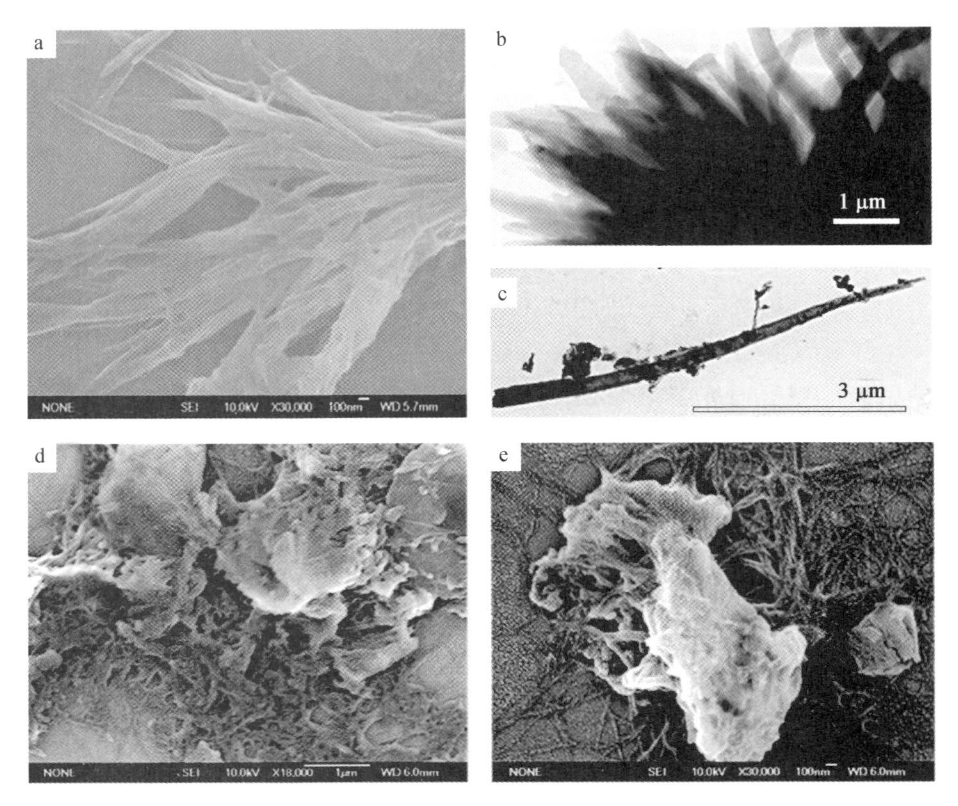

图 3-8 (a, d, e) SEM and (b, c) TEM images of PTP synthesized with the following acids: (a—c) camphorsulfonic acid (CSA), (d) CF_3SO_3H and (e) CH_3SO_3H

3.3.2 聚苯并菲纳米纤维的形成机理

通过对聚苯并菲微观形貌的研究发现，聚合反应条件对其形成纳米纤维具有重要作用。考虑到多环芳烃自身的特殊性，我们认为苯并菲发生聚合反应时能够形成纳米纤维主要由其自身的电子和晶体结构决定，这一设想是通过对样品测试 X 射线衍射光谱、快速傅里叶衍射光谱和高分辨率透射电子显微镜来验证的。

由 X 射线衍射光谱图可知，单体在衍射角 2θ 为 10.7°、12.6°、13.5°、17.3°、21.0°、24.2°、25.9°、27.0°、38.4°和 47.5°处出现一系列较为尖锐的衍射峰，表现出很强的结晶性，与文献结果一致。发生聚合后，形成的聚苯并菲在衍射角 2θ 为 11.2°、12.0°、21.2°和 26.4° 出现 4 个强衍射峰，在 12.6°、17.8°和 23.9°处伴随几个弱衍射峰，并在 25°左右出现一个馒头峰，如图 3-9(a)所示，这是由聚苯并菲的短程无序而长程有序的聚集态结构导致的。对比单体，聚合物在大衍射角 $2\theta=26°$处的衍射峰的相对强度明显增强。这说明，一方面，苯并菲在聚合后形成了典型的聚合物晶态结构，进一步验证了确实发生了聚合反应；另一方面，根据 Bragg 方程可知，在衍射角 $2\theta=26°$处的衍射峰对应为层间距为 3.97 Å 的分子排列，正是这种分子排列导致了聚苯并菲的长程有序结构。考虑到其他芳香化合物如并五苯[178]、苝[179-182]以及六苯并苯的衍生物[183]和共轭高分子如聚噻吩[184]、聚苯[185]以及苯齐聚物[186]均存在 3.97 Å 的分子层间距，从而导致这些分子自组装形成一维纳米纤维的微观结构。聚苯并菲与上述分子具有诸多共性，如富 π 电子和高度共轭的结构。因此，我们认为，以层距为 3.97 Å 的分子层排列自组装是形成纳米纤维的主要原因。通过快速傅里叶转换(FET)衍射和高分辨率透射电子显微镜(HTEM)，对这种分子层排列也进行了验证，如图 3－9(b)、(c)所示。从图 3－9(b)可以看出，聚苯并菲纳米纤维的 FET 衍射图呈现清晰的四衍射环和六重对称性，表明多晶的聚合物确实在其分子平面上进行了自组装形成了规则的一维排列。单根的聚苯并菲纳米纤维的 HTEM 照片呈现典型的归属于聚合物分子排列的格子条纹，如图 3－9(c)中的箭头所指方向，进一步验证了以上提出的纳米纤维的形成机理。

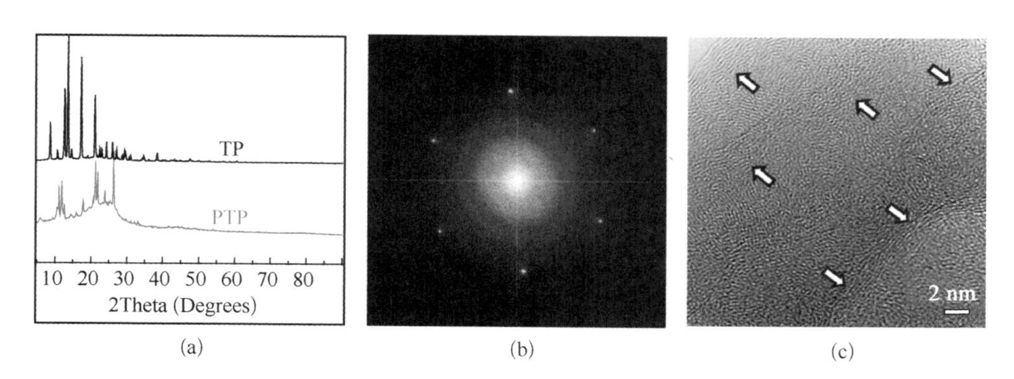

图 3－9　(a) XRD patterns of TP and representative dedoped PTP nanofibers, (b) fast Fourier transform (FFT) pattern, and (c) high-resolution TEM image of one single PTP nanofiber. Arrows indicate the crystalline regions on the fiber

3.3.3　紫外光谱

通过紫外光谱研究了苯并菲氧化产物的 π－π 共轭性质。苯并菲和聚苯并菲溶解于 NMP 的紫外光谱如图 3－10 所示。

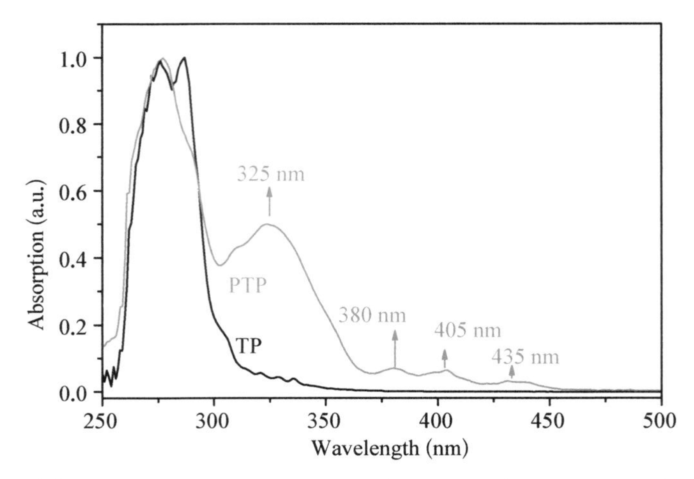

图 3－10　UV－vis spectra of solutions of TP monomer and dedoped PTP nanofibers dissolved in NMP

单体在 276 nm、287 nm、320 nm 和 335 nm 处出现几组归属于苯并菲的 $S_0 \rightarrow S_3$ 和 $\pi-\pi^*$ 电子迁移特征紫外吸收峰[187-190]；对应的氧化产物分别在 277 nm、380 nm、405 nm 和435 nm处出现归属于 $\pi-\pi^*$ 和 $n-\pi^*$ 电子迁移紫外特征吸收峰，且峰的位置一直延伸至 500 nm 左右。这些实验结果均表明，苯并菲经三氯化铁氧化后共轭程度大大提高，合成产物具有一定的聚合度。

3.3.4　飞行时间质谱

对典型条件下合成的聚苯并菲的可溶部分进行了飞行时间质谱的表征，见图 3－11。从聚合物的质谱图和苯并菲单体的分子量(228.29 g/mol)可以发现，聚苯并菲分子链主要由 3～5 个单体单元构成，通过质谱和红外光谱分析可知，

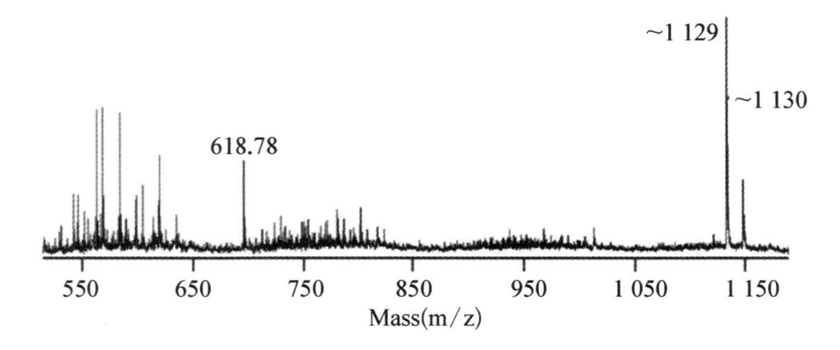

图 3－11　A matrix-assisted laser desorption/ionization time-of-flight mass (MALDI/TOF MS) spectrum of PTP nanofibers

可溶部分的聚苯并菲分子链的单元之间严格地通过单键相连形成环状结构，并形成了苯并菲五聚体，每个单体分子脱去 2 个氢质子，见图 3－12。

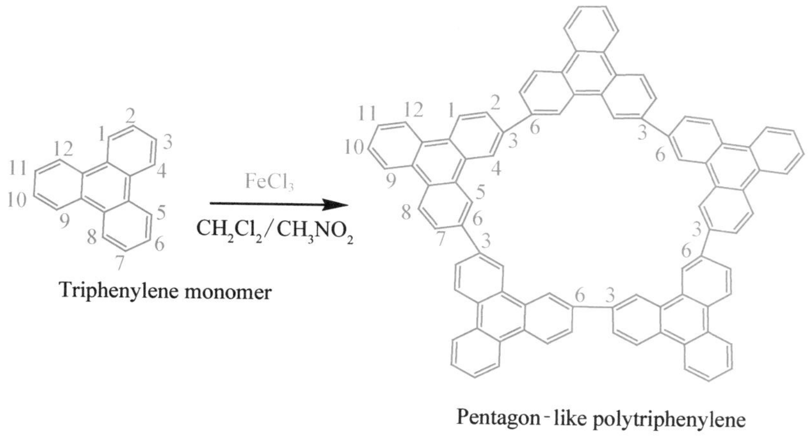

$FeCl_3$

CH_2Cl_2/CH_3NO_2

Triphenylene monomer

Pentagon-like polytriphenylene

图 3－12　Synthesis route for pentagon-like polytriphenylene (PTP)

3.3.5　红外光谱

典型条件下合成的聚苯并菲和单体的红外光谱图如图 3－13 所示。苯并菲单体在 619 cm^{-1}、735 cm^{-1} 和 850 cm^{-1} 处出现了对应为四联氢(C—H)苯环的特征峰[8]；而发生氧化聚合反应后，产物在这些位置的峰强度变弱许多，表明反应后单体的四联氢(C—H)苯环含量减少。

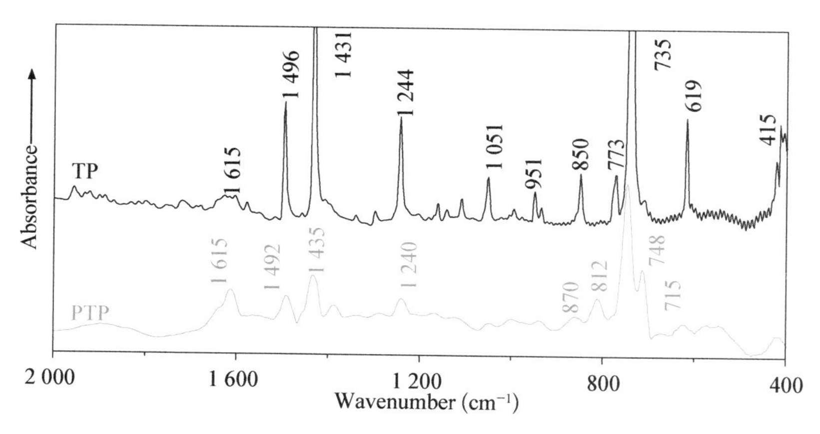

图 3－13　FT－IR spectra of powders of TP and dedoped PTP nanofibers

更为重要的是,合成产物在 812 cm^{-1} 和 870 cm^{-1} 出现了 2 个新的红外吸收峰,归属为对位取代苯环中的双联氢(C—H)结构[6,129,191]。另外,单体在 1 431 cm^{-1}、1 496 cm^{-1} 和 1 615 cm^{-1} 出现的红外吸收峰归属于邻位取代苯环的 C—C 伸缩振动峰;而产物在 1 435 cm^{-1}、1 492 cm^{-1} 和 1 615 cm^{-1} 出现了相应的红外吸收峰。所有信息表明,苯并菲的氧化产物中含有 3 种不同的 C—H 结构,即四联氢 C—H 结构、二联氢 C—H 结构以及孤立 C—H 结构。根据分子轨道理论,分子进行化学反应时,只和前线分子轨道有关,最高占据轨道居有特殊地位,反应的条件和方式取决于前线轨道的对称性。对苯并菲的脱氢反应而言,其位于 H_2、H_3、H_6、H_7、H_{10} 和 H_{11} 的氢原子处于最高占据轨道,这些氢原子比 H_1、H_4、H_5、H_8、H_9 和 H_{12} 拥有更多的负电荷,因而具有更高的化学反应活性。换句话说,苯并菲的脱氢氧化反应主要发生在 H_3 和 H_6、或 H_7 和 H_{10}、或 H_2 和 H_{11} 等两个位置。

3.3.6 核磁共振谱

为了进一步验证聚苯并菲具有以上结构式,对苯并菲单体和聚苯并菲进行了氢质子核磁共振谱研究,见图 3-14。聚苯并菲图谱的核磁共振峰比苯并菲单体宽许多,而且其化学位移也移向低场(8.63×10^{-6} *vs.* 9.12×10^{-6}),这是因

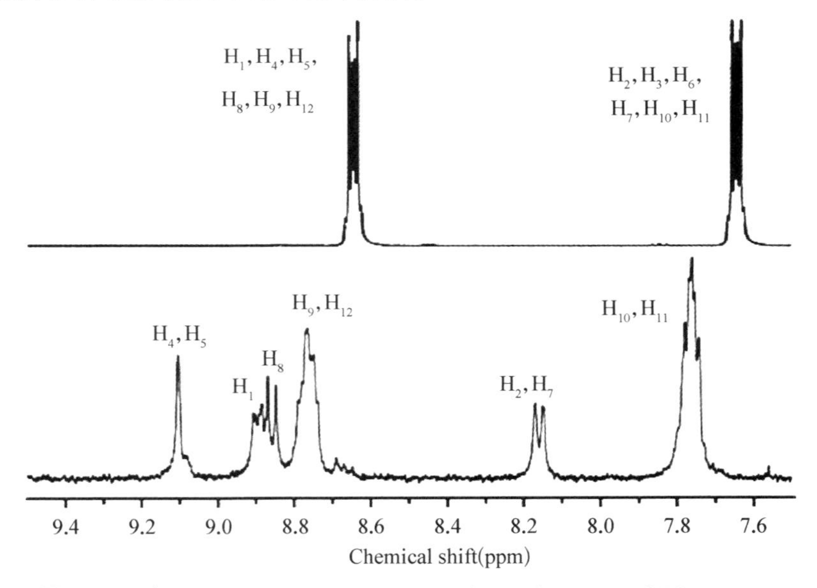

图 3-14 ^{1}H nuclear magnetic resonance (NMR) spectra of TP monomer and PTP nanofibers

为聚合物分子链中具有较高的π-π共轭程度导致的。单体的核磁共振峰比较简单，分别在7.65×10^{-6}～7.86×10^{-6}和8.63×10^{-6}～8.82×10^{-6}处出现对应为单体的$H_1/H_4/H_5/H_8/H_9/H_{12}$和$H_2/H_3/H_6/H_7/H_{10}/H_{11}$的质子峰。化学氧化之后产物的核磁共振较为复杂，分别在9.12×10^{-6}出现一个单峰、在8.90×10^{-6}、8.8×10^{-6}和8.15×10^{-6}出现3个二重峰以及在8.75×10^{-6}和7.55×10^{-6}出现两个三重峰，这些化学位移分别对应为聚合产物的H_4/H_5、$H_1/H_2/H_7/H_8$和$H_9/H_{10}/H_{11}/H_{12}$的氢质子核磁共振峰。这些信息表明，苯并菲单体化学氧化后的确形成了一定分子量的聚合物，聚合物的链接方式主要是发生在H_3和H_6、或H_7和H_{10}、或H_2和H_{11}等两个位置。

3.3.7　电导性能

由于苯并菲存在较低的共轭程度，单体呈现绝缘体性质，即使碘蒸汽掺杂后的电导率仍然小于10^{-10}S/cm。然而，通过三氯化铁原位掺杂或碘蒸汽掺杂后，由于聚苯并菲存在较高的共轭程度，载流子或电子可以在大π共轭链内自由移动，因而聚合物呈现典型的半导体特征。三氯化铁原位掺杂和碘掺杂聚苯并菲的电导率分别为6.0×10^{-4}和8.0×10^{-4}S/cm，比单体的电导率提高至少6个数量级。

3.3.8　热稳定性

去掺杂态聚苯并菲和单体在Ar中的DTA和TGA-DTGA热扫描曲线见图3-15。采用DTA曲线上的吸热峰对应的温度即熔点，失重曲线上的最高温度对应的残焦量、最高失重率以及最高失重率对应的温度等来衡量材料热稳定性，其结果总结在表3-1。苯并菲的DTA曲线在200℃出现一个明显的吸热峰，对应为其熔点，表明单体具有良好的结晶性能。随着温度升高至280℃左右，单体开始发生热分解。同时，单体的最大失重率对应的温度、最大失重率以及残焦量分别为373℃、41%/min和2%，表现出较差的热稳定性。聚苯并菲的DTA曲线在335℃出现一个小的吸热峰，对应为其熔点，表明聚合物具有较弱的结晶性能。随温度升高至410℃时，聚合物才开始发生缓慢的热分解。同时，聚合物的最大失重率对应的温度、最大失重率以及残焦量分别为595℃、9%/min和26%，表现出较高的热稳定性能。这与聚苯并菲形成三维立体的环状、五角形结构有关，这种特殊的结构导致其分子链刚性很强，从而使热稳定性大大提升。

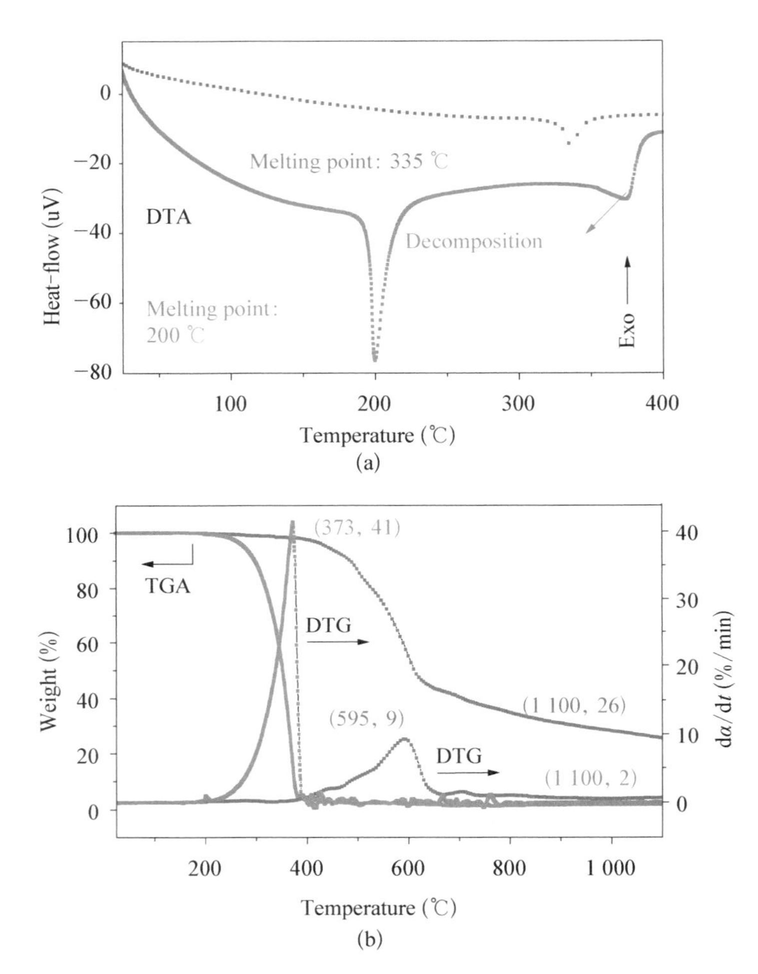

图 3-15 (a) DTA and (b) TGA-DTG scans of TP monomer (red curves) and PTP nanofibers (blue curves)

表 3-1 Summaries of molecular weight, conductivity, thermal stability of TP monomer and PTP

Sample	Molecular weight (g/mol)	Doped or carbonized conductivity (S/cm)			Melting point (℃)	T_{dm} (℃)	$(d\alpha/dt)_m$ (%/min)	Char yield (%)
		$FeCl_3$	I_2	Carbonized				
TP	228	—	10^{-10}	—	200	373	41	2
PTP	1 130	6×10^{-4}	8×10^{-4}	100	335	595	9	26

3.3.9　光热效应

美国加州大学洛杉矶分校的 Kaner 教授等人发现[192]，相机闪光可以使聚苯胺纳米纤维粘结在一起。这种闪光焊接技术(flash-welding)有望用来制造非对称纳米纤维膜、高分子纳米复合材料，以及图案化的高分子纳米纤维薄膜等。采用该技术我们进一步对聚苯并菲纳米纤维进行相机闪光，发现这种纳米纤维与聚苯胺纳米纤维呈现非常类似的光热效应。纳米网络结构的聚苯并菲闪光后变成表面非常光滑均质膜，如图 3－16 中的 SEM 照片所示。

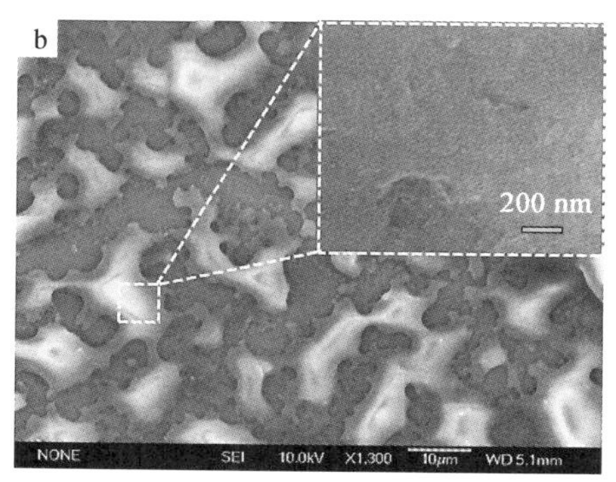

图 3－16　SEM images of PTP nanofibers (a) before and (b) after flash welding.

这可能是因为，聚苯并菲与聚苯胺一样拥有足够的大 π 共轭链，导致在闪光时容易吸收大量的可见光。由于高分子聚合物普遍存在导热慢和纳米纤维具有高比表面积等特点，在吸收光后转化为热量，聚集在纳米纤维网络中，从而使聚合物出现类似“熔融”的现象。

3.3.10　荧光性能

3.3.10.1　溶液荧光性能

采用荧光光谱仪对聚苯并菲溶于 NMP 形成不同浓度溶液的荧光性能。通过肉眼定性地比较了单体和聚苯并菲的荧光强度，相应溶液在 365 nm 紫外灯激发下显示的荧光照片见图 3－17。

从图 3－17 可看出，单体溶液呈现很弱的蓝色；而聚苯并菲溶液的荧光性能大大增强。随浓度从 0.05 g/L 提高至 0.5 g/L，浓度为 0.1 g/L 的聚苯并菲溶液呈现最强的荧光性能。采用荧光分光度计对不同浓度的聚合物和单体的

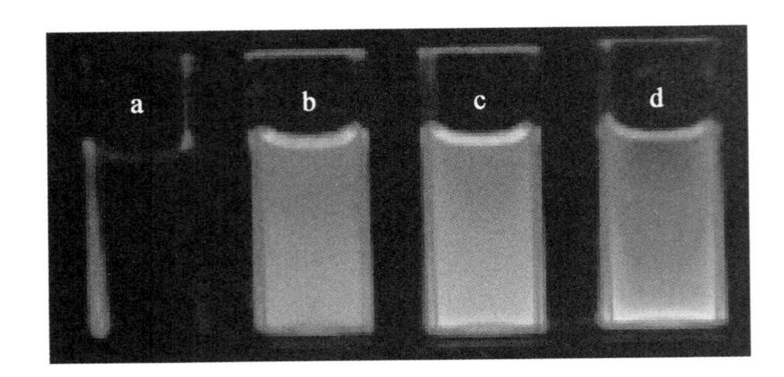

图 3-17　Pictures showing the NMP solutions of (a) 0.1 g/L TP monomer and (b—d) PTP nanofibers at the following concentrations: (b) 0.5, (c) 0.1, and (d) 0.05 g/L, excited by 365 nm UV light

NMP 溶液进行了光致发光测试，其荧光激发和发射光谱图如图 3-18 所示。

从图 3-18 可以看出，虽然单体和聚合物在紫外灯激发下都能产生蓝光，但是，两者的荧光特性如谱图形状、位置以及强度上存在明显差别。单体的最大荧光激发和发射波长分别为 308 nm 和 395 nm。而聚苯并菲的最大荧光激发波长和发射波长为 400 nm 和 436 nm。聚合物的荧光发射光谱在 422 nm、455 nm 和 462 nm 处还出现 3 个肩峰，其发射光谱的发射波长拖尾到 600 nm。与单体相比，聚合物的最大荧光激发波长和发射波长分别红移 92 nm 和 71 nm，而且其荧光强度是单体的 7 倍左右。苯并菲发生聚合后，荧光强度大大增强可能与聚合物存在的共轭大 π 键主链对其溶液的荧光强度具有很好的增强作用有关；也与其独特的三维立体环状、五角形结构可以降低聚苯并菲自身堆积产生的自淬灭有关。不仅如此，聚苯并菲纳米纤维可以分散或溶于其他各种有机溶剂，如 DMSO、甲醇、丙酮、二氯甲烷和甲苯，其分散液或溶液在紫外光激发下产生的荧光强度取决于溶剂极性，即溶剂极性越高，蓝光越强。

另外，从图中还可以看出，聚苯并菲溶液在不同浓度条件下起荧光强度存在较大差别。当浓度由 0.05 g/L 先后增加到 0.1 g/L 和 0.5 g/L 时，荧光强度先增后减。这是因为，在过高的浓度时，荧光物质本身溶液发生团聚，经紫外线照射，需要吸收更多的光能后才能进入激发态，从而导致退激发时出射光的强度减弱。相反，在低浓度时，溶液很容易吸收到足够的光能从而使荧光物质受激发而发出出射光。根据苯并菲和聚苯并菲的紫外吸收光谱和荧光发射光谱，采用参比法可以按式(3-1)求出所合成聚合物的荧光量子产率[193]：

$$\phi = \frac{n^2 A_{\mathrm{std.}}\, I\phi_{\mathrm{std.}}}{n_{\mathrm{std.}}^2\, A I_{\mathrm{std.}}} \tag{3-1}$$

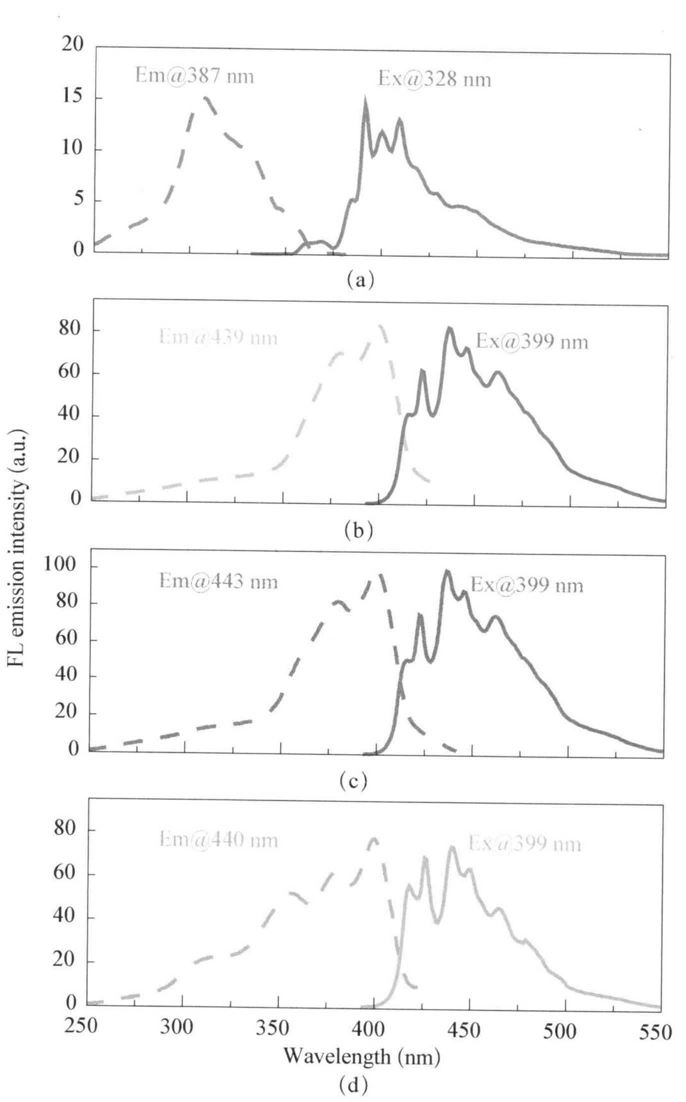

图 3 - 18　Excitation and emission fluorescence spectra of solutions of (a) TP monomer dissolved in NMP at a concentration of 0. 1 g /L, (b —d) PTP nanofibers dissolved in NMP at the following concentrations: (b) 0. 5, (c) 0. 1, and (d) 0. 05 g/L. Insets show pictures of the solutions excited by 365 nm UV light

式中，ϕ 为荧光量子产率；n 为溶剂的折光系数；A 为在激发波长处的紫外吸收强度；I 为荧光发射光谱强度。

已知苯并菲单体的荧光量子产率为 0.08～0.09[194-196]，根据单体和聚合物在 NMP 的紫外吸收光谱和荧光发射光谱，可以计算出聚苯并菲的荧光量子产率为 0.42～0.47，是单体的 5 倍多。由荧光性能研究可知，聚苯并菲与其他的荧光材料如聚茚芴（λ_{em} = 430 nm）[197]、梯形聚四苯（λ_{em} = 430 nm）[198]、梯形聚五苯（λ_{em} = 445 nm）[199]具有非常相似的特性，是一种典型的蓝光材料，而其荧光量子产率和合成条件相对与上述聚合物具有明显优势。

3.3.10.2 膜荧光性能

将聚苯并菲与聚砜按不同重量比溶液复合，制备了高透明性光致发蓝色荧光薄膜。典型聚苯并菲/聚砜复合膜的透明性和荧光性研究如图 3－19 所示。

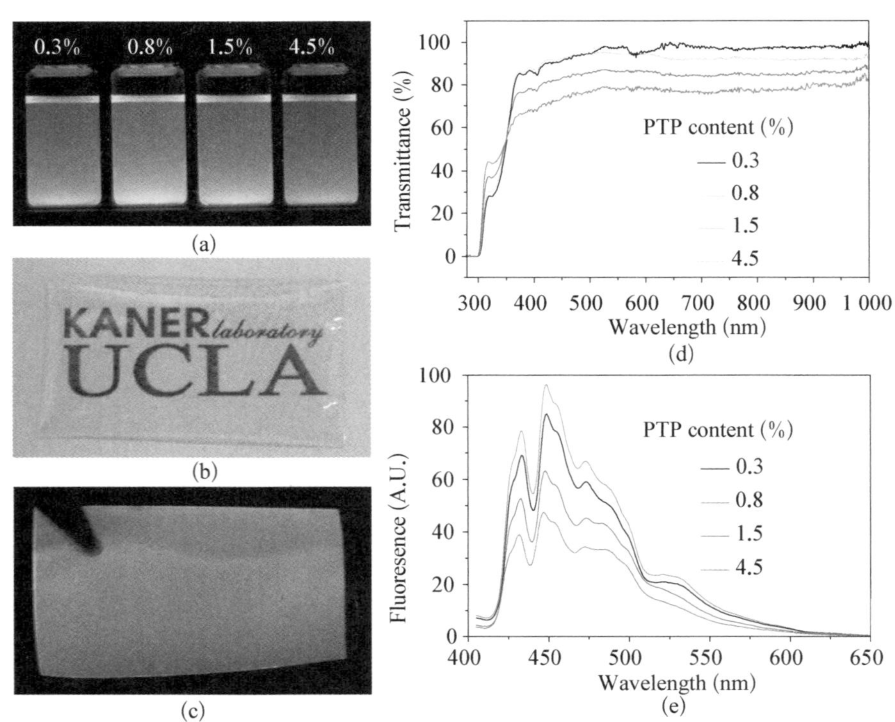

图 3－19　(a) Blue light emitting of PTP/PSf composite solutions at different concentrations in NMP; (b) and (c) show a typical transparent thin film of PTP/PSf composite with 0.8% content of PTP under sun light (b) and 365 nm UV light illustration; (d) and (e) show the transmittance (d) and emission fluorescence spectra of the thin films of PTP/PSf composite at different PTP composition

从图可以看出，随聚苯并菲含量从0.3%提高至4.5%时，所有复合溶液在365 nm紫外灯激发下呈现典型的蓝色荧光，当聚苯并菲含量为0.8%时荧光强度最强，如图3-19(a)、(e)所示。将复合溶液浇铸成膜，得到的复合膜呈现透明的淡黄色，365 nm紫外灯激发后呈现典型的蓝色荧光，如图3-19(b)、(c)所示。

随聚苯并菲含量的增加，复合膜在可见光区域的光透过率逐渐降低。但是，当聚合物含量≤0.8%时，复合膜在可见光区域的光透过率仍然高达90%，如图3-19(d)所示。比较聚苯并菲溶液荧光发射光谱，复合膜荧光发射光谱在433 nm和450 nm出现两个尖峰、在472 nm和525 nm出现两个肩峰，其主发射峰红移了14 nm (436 nm *vs.* 450 nm)，见图3-18和图3-19(e)。这是因为，荧光物质以固态存在时，相比较溶液会产生J-聚集效应，被紫外光激发后在高波长处释放光子。

3.3.11 硝基爆炸物选择性荧光传感器

硝基爆炸物的种类繁多，如三硝基甲苯(TNT)、二硝基苯(DNB)、黄色炸药苦味酸(PA)、旋风炸药(RDX)以及季戊炸药(PETN)等，这些炸药给军事和民用均带来诸多方便。然后，硝基爆炸物在使用过程或被恐怖分子利用则会给民众带来巨大的安全隐患，因此，对不同场所、不同硝基爆炸物的探测意义非凡。传统的硝基爆炸物探测技术包括扫描成像探测技术，如X射线技术、探地雷达、红外成像技术等；核能探测技术，如热中子激活、中子后向散射以及超声探测技术。这些技术都存在一定的缺陷，如价格昂贵、重复性较差以及操作复杂等。基于分子链荧光聚合物检测技术逐渐发展成为一种新型高效的硝基爆炸物检测手段。聚合物分子链的效应在于当一个硝基爆炸物分子落在受体链上时，整个链的物理特性发生了改变。因此，极小浓度的硝基爆炸物就可使整个荧光聚合物受体的电子结构发生改变，从而产生放大的信号，极大地提高了灵敏度。同时，荧光聚合物传感器检测具有以上技术无法相比的优点，如成本低、可靠性高、性能优异、检测速率快等，真正实现低成本、高精度地对硝基爆炸物进行探测。基于硝基化合物对导电聚合物荧光淬灭的机理，本节重点研究聚苯并菲溶液和聚苯并菲/聚砜复合膜荧光传感器，对硝基爆炸物如硝基甲烷、硝基苯以及苦味酸的高灵敏度、快速、高选择性检测。

图3-20是在3 mL 0.1 g/L聚苯并菲溶液中加入0.2 mL 1 mM的甲基苯、氯代苯、硝基甲烷、硝基苯以及苦味酸的NMP溶液在太阳光和紫外灯激发

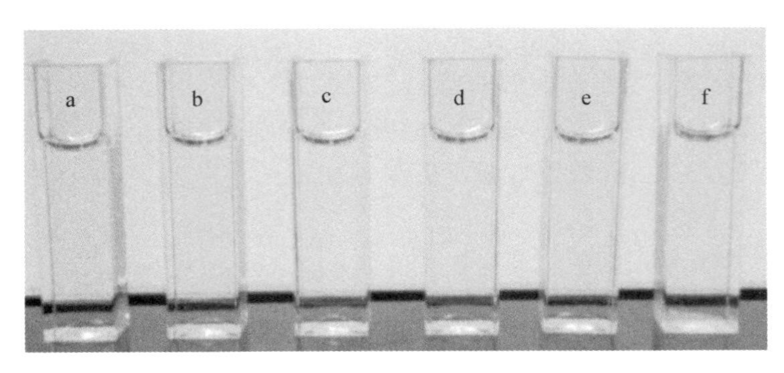

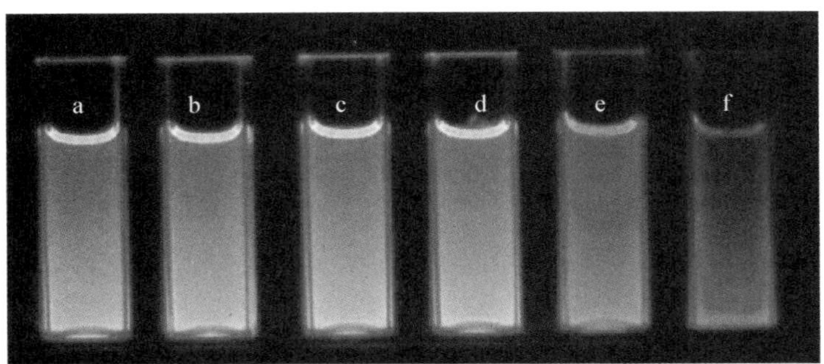

图 3－20　Pictures show the 3 mL solutions of PTP nanofibers dissolved in NMP after adding 0. 2 mL (a) NMP, (b) Methylbenzene (MB), (c) chlorobenzene (CB), (d) nitromethane (NM), (e) nitrobenzene (NB), and (f) picric acid (PA) at some concentration of 1×10^{-3} M, pictures were taken under (top) sunlight and (bottom) 365 nm UV light

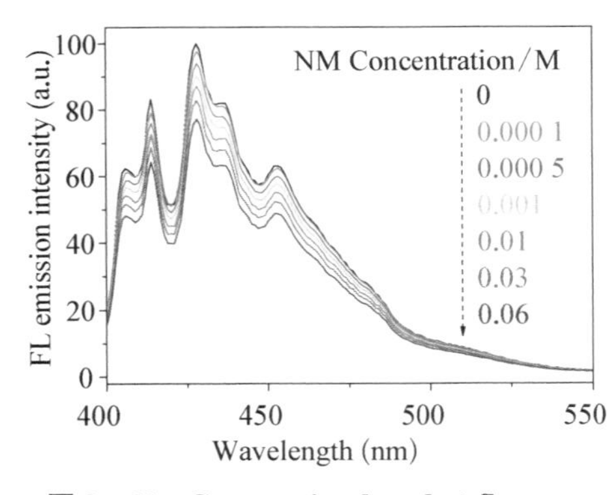

图 3－21　Concentration-dependent fluorescence quenching of PTP nanofibers dissolved in NMP by adding different concentration of nitromethane solution

下的照片。从图可以看出，加入浓度为1 mM的非硝基化合物或硝基甲烷后，聚苯并菲溶液的荧光强度就基本不变，而加硝基苯或苦味酸后，荧光强度严重下降，表明聚苯并菲溶液的荧光性能对硝基芳香物十分敏感，这是因为硝基苯和苦味酸的吸电子能力大大高于其他化合物，能够接受更多来自荧光材料的电子，从而使聚苯并菲的荧光淬灭加剧。加入不同浓度的硝基甲烷、硝基苯以及苦味酸对聚苯并菲溶液的荧光淬灭光谱见图 3－21 至图 3－23。

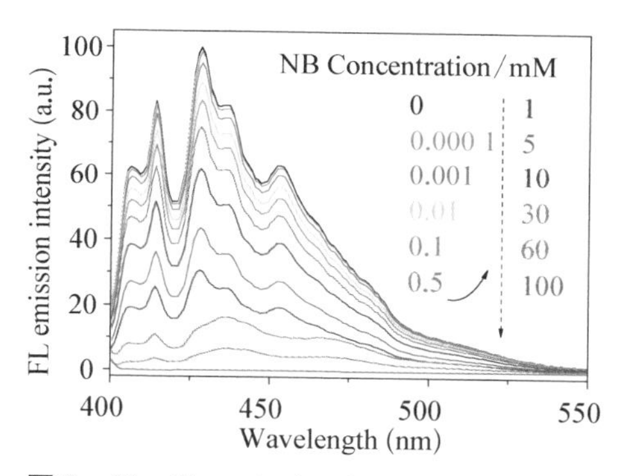

图 3－22　**Concentration-dependent fluorescence quenching of PTP nanofibers dissolved in NMP by adding different concentration of nitrobenzene solution**

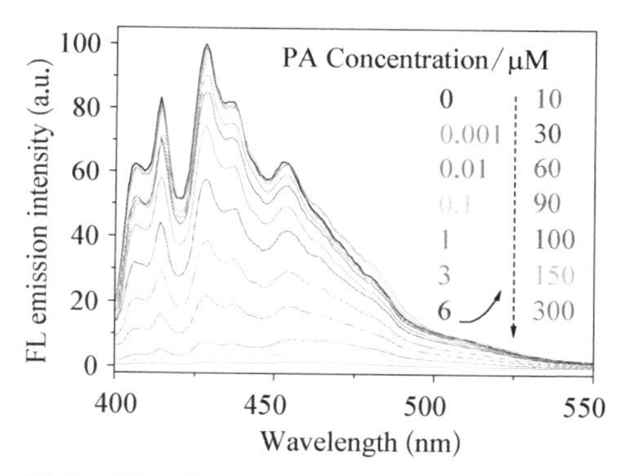

图 3－23　**Concentration-dependent fluorescence quenching of PTP nanofibers dissolved in NMP by adding different concentration of PA solution**

随着检测物浓度的升高，聚合物的荧光被淬灭的程度加剧。将淬灭效率的倒数(F/F_0)与检测物浓度作图，可以看出淬灭程度的变化趋势，如图 3－24(a)所

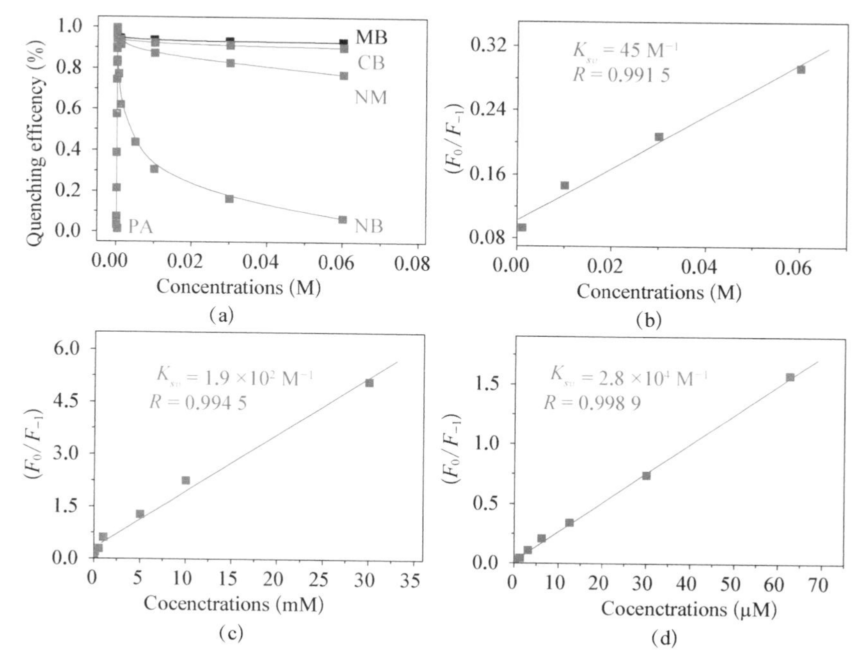

图 3－24　**(a) Fluorescence quenching efficiency of PTP sensors towards the following analytes: methylbenzene (MB), chlorobenzene (CB), nitromethane (NM), nitrobenzene (NB), and picric acid (PA); (b—d) Stern-Volmer plots of PTP sensors with the following analytes: (b) NM, (c) NB, and (d) PA**

示。3 种不同硝基化合物对荧光的淬灭程度的循序如下：苦味酸≫硝基苯≫硝基甲烷，表明聚苯并菲溶液荧光传感器对不同硝基化合物的选择性很高。从图 3-24(b)至(d)可以看出，荧光淬灭效率(F_0/F)与硝基化和物的浓度符合经典的 Stern-Volmer 方程[200]：

$$F_0/F = 1 + K_{sv}[Q] \quad (3-2)$$

式中，F_0 为聚苯并菲溶液的起始荧光强度；F 为加入硝基化合物的荧光强度；K_{sv} 为 Stern-Volmer 络合常数；Q 为硝基化合物淬灭剂的浓度。

聚苯并菲溶液荧光传感器对硝基甲烷、硝基苯以及苦味酸的 Stern-Volmer 检测范围和络合常数分别为 1～60 mM 和 45 M^{-1}、0.01～30 mM 和 1 900 M^{-1} 以及0.001～60 μM 和 28 000 M^{-1}，而相应的线性相关系数分别为 0.991 5、0.994 5 以及0.998 9。可以看出，聚苯并菲溶液荧光传感器对不同硝基化合物具有很高的选择性检测功能。特别是对苦味酸的检测浓度范围横跨 5 个数量级；同时其检测下限低至 1.0×10^{-10} M，克服了传统荧光传感器只能检测 3～4 个数量级的浓度范围，以及检测下限过高等缺陷，如表 2-7 所示。

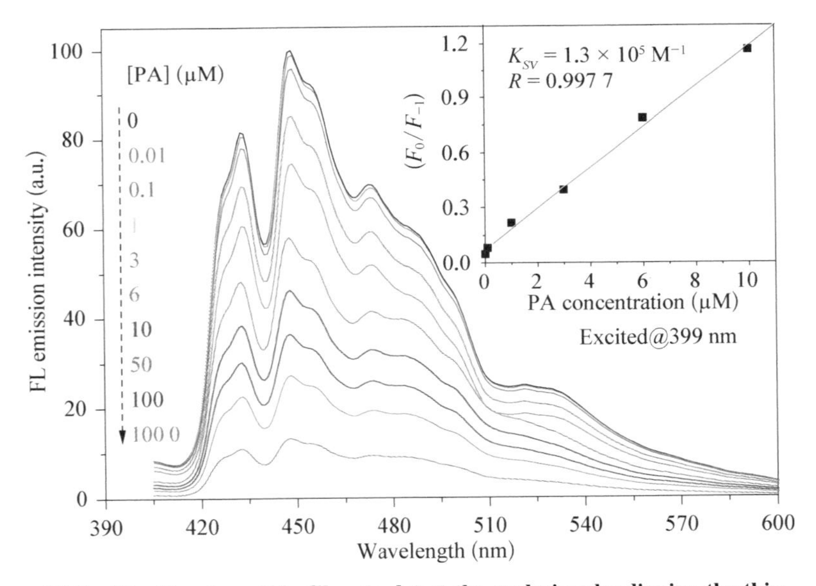

图 3-25 Use above thin films to detect the explosives by dipping the thin films into PA aqueous solution

另外，运用聚苯并菲/聚砜复合膜对苦味酸在水中进行了分析检测。加入不同浓度苦味酸水溶液后，测试得到的聚苯并菲/聚砜复合膜荧光发射光谱图如图

3-25所示。随着苦味酸浓度的提高，复合膜的荧光发射强度不断减小。从图3-25右上角插图可以看出，荧光淬灭效率(F_0/F)与苦味酸水溶液的浓度仍然符合经典的Stern-Volmer方程式(3-2)。由此可见，复合膜荧光传感器对苦味酸水溶液的检测范围为0.01～10 μM、检测下限为1.0×10^{-9} M、线性相关系数为0.997 7、以及Stern-Volmer络合常数为1.0×10^{-5} M^{-1}。虽然膜荧光传感器的检测下限和检测浓度范围不如溶液荧光传感器，但是操作简单、可重复利用。

值得注意到的是，聚苯并菲溶液和复合膜荧光传感器的Stern-Volmer系数均高达2.8×10^{-4} M^{-1}和1.0×10^{-5} M^{-1}，表明聚合物与硝基化合物在溶液中形成稳定的络合物，并通过能量传输或电荷传输机致使聚合物分子激发态经由非辐射途径损失能量回到基态，结果导致荧光的淬灭。另外，聚苯并菲/聚砜复合膜荧光传感器对苦味酸水溶液的检测时具有良好的抗干扰性，如在0.5 M各种无机酸如HCl、HNO_3、H_2SO_4以及$HClO_4$等共存时，其抗干扰系数均>99%，如图3-26所示。

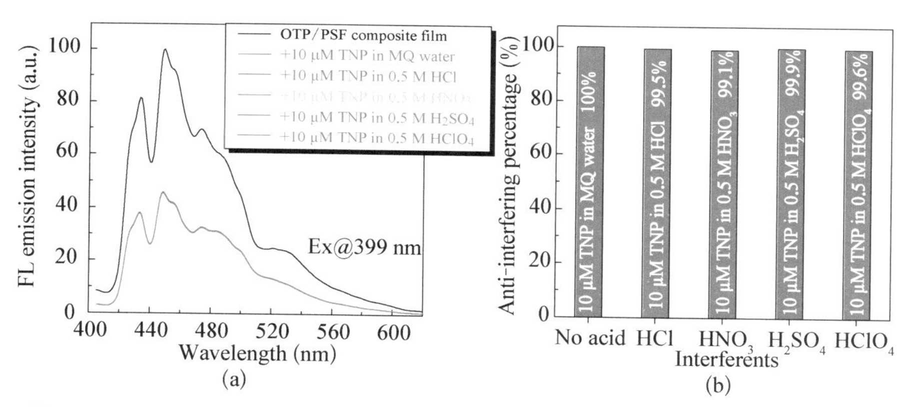

图3-26　(a) Fluorescence quenching and (b) anti-interfering percentage ($F_A/F_N\times$ 100%) of PTP/PSf composite films with addition of following interferents at concentration of 0.5 M: HCl, HNO_3, H_2SO_4, and $HClO_4$; F_N and F_A are the emission intensities of composite films after adding 10 μM picric acid (PA) in MQ water and in the interferents

3.4　本章小结

本章采用化学氧化聚合法成功合成了聚苯并菲纳米纤维，系统地讨论了溶剂、温度、单体浓度、氧单比以及酸对产物的结构与形貌的影响。重点研究了聚苯并菲纳米纤维的导电性能、溶解性能、热稳定性能、光热效应以及荧光性能等。利用聚苯并菲纳米纤维优异的荧光性能，制备了溶液荧光传感器和与聚砜复合的膜传感器，成功实现了对硝基化合物如硝基甲烷、硝基苯和苦味酸的检测。主要结论如下：

(1) 红外光谱、紫外光谱、核磁共振谱以及飞行时间质谱等分析表明，在三氯化铁的化学氧化作用下，苯并菲发生了聚合反应，形成了具有一定聚合度的环状、五角形立体结构。聚苯并菲的微观形貌受溶剂、温度、单体浓度、氧单比以及酸的控制；生成的聚苯并菲纳米纤维直径为 50～300 nm、长度为 1～5 μm。

(2) 三氯化铁原位掺杂和碘掺杂聚苯并菲纳米纤维呈现典型的半导体特性，其电导率分别为 6.0×10^{-4} S/cm 和 8.0×10^{-4} S/cm。聚苯并菲显示良好的热稳定性，在氩气氛围内的热分解温度高达 595℃，而单体的热分解温度仅为 335℃；相比单体几乎全部分解，聚苯并菲在 1 100℃仍能保存 26%的炭残焦量；聚苯并菲纳米纤维具有特殊的光热效应，纳米网络结构在普通相机闪光下变成连续的膜，显示其在制备非对称膜上面具有独特优势。聚苯并菲纳米纤维具有很强光致发蓝色荧光特性，其荧光强度和荧光量子产率分别是苯并菲单体的 7 倍和 5 倍多；通过溶液复合法，制备的聚苯并菲/聚砜复合膜在可见光区域(400～1 000 nm)的光透过率高达 90%，这种复合膜具有很强的光致发蓝色荧光特性；与聚苯并菲溶液相比，复合膜的荧光发射主峰红移 14 nm (436 *vs.* 450 nm)。

(3) 聚苯并菲溶液和聚苯并菲/聚砜复合膜荧光传感器对硝基化合物的检测符合典型的 Stern-Volmer 响应；溶液荧光传感器对硝基甲烷、硝基苯以及苦味酸的检测范围和 Stern-Volmer 络合常数分别为 1～60 mM 和 45 M^{-1}、0.01～30 mM 和 1 900 M^{-1} 以及 0.001～60 μM 和 28 000 M^{-1}，而相应的线性相关系数分别为 0.991 5、0.994 5 以及 0.998 9；复合膜荧光传感器对苦味酸水溶液的复合膜荧光传感器对苦味酸水溶液的检测范围为 0.01～10 μM、检测下限为 1.0×10^{-10} M、相应的线性相关系数为 0.997 7 以及 Stern-Volmer 络合常数为 1.0×10^{-5} M^{-1}；基于聚苯并菲荧光传感器对苦味酸爆炸物的检测对各种无机酸具有良好的抗干扰性；聚苯并菲与硝基化合物在溶液中形成不同稳定程度的络合物，并通过能量传输或电荷传输机致使聚合物分子激发态经由非辐射途径损失能量回到基态，结果导致荧光的淬灭。

第4章

多功能聚苯胺/碳纳米管杂化纳米纤维的合成、化学传感器及超滤膜

4.1 概　　述

在众多的导电高分子材料中，聚苯胺(Polyaniline, PANi)以其原材料易得、简易合成、高电导率、耐高温以及抗氧化性能良好等优点，成为导电高分子研究的热点之一。聚苯胺分子独特的线性大π电子共轭体系使载流子-自由电子离域提供了迁移条件，因而赋予其独特的导电性、磁学特性、电化学电容特性、催化性、电致变色性以及电致容积响应等特性[201]；同时，聚苯胺不仅可以通过质子酸的掺杂获得良好的导电性能，可通过加入氧化剂或还原剂即“氧化还原掺杂”来使其骨架中的电子迁移发生改变。聚苯胺纳米纤维的小尺寸效应、表面效应和量子隧道效应，赋予其与普通聚苯胺材料欠缺的特殊功能性，如更高的电导率、溶解度、成膜性以及热稳定性等，因而在催化、分离、微波吸收以及分子器件等应用领域更具有广泛的前景。

1991年，S. Iijima发现碳纳米管(CNT)以来[34]，碳纳米管以其准一维纳米结构和优良的电学性能逐渐成为微电子研究领域的热点之一。碳纳米管电流承载能力是金属的100倍；单壁碳纳米管(SWCNT)的强度是钢的100倍，杨氏模量是钢的5倍(1 000 *vs.* 230 GPa)，而其密度仅为113 g/cm^3。此外，碳纳米管热导率是铜的5倍(2 000 *vs.* 400 W m^{-1} K^{-1})。正是由于碳纳米管诸多优异的电学和机械特性，碳纳米管非常适合制备纳米机电系统器件。

将聚苯胺与碳纳米管复合将产生协同效应，制备综合性能优异的特殊功能杂化材料。原位复合法是制备聚苯胺/碳纳米管杂化材料的最重要方法之一。原位复合法是指在苯胺的聚合溶液中添加碳纳米管，待苯胺聚合反应完毕后，一

部分聚苯胺包埋碳纳米管形成聚苯胺-碳纳米管“壳-核”结构，另一部分聚苯胺单独以无定形颗粒存在。这种方法通常又可分为搅拌法、静置法、乳液聚合法以及超声法等。由于无定形颗粒状聚苯胺的存在，即使采用大量碳纳米管，这些方法通常得到的聚苯胺/碳纳米管杂化材料的电导率不高、可加工性能较差。

采用引发聚合法，在苯胺的聚合溶液中添加羧基化单壁碳纳米管(Single-walled carbon nanotubes, SWCNTs)，同时加入催化剂量的引发剂*N*-苯基苯二胺，然后加入氧化剂氧化聚合形成特殊结构的聚苯胺/碳纳米管杂化物。该杂化物包含了两种纳米结构，一方面，部分聚苯胺以碳纳米管为硬模板，形成了一般的聚苯胺-碳纳米管“壳-核”纳米结构；另一方面，聚苯胺本身形成一维的纳米纤维，这两种纳米结构相互交错咬合，极大地延长了导电体系的共轭长度，使电子和载流子传输更为容易，因此，制备的杂化纳米纤维的电导率大大提高。同时，由于聚苯胺纳米纤维优良的分散性，制备的杂化材料不仅在水、醇等溶剂中分散性良好，而且去掺杂态杂化材料可以很容易溶解于极性有机溶剂，如DMF、DMSO和NMP等。合成聚苯胺/碳纳米管杂化纳米纤维这不但改善导电性能和加工性能，而且有可能获得电化学活性高、力学性能好以及显示纳米效应的特殊功能材料。

利用聚苯胺/碳纳米管杂化纳米纤维的特殊结构，还研制了基于酸掺杂-碱去掺杂的微电极化学传感器，以探测HCl和NH_3气体；利用聚苯胺/碳纳米管杂化纳米纤维优良的导电性能和亲水性能，将其与聚砜复合后，制备了对小分子如水具有高通透性、对大分子如BSA具有高排斥性，且能在中性溶液中导电的生物分离膜。

4.2 实验部分

4.2.1 药品

苯胺、*N*-苯基苯二胺、过硫酸铵、氨水、盐酸、甲醇、聚砜、牛血清蛋白(BSA)等化学物质均购自某公司。羧酸功能化碳纳米管由某公司提供。

4.2.2 化学氧化合成聚苯胺/碳纳米管杂化纳米纤维

采用化学氧化聚合法，在反应体系里添加引发剂，通过加速反应的均相成核速率合成聚苯胺/碳纳米管杂化纳米纤维。一个典型的合成路线如下：40 mg

羧基功能化单壁碳纳米管在强力超声下分散在 100 mL 0.1 M HCl 中，然后加入 750 mg 苯胺单体，进一步磁力搅拌 30 min，并强力超声 30 s 形成质量比约为 5/95 的碳纳米管和苯胺悬浮液；同时，将 37.5 mg 引发剂 *N*-苯基对苯二胺溶解 1～3 mL 的乙醇或甲醇中，450 mg APS 氧化剂溶解在 100 mL 0.1 M HCl 中；在上述悬浮液中加入 *N*-苯基对苯二胺溶液，剧烈摇晃 30 s 使碳纳米管、苯胺以及引发剂充分混合；在混合液中立即加入氧化剂溶液，然后剧烈摇晃 10～20 s，将反应液静止 24 h 使苯胺单体充分聚合。通过离心分离，将得到的聚合溶液用去离子水洗涤 3 次后，得到墨绿色的掺杂态的聚苯胺/碳纳米管杂化纤维分散液。先后以 0.5 M 氨水和去离子水，通过 12 000～14 000 Mw 的纤维素透析袋对掺杂态的粗产品进一步透析分离，得到去掺杂态的聚苯胺/碳纳米管杂化纤维分散液。取少量掺杂态和去掺杂态聚苯胺/碳纳米管杂化纤维的水分散液保存在 10℃的冰箱里，以备后用。将上述去掺杂态水分散液在 50℃的真空干燥箱里干燥，得到 110 g 左右的块状去掺杂态聚苯胺/碳纳米管杂化纳米纤维，研磨得到粉末样品待用。

上述典型的合成方法，采用不同碳纳米管/苯胺质量比，如 0.5%、1.0%、2.5% 和 5.0%，制备了一系列的聚苯胺/碳纳米管杂化纳米纤维。同时，采用文献报道方法[201]，制备了聚苯胺纳米纤维作为参比物。值得注意的是，以上所有的反应都拥有大规模生产的潜力，如千克级聚苯胺纳米纤维的流水生产线也即将在科技公司(美国 Fibron)上线。

4.2.3　基于杂化纳米纤维微电极化学传感器的制备

厚度分别为 10 nm、100 nm 的 Ti/Au 合金模板电极的衬底的一般制备步骤为：将 *p*-型掺杂态的电导率为 200～1 000 S/cm 硅片浸入丙酮中，并置于超声波震荡器中超声清洗后，置于去离子水中保存待用；取出清洗好的硅片，待干燥后在表面上沉积厚度为 300～330 nm 的 SiO_2 薄膜，即得到了器件衬底；采用光刻蚀技术将 Ti/Au 电极定位在在二氧化硅薄膜上，得到的器件的结构见图 4-1。

将去掺杂态杂化纳米纤维水分散液滴撒在已经做好 Ti/Au 模板的衬底上，自然干燥后在衬底上形成接近单层纳米纤维薄膜。在偏光显微镜下观察纳米纤维在衬底上的分散情况，先后采用 PMMA 胶定位和聚焦粒子束系统(FIB)在薄膜上沉积 10 nm 厚的 Ti 和 100 nm 厚的 Au 作为分析电极与衬底的 Ti/Au 微电极连接，以改善电极与纳米薄膜的接触性。一个典型的微电极用于制备杂化纳

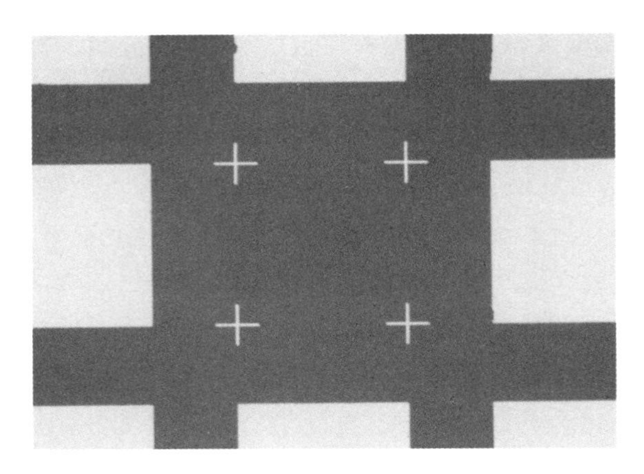

图 4-1 The geometry of the chemosensor pattern based on the multi-probe devices

米纤维化学传感器的几何尺寸和布局如图 4-2 所示。将传感器依次置于浓度均为 100×10^{-9}的 HCl 和 NH_3气氛中，测试器件的 $I-V$ 曲线。

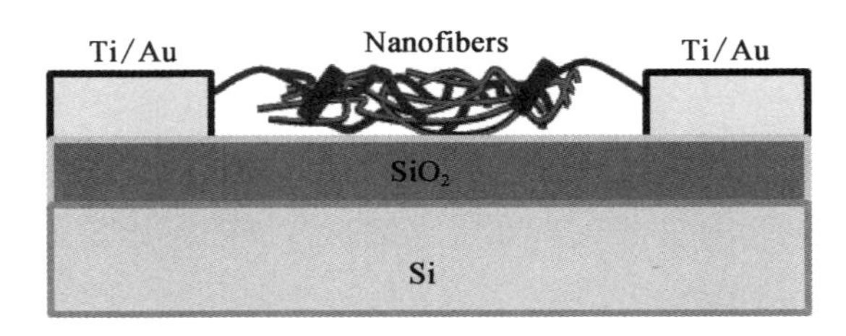

图 4-2 Cross-sectional view of the geometry of the chemosensor pattern fabricated with PANi/SWCNT hybrid nanofibers

4.2.4 杂化纳米纤维/聚砜复合超滤膜的制备

按表 4-1 的配方分别制备了去掺杂态聚苯胺/碳纳米管杂化纤维和聚砜溶液。具体方法如下：在 25℃下，将 0.15 g、0.225 g、0.375 g 和 0.75 g 的去掺杂态聚苯胺/碳纳米管杂化纤维分别加入到 1.35 g、2.025 g、3.375 g 和 6.75 g 的 NMP 溶剂中，磁力搅拌 48 h，待材料完全溶解后得到不同重量的 10%浓度的聚苯胺/碳纳米管混合溶液，分别标记为溶液 B_1、C_1、D_1和 E_1；在 50℃下，将 1.5 g、1.35 g、1.275 g、1.125 g 和 0.75 g 的聚砜加入到 8.5 g、7.15 g、6.475 g、5.125 g 和 1.75 g 的 NMP 中，加热溶解后得到不同重量的浓度分别为 15%、15.88%、16.45%、18%和 30%的聚砜溶液，分别标记为溶液 A、B_2、C_2、D_2和 E_2；在 25℃

下，依次将 B_2、C_2、D_2 和 E_2 加入到 B_1、C_1、D_1 和 E_1 中，磁力搅拌 24 h，待材料完全混合均匀后，得到总重量均为 10 g、浓度均为 15%，以及含杂化物重量比分别为 10 wt%、15 wt%、25 wt% 和 50 wt% 的聚苯胺/碳纳米管/聚砜复合溶液，分别标记为 B、C、D、E 溶液，依此为制膜液。并以总重量为 10 g 和浓度为 15% 的聚砜溶液，即标记为 A 溶液为参比制膜液。

表 4－1　Composition of PANi/SWCNT solutions and PSf solutions used for preparation of casting solutions

Solution No.	PANi/SWCNT hybrid + NMP	PANi/SWCNT hybrid percentage	Solution No.	PSf + NMP	PSf percentage
—	—	—	A	1.5 g+8.5 g	15%
B_1	0.15 g+1.35 g	10%	B_2	1.35 g+7.15 g	15.88%
C_1	0.225 g+2.025 g	10%	C_2	1.275 g+6.475 g	16.45%
D_1	0.375 g+3.375 g	10%	D_2	1.125 g+5.125 g	18%
E_1	0.75 g+6.75 g	10%	E_2	0.75 g+1.75 g	30%

溶剂/非溶剂相转移法制备超滤膜（图 4－3）。在平整的玻璃板上，调节刮膜仪使之刮膜厚度统一调节为 152 μm，然后将聚酯织布均匀平整地铺在玻璃板上。将上述得到的浓度均为 15% 的 A、B、C、D 和 E 溶液分别均匀地浇铸在聚酯织布上形成一条线，通过刮膜仪将聚合物均匀铺刷在织布上，然后置于

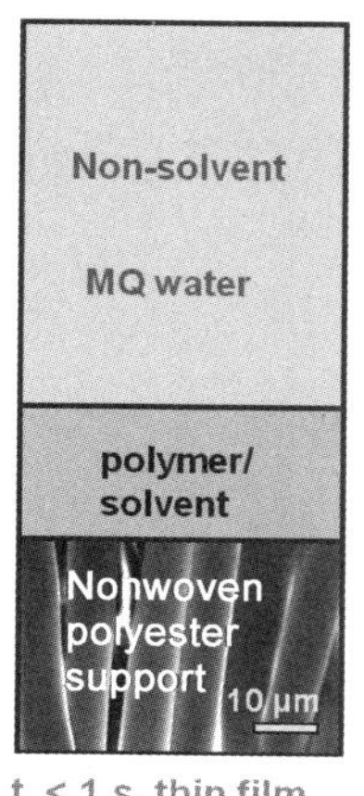

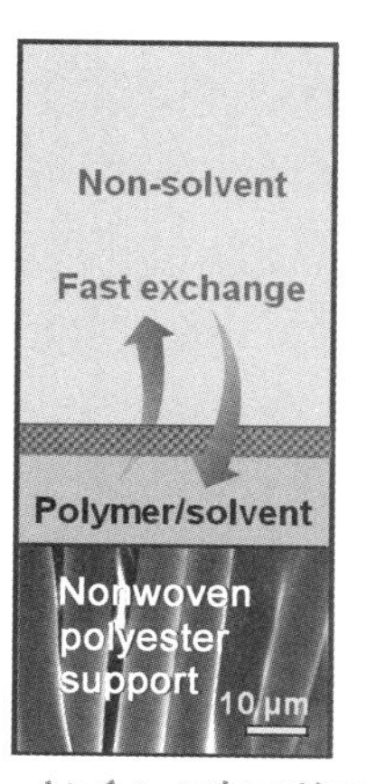

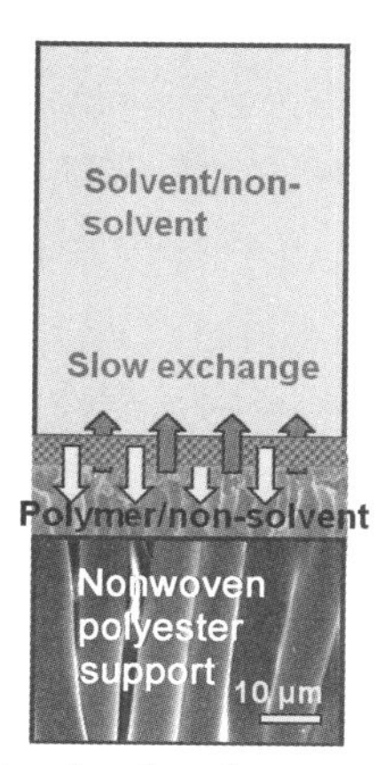

图 4－3　Schematic illustration of the non-solvent induced phase separation to make ultrafiltration membranes

MQ 水中。在溶剂交换过程中，每隔 1 h 换一次水，共换 3 次，然后精置过夜，待溶剂/非溶剂即水/NMP 完全交换后，得到聚苯胺/碳纳米管/聚砜纳米复合超滤膜。

聚苯胺纳米纤维和碳纳米管都含有非常强的大 π - π 共轭体系，研究表明，它们均有特殊的光效应，即在普通相机的闪光下，能产生类似晶体材料的“熔融”效应。虽然有关机理还不是很清楚，但是，利用该性质，我们制备了具有光电响应的聚苯胺/碳纳米管/聚砜纳米复合超滤膜，即待这种复合超滤膜干燥后，通过调节相机闪光的频率，可以控制超滤膜的导电性能、水渗透性和蛋白质分离性能等。

采用最大功率为 500 W 的 Alien Bees - B1600 型号闪光机，以最大功率的 3.125%、6.25%、12.5%、25%、37.5%、50%、75%和 100%对制备得到的复合超滤膜进行闪光。测试闪光前后复合膜超滤膜的导电性能、水渗透性和蛋白质分离性能等。

4.2.5 材料的结构与性能表征

红外光谱(FT - IR)，采用 ATR/FT - IR JASCO - 6300 型傅里叶变换衰减全反射红外光谱仪直接对聚苯胺、碳纳米管、聚苯胺/碳纳米管杂化纳米纤维粉末以及复合膜的化学官能团进行表征。

紫外可见光谱(UV - vis)，以水为分散溶剂，采用 HP - 8453 型紫外光谱仪，在温度下对浓度为 0.001～0.005 g/L 的杂化纳米纤维的水分散液进行测试。

X 射线衍射光谱(XRD)，采用 Philips X' Pert Pro 型宽角 X 射线衍射仪，对杂化纳米纤维粉末进行测试，扫描角度为 2°～70°，扫描速率 2°/min。

元素分析，由美国 QTI Intertek 公司分析完成。

扫描电镜，采用 JEOL JSM 6700 型场发射扫描电子显微镜对杂化纳米纤维水分散液的形貌进行观察；制样方法为将样品水分散液滴在导电硅片上，自然干燥后对试样进行喷金处理。采用 JEOL JSM 6700 型场发射扫描电子显微镜对超滤膜的表面和断面的形貌进行观察；制膜方法与 4.2.4 节中相同，只是将铸膜液直接刮涂在玻璃板上获得自支撑膜。观察方法为将自支撑膜从水中取出后自然干燥 24 h 后，在液氮里进行脆断，对膜的上表面、下表面以及断面进行观察；观察前对试样均进行喷金处理。采用相同方法观察了该类型支撑膜闪光后的表面和断面形貌。

透射电子显微镜(TEM)，采用 CM120 型透射电子显微镜对杂化纳米纤维形貌进行观测；制样方法为将样品水分散液滴经过聚醋酸甲基乙烯脂或碳喷涂的铜网上，待样品自然干燥后直接观测。

热稳定性能，采用 Perkin Elmer TGA Pyris 1 型热重分析仪，升温范围为 25℃～1 000℃，升温速率为 10℃/min，在氩气中分别测定去掺杂态杂化物粉末样品和复合超滤膜样品的热稳定性。

导电性能，首先将杂化纳米纤维的分散液均匀涂滴在玻璃板上，自然晾干 48 h 后，得到均质的自支撑薄膜。采用二探针法对薄膜的表面电阻进行了测试，即在圆片表面上均匀涂上长度和间距均为 1 cm 的两条平行的银胶线，待银胶干燥后，用二探针分别接触两条银胶线，然后通过 HP 3458A 读出其测得的方形电阻 R_{sq}；由于薄膜厚度 d 太小，不能采用测厚仪进行测试；采用液氮脆断法，通过 SEM 测试其脆断面的平均厚度。薄膜的电导率 σ 根据公式：$\sigma=1/(d \cdot R_{sq})$ 进行计算；所有测试均进行至少 5 次以上，测试相对误差控制在 10%以内。采用类似方法，在膜表面直接涂上均匀的银胶线，对复合膜超滤膜闪光前后的电导率进行了测试。

亲疏水性能，采用 Goniometer (DSA10, Krüss) 气俘法对超滤膜的表面亲疏水性能进行了测试；每张膜至少测试 5 次，然后取平均值。

水渗透性能，使用 Osborne Arch Punch 在复合膜上打出直径为 150 mm 的圆片，采用 AMI UHP－25 型连续式超滤装置在压力为 10 psi 条件下测试复合膜的生物分离性能即对水的通透性和对牛血清蛋白的排斥性，见图 4－4。

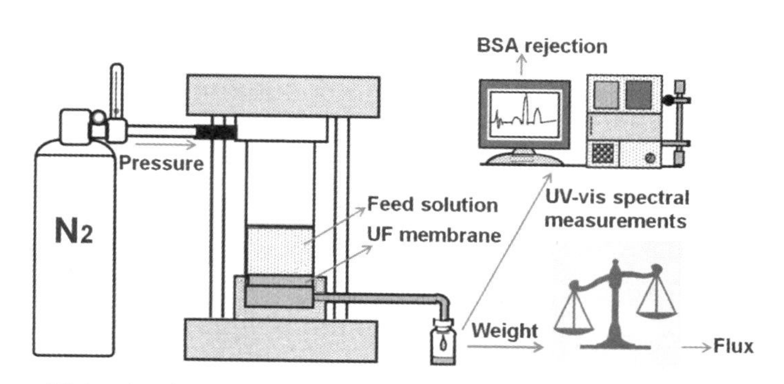

图 4－4　Schematic illustration of ultrafiltration apparatus for measuring the permeability (pure water flux) and BSA rejection

通过测定纯水通过聚苯胺/碳纳米管/聚砜复合膜的通量来表征超滤膜的渗

透性能。调节真空阀门使体系的压力控制在 10 psi,稳定 10 min 后,测定并记录 1 min 内通过水的重量,用式(4-1)计算膜的渗透性:

$$J = m/(\rho s t) \tag{4-1}$$

式中,J 为膜的纯水通量(即渗透性);m 为一定时间内膜通过水的重量;ρ 为测定温度下水的密度;S 为测定膜片的有效面积;t 为测试时间。

本研究测试膜片的有效面积为 3.5 cm^2,测试时间固定为 60 s。

蛋白质截留率:通过测定聚吡咯/聚砜纳米复合膜对牛血清蛋白(BSA)截留率来表征超滤膜的选择性能。BSA 的分子量约为 66 kDa,其分子为椭圆球形,大小为 4 nm×4 nm×14 nm,如果把它看成球形颗粒,其平均直径约 6 nm。首先以 0.05 M KCl 为溶剂配置浓度为 1.0 g/L 的 BSA 标准溶液。采用紫外分光光度计在 278 nm 处测定溶液的吸光度。然后,在 10 psi 下利用待测纳米复合膜过滤 BSA 溶液,每次收集 3 mL 通过液,测定其在 278 nm 处的吸光度,根据式(4-2)计算得到 BSA 的截留率:

$$R = (1 - C_p/C_f) \times 100\% \tag{4-2}$$

式中,R 为截留率;C_p 为原料液;C_f 为通过液的吸光度相应的浓度。

4.3 结果与讨论

4.3.1 聚苯胺/碳纳米管杂化纳米纤维的合成

不同碳纳米管含量的杂化纳米纤维采用化学氧化法,以过硫酸铵为氧化剂,1.0 M HCl 为溶剂,添加 2.5 mol%(相对于苯胺单体)的 N-苯基对苯二胺为引发剂,氧化聚合 24 h 后,得到墨绿色的聚苯胺/碳纳米管杂化纳米纤维,其反应示意图如图 4-5 所示。

作为对比,采用相同方法合成了纯聚苯胺纳米纤维。添加的引发剂本身作为苯胺的二聚体,在聚合后也形成了聚苯胺,因此,不会引入杂质,可以制备仅含聚苯胺和碳纳米管双组分的杂化物。与传统方法如模板法、乳化剂法或种子法比,此方法具有合成工艺简单、产物纯净以及可规模化生产等诸多优点。掺杂态和去掺杂态聚苯胺、聚苯胺/碳纳米管杂化物以及碳纳米管的纳米分散液如图 4-6 所示。

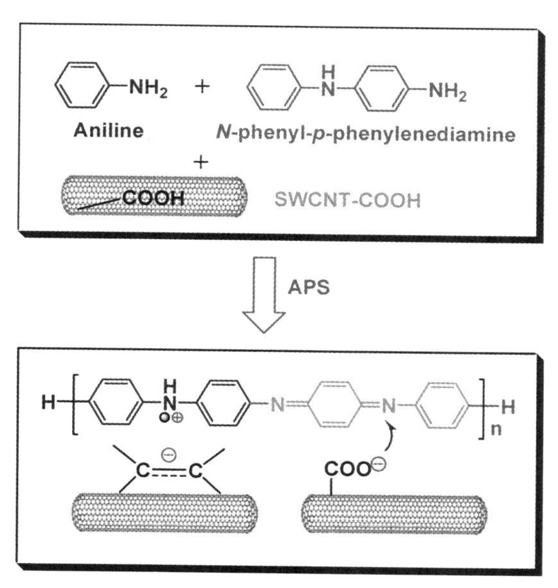

图 4-5 Schematic illustration of synthesis of PANi/SWCNT hybrid nanofibers

图 4-6 Pictures showing the dispersions of (a) doped PANi nanofibers, (b) doped PANi/SWCNT hybrid nanofibers, (c) dedoped PANi nanofibers, (d) dedoped PANi/SWCNT hybrid nanofibers, and (e) SWCNTs

杂化纳米纤维与聚苯胺相似，在掺杂态和去掺杂态时分别呈现典型的墨绿色和蓝色，而羧酸功能化碳纳米管则呈现绿色。假定聚合前后碳纳米管的质量基本不损失，以投入的苯胺质量为标准，采用不同碳纳米管/苯胺质量比如0、0.5%、1.0%、2.5%和5.0%，所合成的去掺杂态样品的产率均为9%～10%，表明虽然碳纳米管能够对聚苯胺掺杂，但是，对苯胺的聚合过程影响甚微。

4.3.2 聚苯胺/碳纳米管杂化纳米纤维的结构表征

4.3.2.1 紫外光谱

掺杂态和去掺杂态的聚苯胺、聚苯胺/碳纳米管杂化物以及碳纳米管的紫外吸收光谱如图 4－7 所示。羧酸功能化的单壁碳纳米管水分散液在 250 nm 左右呈现一个非特征肩峰，在 440～645 nm 处呈现一个金属态碳纳米管的 Van Hove 吸收峰[202]，在 640～800 nm 处呈现一个半导体态碳纳米管的 Van Hove 吸收峰[203-204]。

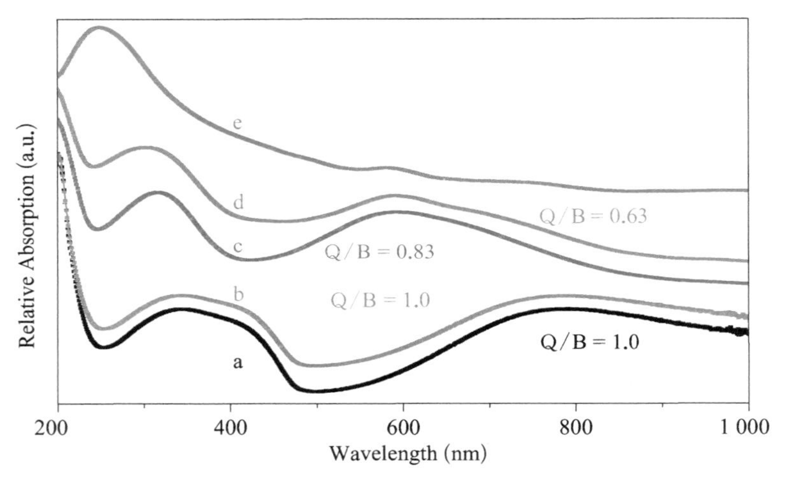

图 4－7 UV－vis spectra of (a) doped PANi nanofibers, (b) doped PANi/SWCNT hybrid nanofibers; (c) dedoped PANi nanofibers, (d) dedoped PANi/SWCNT hybrid nanofibers; and (e) SWCNTs. The quinoid (Q)/benzenoid (B) ratios are indicated

掺杂态聚苯胺/碳纳米管杂化纳米纤维和纯聚苯胺纳米纤维呈现非常相似的紫外吸收特征，即分别在 345 nm 和 800 nm 处呈现对应聚苯胺的苯式结构和醌式结构[205-206]，其中两种结构的紫外吸收强度比值均约为 1.0。然而，去掺杂态聚苯胺/碳纳米管杂化纳米纤维和纯聚苯胺纳米纤维的紫外吸收特征大不相同。去掺杂态杂化纳米纤维的苯式结构和醌式结构对应的紫外吸收分别处于 300 nm 和 595 nm，相对于去掺杂态聚苯胺纳米纤维，其苯式结构的紫外吸收峰蓝移了20 nm 左右；去掺杂态聚苯胺/碳纳米管杂化纳米纤维和纯聚苯胺纳米纤维的醌式结构与苯式结构的紫外吸收强度比，分别为 0.63 和 0.83。去掺杂后两种纳米纤维的苯式结构含量增加、醌式结构含量减少，这种变化规律在聚苯胺/碳纳米管杂化纳米纤维上表现得尤为明显。这可能是由于碳纳米管含有大量的 π 电子，与聚苯胺原位形成复合时，通过强烈的 π－π 相互作用使聚苯胺的一部分醌式结构还原成苯式结构[207-209]；同时，羧酸功能化碳纳米管的羧基负离子也能对聚苯胺进行化学掺杂，双方面的原因导致杂化纳米纤维的苯式结构含量增加而醌式结构含量减少。

4.3.2.2　红外光谱

去掺杂态的聚苯胺、聚苯胺/碳纳米管杂化物以及碳纳米管的红外吸收光谱如图 4－8 所示。

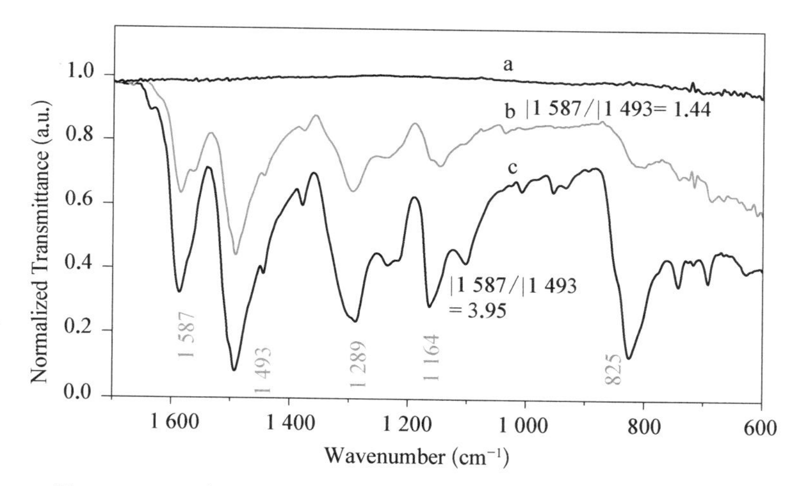

图 4－8　ATR/FT－IR spectra of (a) SWCNTs, (b) dedoped PANi/SWCNT hybrid nanofibers, and (c) dedoped PANi nanofibers

与石墨类似[210]，碳纳米管的红外吸收非常弱，呈现典型的"无官能团"吸收光谱。而聚苯胺/碳纳米管杂化物和聚苯胺类似[211]，在 1 587 cm^{-1}、1 493 cm^{-1}、1 289 cm^{-1} 和1 164 cm^{-1}处呈现聚苯胺的醌式结构、苯式结构、C—N 结构和- N－quinoid－N－(电子状吸收带)等典型吸收峰。通过计算两种物质在 1 587 cm^{-1} 和 1 493 cm^{-1}处的红外吸收强度，我们也可以间接得出其醌式结构与苯式结构的比例。计算结果表明，聚苯胺和杂化物的醌式结构与苯式结构比例分别为 3.95 和 1.44，前者的数值与普通去掺杂态聚苯胺材料相差无几，后者的数值与 DNA 功能化碳纳米管/聚苯胺硼酸非常接近[212-213]。大量研究表明，聚苯胺与碳纳米管原位复合时，原位生成的聚苯胺容易附着在碳纳米管上生长。碳纳米

管确实能通过 π-π 相互作用使聚苯胺被还原。这种作用也使聚苯胺的化学键的振动受到限制[214]，导致其红外吸收强度下降，如图 4-8(b)、(c)所示。

4.3.2.3 X 射线衍射

掺杂态和去掺杂态的聚苯胺、聚苯胺/碳纳米管杂化物以及碳纳米管的 X 射线衍射图谱如图 4-9 所示。

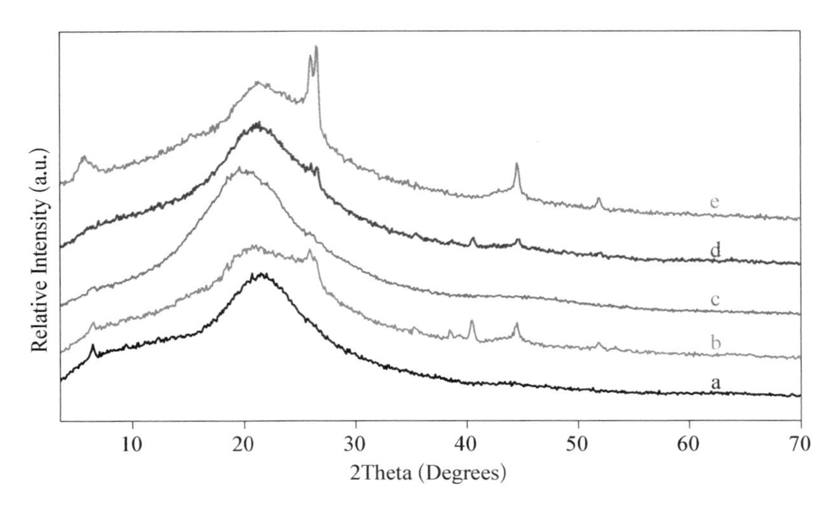

图 4-9 Powder X-ray diffraction (XRD) patterns of (a) doped PANi nanofibers, (b) doped PANi/SWCNT hybrid nanofibers; (c) dedoped PANi nanofibers, (d) dedoped PANi/SWCNT hybrid nanofibers; and (e) SWCNTs

羧酸功能化单壁碳纳米管的衍射光谱在 2θ 为 5.6°、26.5°和 44.7°分别呈现典型的 2D 三角晶格、石墨的平面结构以及碳纳米管的锥体平面结构[215-216]。与聚苯胺不一样，聚苯胺/碳纳米管杂化物的衍射光谱在 2θ 为 26.5°和 44.7°出现属于碳纳米管的典型衍射峰，表明碳纳米管与聚苯胺形成了稳定的复合物。与聚苯胺一样，掺杂态和去掺杂态聚苯胺/碳纳米管杂化物在 2θ 为 20.3°～21.2°均呈现一个属于聚苯胺特征高分子链的周期并行结构[217-218]。然而，掺杂态聚苯胺/碳纳米管杂化物和聚苯胺在 2θ=6.4°均呈现一个属于盐酸在聚苯胺高分子链定向排列的特征峰[219-224]。一般认为，这个峰是聚苯胺形成纳米纤维结构的重要判据。

4.3.2.4 元素分析

采用元素分析并结合产物的产率，分析了聚苯胺/碳纳米管杂化物样品中碳纳米管的真正含量，见表4-2。以采用5% SWCNT合成的杂化物为例，已知苯胺和碳纳米管的投入量分别为750 mg和40 mg，最后得到110 mg去掺杂态聚苯胺/碳纳米管杂化物。假定碳纳米管对苯胺的聚合前后不损失，碳纳米管在杂化物中的含量则为(40 mg/110 mg)×100%=36.4%。考虑到杂化物中聚苯胺与纯聚苯胺一样，自身的C/N原子比是一样的，通过元素分析测试去掺杂态两种物质中的C和N原子含量，可以进一步定性分析碳纳米管在杂化物中的真正含量。计算结果表明，碳纳米管在该杂化物中真正的含量为37.9%。

表4-2　Composition of dedoped PANi and dedoped PANi/SWCNT hybrid nanofibers synthesized with 5 wt% percentage of SWCNT

Materials	C content	N content	H content
PANi(%)	74.63	14.52	5.26
PANi/SWCNT hybrid(%)	73.24	9.02	3.35

因此，考虑到碳纳米管对苯胺的聚合速率影响有限，分别采用0.5 wt%、1.0 wt%和2.5 wt%的碳纳米管合成杂化纳米纤维时，最终碳纳米管在所得产物中的含量则分别为3.6%、7.3%和18.2%。有关杂化物中聚苯胺和碳纳米管的成分比还可以通过热分析进一步确定。

4.3.3　杂化纳米纤维的微观形貌

在苯胺的化学氧化聚合过程中，通过添加催化剂量的引发剂，*N*-苯基对苯二胺，就可以在水相中合成得到高质量的聚苯胺纳米纤维。图4-10给出了纯聚苯胺、纯碳纳米管和5%碳纳米管合成的杂化纳米纤维的场发射扫描电子显微镜(SEM)和高分辨率透射电子显微镜(HR-TEM)图像。

由图4-10可以看出，纯聚苯胺纳米纤维的直径和长度分别为30～60 nm和1～3 μm；纯羧酸功能化单壁碳纳米管则呈现有序的管束状形貌，管束由缠绕的、直径为1～2 nm和长度为3～5 μm的单根碳纳米管组成。传统方法制备的聚苯胺/碳纳米管杂化物通常呈现团聚或无定形的形貌，见表4-3。与传统方法不同，引发聚合合成的杂化物呈现纯聚苯胺纳米纤维和聚苯胺包埋碳纳米管的交错杂化纳米纤维形貌，这样聚苯胺纳米纤维与碳纳米管就形成了相互咬合的交错网络结构。聚苯胺/碳纳米管杂化纳米纤维特殊的微观结构，使体系的共轭程度大大提升，这就非常有利于电子或载流子在材料中的传递，对提高材料的电导率，以致制备高性能化学传感器。

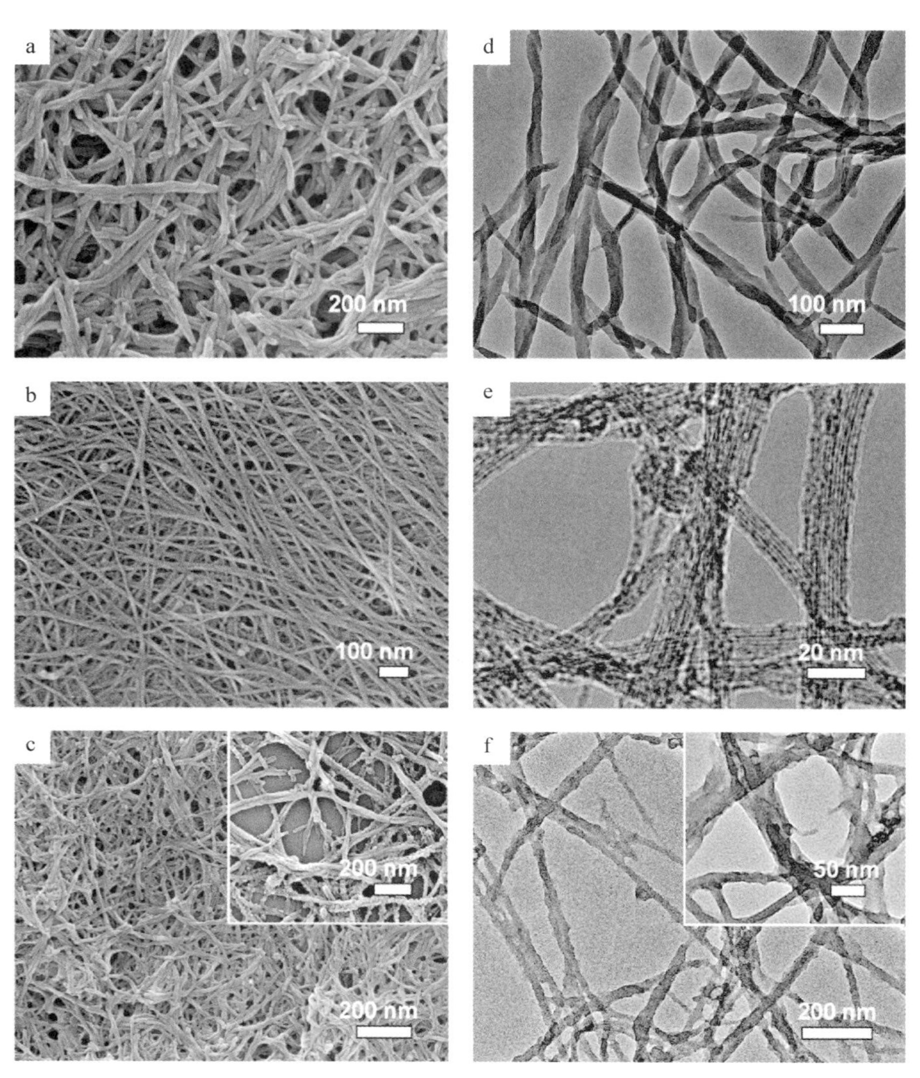

图 4 - 10　(a—c) SEM and (d—f) TEM images of (a, d) PANi nanofibers, (b, e) SWCNTs, and (c, f) PANi/SWCNT hybrid nanofibers. The insets in (c, f) show a magnified view

表 4-3　Summary of CNT/PANi hybrid materials reported in the literature

Hybrid Materials	Methods	CNT content/%	Maximum Conductivity/(S/cm)	Polyaniline Morphology	Ref.
SWCNT/PANi ES	Initiator-assiting	5	95	Nanofibers	This work
SWCNT/PANi EB	Initiator-assisting	5	0.3	Nanofibers	This work
SWCNT/PANi ES	Electro-method	8	10	Nanofibers	[225]
SWCNT/PANi ES	Stirring	25	12.5	Nanocale	[226]
MWCNT/PANi ES	Stirring	10	—	Granulars	[227]
MWCNT/PANi ES	Stirring	10	—	Granulars	[228]
MWCNT/PANi ES	Stirring	20	—	Nanofibers	[228]
MWCNT/PANi ES	Stirring	10	5.43	Granulars	[229]
MWCNT/PANi ES	Stirring	95	11	Nanofibers	[230]
MWCNT/PANi ES	Static-placement	12.5	0.022	Nanotubes	[231]
MWCNT/PANi ES	Sonication	30	—	Nanorods	[232]
MWCNT/PANi ES	Sonication	30	2	Cylinders	[233]
MWCNT/PANi EB	Sonication	30	0.1	—	[207]
MWCNT/PANi ES	Sonication	30	0.23	Granulars	[234]
MWCNT/PANi ES	Sonication-emulsion	70	27	Granulars	[208]
MWCNT/PANi ES	Emulsion	20	0.848	Nanofibers	[235]
MWCNT/PANi ES	Emulsion	10	<10	—	[236]

4.3.4 热稳定性

通过 TGA－DTGA 研究去掺杂态聚苯胺、聚苯胺/碳纳米管杂化物以及碳纳米管的热性能，如图 4－11 所示。TGA 表明纯碳纳米管在 200℃前有 10 wt%的失重，这可能是因为功能化碳纳米管上的羧基和羟基等的热解造成的。随着温度升高至 800℃以上，碳纳米管的残焦量为 10%，这包括约 8.7%的金属和部分焦炭[237]。去掺杂态聚苯胺在 420℃之前，都能保持较高的耐热性[238]。由 5%碳纳米管合成的杂化物在 300℃之前即有部分失重。DTGA 表明纯碳纳米管、纯聚苯胺以及杂化物的最大失重率对应的温度分别为 517℃、580℃和 550℃。这就意味着，在 600℃之前杂化物比纯碳纳米管的热稳定性高，这主要是碳纳米管与聚苯胺存在强烈的 π－π 相互作用，提高了自身的热稳定性。

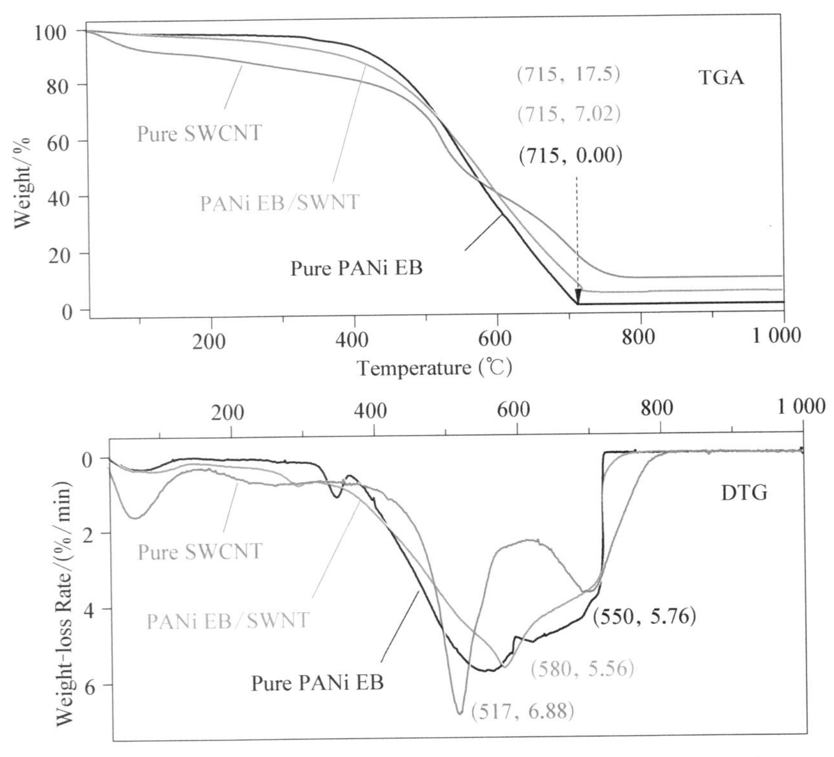

图 4－11 TGA and DTG scans of dedoped pristine PANi nanofibers (PANi EB), dedoped PANi/SWCNT hybrid nanofibers, and pure SWCNTs

值得注意的是，纯碳纳米管、纯聚苯胺以及杂化物在 715℃左右处对应的残焦量分别为 17.5 wt%、0.0 wt%和 7.0 wt%，继续升高温度残焦量基本保持不变。换句话说，在大于 715℃时，聚苯胺就完全分解，杂化物的残焦量必然是由碳纳米管带来的。基于碳纳米管的残焦量，也可以计算出碳纳米管在杂化物中的含量，计算结果约为 40%。分别采用 0.5%、1.0%和 2.5%的碳纳米管合成杂化纳米纤维时，最终碳纳米管在所得到的产物中的含量则分别约为 4%、8%和 20%，这与采用元素分析和产率计算的实验结果基本一致。

4.3.5　电导性能

由杂化纳米纤维的形态观察可知，聚苯胺与碳纳米管形成了特殊的交错、相互咬合的特殊纳米网络结构，从而能提高体系的电子和载流子的传输。这种特殊的纳米结构必然对材料的导电性能产生重要影响。本研究通过测试聚苯胺/碳纳米管杂化纳米纤维薄膜的方形电阻，再测试薄膜的厚度来评价材料的导电性能。图 4－12 给出了一个典型的聚苯胺/碳纳米管杂化纳米纤维薄膜。普通的聚苯胺材料是很难得到自支持膜的，而聚苯胺/碳纳米管杂化纳米纤维薄膜具有较好的机械强度，能够维持自支持状态而不碎掉，这主要的原因就是碳纳米管优异的机械强度导致的。

图 4－12　A typical free-standing Bucky-like film

不同碳纳米管重量含量(0、0.5%、1.0%、2.5%和 5.0%)制备的浓度约 5 g/L 的纳米分散液分别流延成膜，得到的表面和断面的 SEM 图片见图 4－13。由断面观察可知，这些膜的厚度分别为 6.5 μm、6.2 μm、8.4 μm、4.2 μm 和 4.3 μm。由表面观察可知，膜朝向玻璃板面呈现非常光滑的纳米网络多孔结构，而背向玻璃板面呈现稍微粗糙的形貌。

不同碳纳米管含量的去掺杂态聚苯胺/碳纳米管杂化纳米纤维膜置于不同 pH 溶液浸泡 24 h，分别测试其方形电阻，在根据膜厚计算出电导率，其实验结果见图 4－14。

总体来说，随碳纳米管含量的增加和溶液 pH 的降低，纳米纤维的电导率升高。特别是在 pH 为 1～3 范围内，随 pH 的降低，纳米纤维的电导率呈现指数

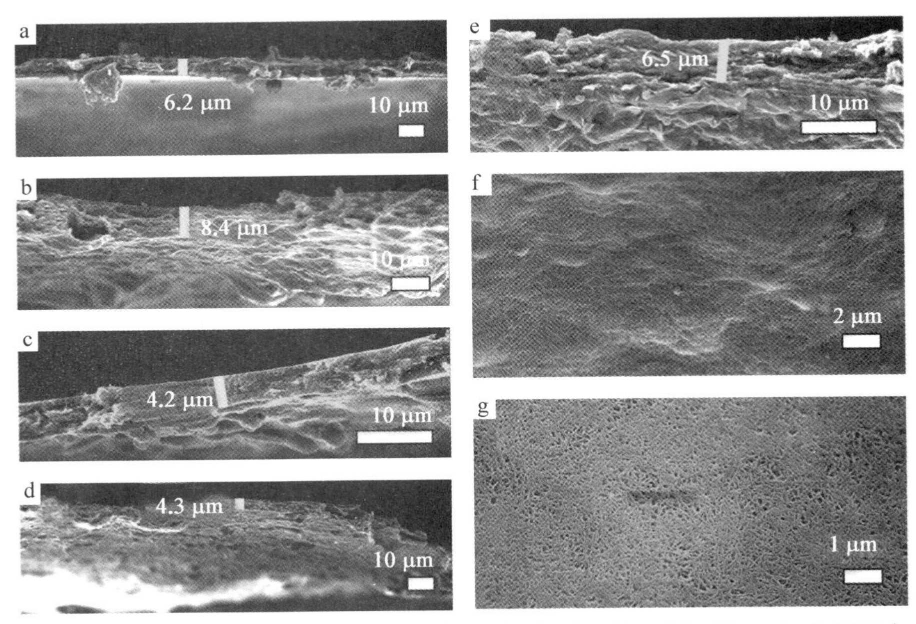

图 4－13 Cross-sectional SEM images (a—e) of thin films (4—10 μm) of PANi/SWCNT hybrid nanofibers synthesized with the following SWCNT loadings: (a, e) 0.5, (b) 1.0, (c) 2.5, (d) 5.0, and (e) 0%. Typical surface SEM images show (f) the rough side facing air and (g) the smooth side facing the glass

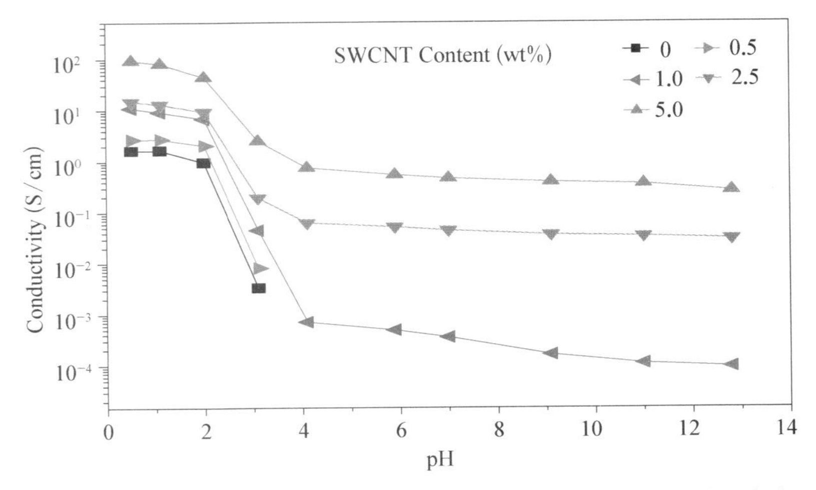

图 4－14 Influence of pH and SWCNT loadings on the electrical conductivity of PANi/SWCNT hybrid nanofibers

上升。在 pH 为 0～14 范围内，纳米纤维的电导率呈现类似酸-碱滴定的曲线，这些都完全符合聚苯胺的典型特征。值得注意的是，采用 5%碳纳米管合成的杂化纳米纤维的电导率高达 95.2 S/cm，是纯聚苯胺纳米纤维的 50 多倍(1.7 S/cm)。采用 1.0%、2.5%和 5.0%碳纳米管合成的杂化纳米纤维在 pH 为 3～13 范围内仍然维持较高的电导率，而纯聚苯胺在 pH>3 时，其电导率急速下降至 10^{-10} S/cm，以致采用通常的二探针法很难得到其电导率。0.5%碳纳米管合成的杂化纳米纤维呈现与聚苯胺非常类似的导电行为，导电的 pH 范围较窄，仅在低 pH 范围内导电。尽管如此，随 pH 不断下降，该纳米纤维的最大电导率仍然高于聚苯胺(2.8 vs. 1.7 S/cm)。这些实验结果均表明，碳纳米管的加入极大地改善了聚苯胺的导电性能。

引发聚合制备的聚苯胺/碳纳米管杂化物的电导率明显优于传统方法，见表 4-3。传统方法制备的聚苯胺/碳纳米管杂化物由于含有很多聚苯胺团聚体或颗粒，这些无规则形貌成为杂化材料中电子和载流子传输的壁垒，降低了材料的电导率。而引发聚合制备的杂化纳米纤维，由于形成了 3D 的网络结构，一方面，极大地提高了碳纳米管在杂化材料中的逾渗阈值；另一方面，其特殊的交错、咬合结构极大地提高了电子和载流子在材料中的传递，因而改善了材料的电导率。

从图 4-14 还可以看出，当聚苯胺纳米纤维和聚苯胺/碳纳米管杂化纳米纤维在 pH 为 0～13 范围内变化，我们还可以得出材料的导电性能可控率。在二探针的测试范围内，导电性能可控率定义为材料的最高电导率与最低电导率的比值。采用 0、0.5%、1.0%、2.5%和 5.0%碳纳米管合成的纳米纤维的导电性能可控率经计算分别为 490、350、120 000、500 和 350。换句话说，采用 1.0%碳纳米管合成的杂化纳米纤维的电导率可控的范围最广。这是因为碳纳米管含量太低时，合成的杂化纳米纤维的最高电导率太低；而碳纳米管含量太高时，合成的杂化纳米纤维的最低电导率太高所致。

杂化纳米纤维拥有极优的导电性能的可控性，这对“因材施教”提供了极大的方便。例如，采用导电性能最好的杂化纳米纤维，可以制备电性能优越的电超滤膜；采用电导率适中的杂化纳米纤维，可以制备对目标气体如 HCl、NH_3、H_2 或 NO_2 敏感性好和检测范围广的化学传感器。

4.3.6　杂化纳米纤维微电极化学传感器

由于聚苯胺是一种对无机酸碱非常敏感的导电高分子材料，而碳纳米管本身的电导率受无机酸碱的影响不大。基于无机酸对聚苯胺的掺杂与去掺杂原理,基于1.0%碳纳米管合成的杂化纳米纤维优良的电导率可控性,制备了对HCl和NH_3具有高敏感性的微电极化学传感器,见图4-15。

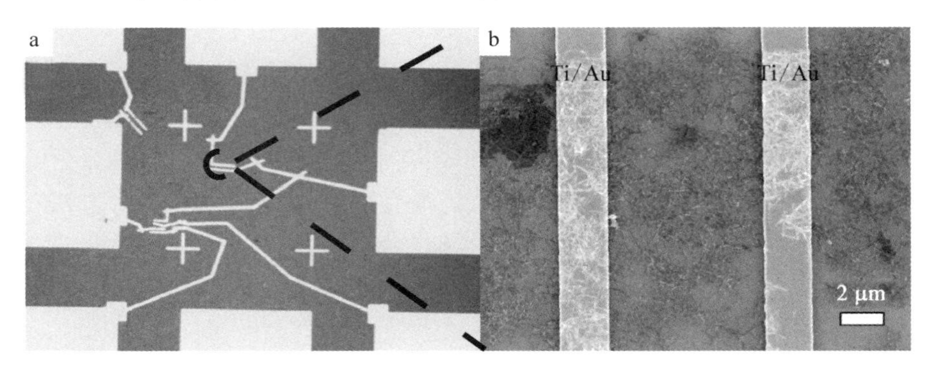

图4-15 (a) Optic microscopy and (b) SEM observations of chemosensor devices fabricated by PANi/SWCNT hybird nanofibers synthesized with 1.0% SWCNT

通过对电极的微观形貌观察发现,杂化纳米纤维在电极衬底上形成了一层厚度为50～100 nm的薄膜,Ti/Au电极覆盖着纳米薄膜表面,形成由纳米纤维为桥的导通电路,这就极大地提高了纳米纤维与电极的接触性,减少了由接触电阻导致的误差,从而提高了传感器的敏感性。利用Keithley 4200静电计,通过测试微电极化学传感器的$I-V$曲线,实现对交替的HCl和NH_3气体的检测,其结果见图4-16。由于采用的是去掺杂态的杂化纳米纤维并且制备的纤维膜非常薄,新制备的化学传感器显示出“绝缘性”特征(>200 MΩ)。将传感器在100×10^{-9}的HCl气体氛围暴露1 min后,薄膜的电阻从大于200 MΩ立即下降至430 kΩ;将传感器放置于氮气氛围保存3天后,薄膜的电阻又上升至3.8 MΩ;接着将传感器在100×10^{-9} NH_3气体氛围先后暴露1 min后,薄膜的电阻先后上升至27.5 Ω和74.0 MΩ;然后再将传感器在100×10^{-9}的HCl气体氛围暴露1 min后,薄膜的电阻从74.0 MΩ急速下降至610 KΩ。连续的气相循环即掺杂与去掺杂实验表明,聚苯胺/碳纳米管纳米纤维薄膜对无机酸碱具有非常强的敏感性。对比聚苯胺纳米纤维薄膜微电极传感器,杂化纳米纤维薄膜微电极传感器具有对酸碱更高的敏感性。例如,在相同气氛浓度下(100×10^{-9} NH_3),要得到20倍的电阻变化量,纯聚苯胺纳米纤维微电极传感器需要1 000 s,而聚苯胺/碳纳米管杂化纤维微电极传感器则只需要120 s。这主要是由于杂化薄膜的交错、咬合网络纳米结构的比表面积可以与聚苯胺纳米纤维相媲美,增加了气体与敏感元件的接触;更重要的是,聚苯胺与碳纳米管之间的氧化还原作用导致体系的电子传输能力大大提高[239];同时,碳纳米管本身对HCl和NH_3具有高亲和

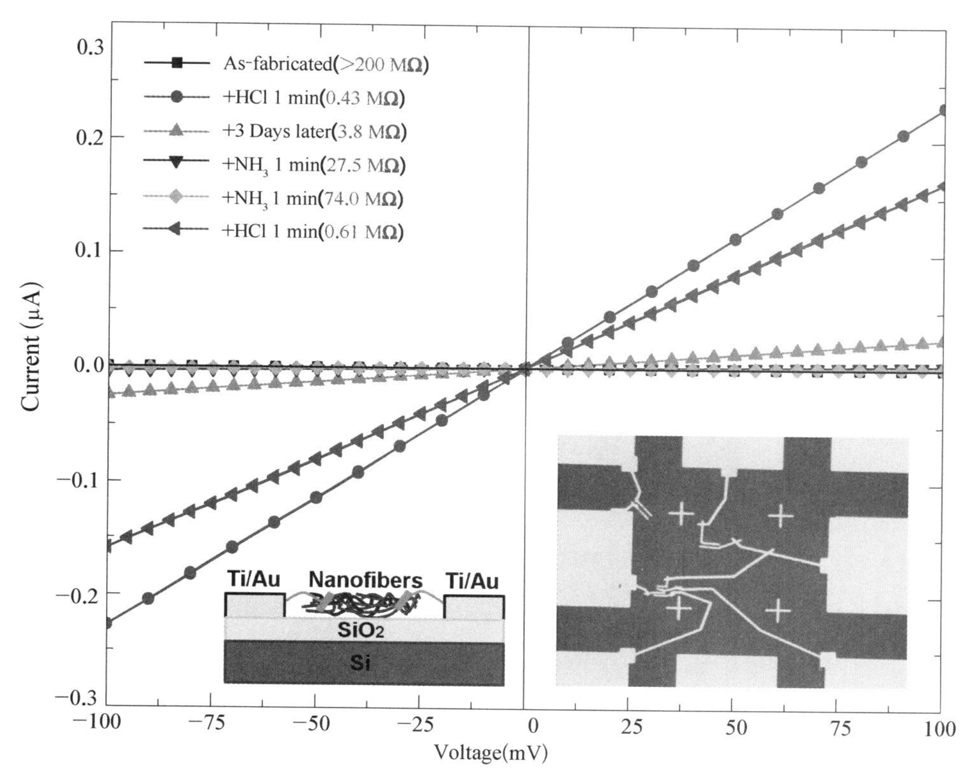

图 4 - 16　Typical *I* - *V* curves of monolayer films of PANi/SWCNT hybrid nanofibers synthesized with 1.0% SWCNT loading upon exposure to alternating vapors of HCl and NH_3. The insets show the geometry of the chemosensor device: (left) front view and (right) top view

力[240]，提高了气体分子的吸附，最终导致传感器的敏感性提高。

4.3.7　杂化纳米纤维/聚砜复合超滤膜

去掺杂态聚苯胺/碳纳米管杂化纳米纤维不仅在水中具有良好的分散性，而且在各种有机溶剂如 DMF、DMSO 以及 NMP 具有良好的溶解性。因此，利用杂化纳米纤维良好的可加工性和导电性能，可以与其他高分子材料如聚砜、聚丙烯腈、聚酰胺及聚碳酸酯等混合制备导电的纳米复合膜。重点研究了基于相转移法制备的聚苯胺/碳纳米管/聚砜纳米复合超滤膜在蛋白质分离的初步应用。聚苯胺/碳纳米管杂化物独特的纳米结构、高电导率以及良好的亲水性，有可能大大提高聚砜的功能性如水渗透性、BSA 截留率、抗阻垢性和荷电性能等。本书还研究了聚苯胺/碳纳米管/聚砜纳米复合超滤膜的光热效应，即相机闪光对复合膜超滤膜的微观形貌、电导率、水渗透性和BSA截留率等的影响。

4.3.7.1 化学成分分析

含不同量聚苯胺/碳纳米管杂化物的聚砜复合纳米复合膜的外观形貌如图4-17所示。随着杂化纳米纤维含量的增加，超滤膜颜色不断加深，从白色先后变成深蓝色、棕黑色、黑色、深黑色。复合膜表面较为平滑，初步表明聚苯胺/碳纳米管杂化物与聚砜的复合效果良好。

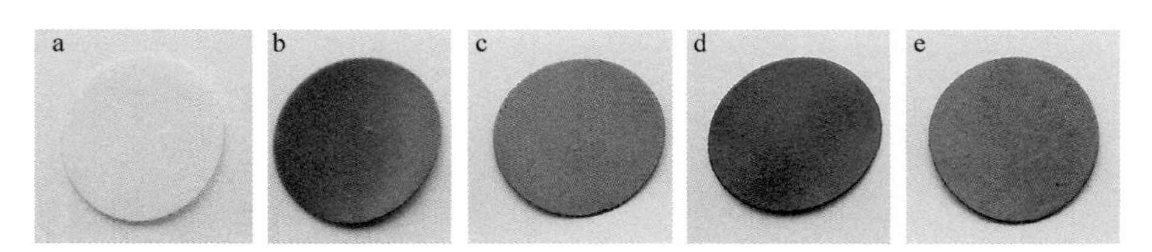

图4-17 Apperances of PANi/SWCNT/PSf nanocomposite ultrafiltration (UF) membranes prepared with following PANi/SWCNT hybrid nanofiber content: (a) 0 wt%, (b) 10 wt%, (c) 15 wt%, (d) 25 wt%, and (e) 50 wt%

不同含量的聚吡咯纳米球与聚砜混合制备的纳米复合膜的红外光谱见图4-18。由图可知，纯聚砜膜的比聚苯胺/碳纳米管杂物的红外吸收强很多，复合膜中属于聚苯胺的特征峰基本被聚砜的吸收峰所掩盖。随着杂化物含量的不断

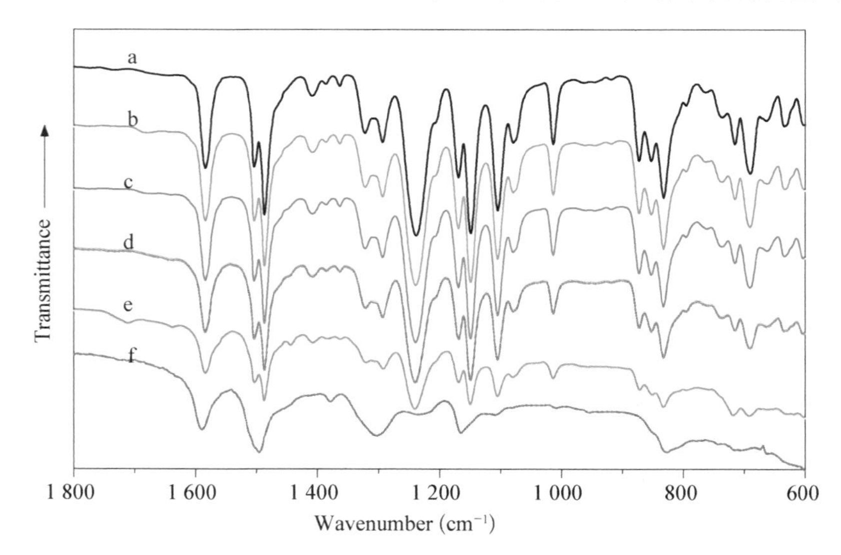

图4-18 FT-IR spectra of the ultrafiltration membranes prepared with the following percentages of PANi/SWCNT hybrid nanofibers: (a) 0 wt%, (b) 10 wt%, (c) 15 wt%, (d) 25 wt%, (e) 50 wt%, and (f) 100 wt%

增加，复合膜的红外吸收强度不断减弱。进一步对纯聚砜、复合膜和聚苯胺的红外光谱按官能团的吸收位置总结，如表 4 - 4 所示。

表 4 - 4　The characteristic FT - IR peaks in the PANi/SWCNT/PSf nanocomposite ultrafiltration membranes prepared with following hybrid content: 0 wt%, 10 wt%, 15 wt%, 25 wt%, 50 wt%, and 100 wt%

Fiber content /%	Quinoid structure $/cm^{-1}$	Benzenoid structure $/cm^{-1}$	C—O Stretch. $/cm^{-1}$	O=S=O Asy. stretch. $/cm^{-1}$	O=S=O Stretch. $/cm^{-1}$
0	1 584	1 487	1 294	1 238	1 148
10	1 584	1 487	1 294	1 239	1 148
15	1 584	1 487	1 294	1 239	1 149
25	1 584	1 487	1 294	1 240	1 149
50	1 584	1 487	1 294	1 241	1 150
100	1 587	1 493	—	—	—

纯聚砜膜在 1 148 cm^{-1}、1 238 cm^{-1}、1 294 cm^{-1}、1 487 cm^{-1}和 1 584 cm^{-1}的红外吸收分别代表聚砜骨架的 O=S=O 的对称伸缩振动、O=S=O 的非对称伸缩振动、C—O 的伸缩振动、苯式伸缩振动以及醌式伸缩振动[241]。而聚苯胺/碳纳米管杂化物和聚苯胺类似，在 1 493 cm^{-1}和 1 587 cm^{-1}处分别呈现聚苯胺的苯式结构和醌式结构的典型吸收峰。随复合膜中杂化物含量的增加，聚砜的苯式和醌式结构以及 C—O 键的红外吸收峰位置不变、峰强减弱以及峰宽加大；同时 O=S=O 键的红外吸收峰发生了蓝移，最高蓝移了 3 cm^{-1}。这充分说明了聚砜、聚苯胺以及碳纳米管不是简单的混合，相互存在一定的化学作用，很有可能是碳纳米管中的羧酸基或/和聚苯胺的胺基与聚砜的 O=S=O 基团发生了氢键作用。

图 4 - 19 给出了一个典型的纳米复合膜经过 500 W 闪光相机以 100% 功率前后的外观形貌。从图可以看出，经闪光后，复合膜表面的颜色由深黑色变成了褐色并略带金属光泽。这说明复合膜对光具有很强的敏感性。

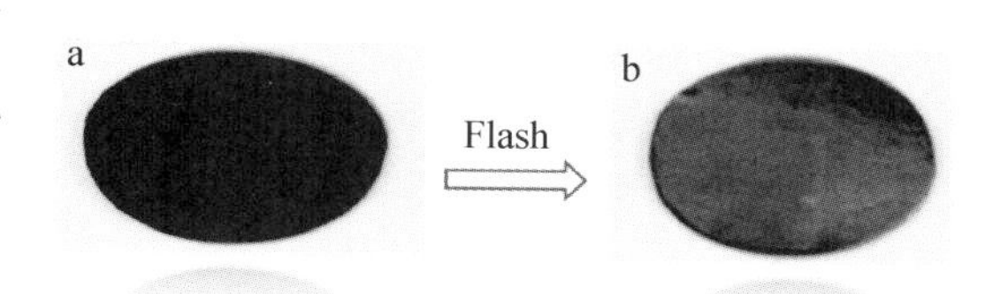

图 4 - 19　Pictures showing a typical PANi/SWCNT/PSf nanocomposite membrane prepared with 50 wt% PANi/SWCNT hybrid nanofibers (a) before and (b) after flash welding at 100 wt% power, 500 W

采用红外光谱仪研究了闪光

对复合膜表面化学成分的影响，如图 4－20 所示。通过红外光谱分析计算可知，复合膜经闪光 1 次、2 次以及 3 次后，醌式结构/苯式结构的红外吸收强度比（$I_{1\,584}/I_{1\,487}$）由 1.18 分别提高至 1.35、1.37 和 1.38，表明醌式结构含量的增多。这可能是因为，去掺杂的聚苯胺独特的大 π－π 共轭键具有对可见光很强大吸收能力，当复合膜被闪光时，大量可见光被聚苯胺吸收，从而使能量集中汇聚在高分子骨架上，导致聚苯胺发生少量的脱氢反应，从而提高了其醌式结构的含量。随闪光程度的不断加深，脱氢反应加剧，导致醌式结构含量不断上升。

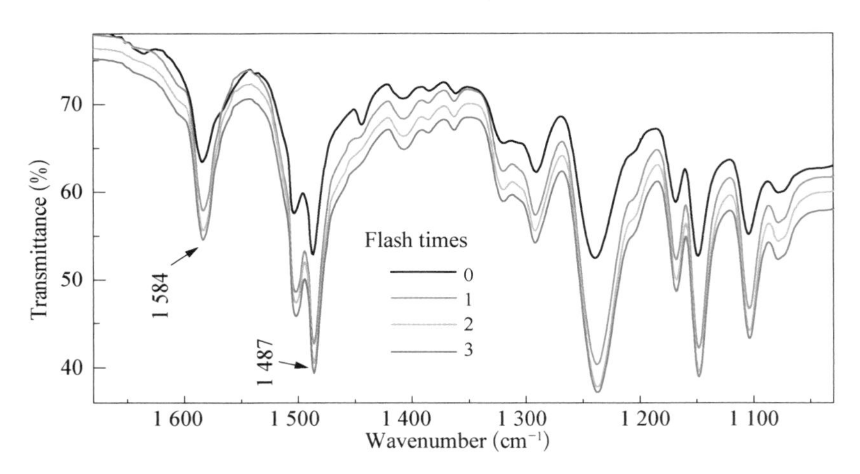

图 4－20　Effect of flash times on the FT－IR spectral changes of PANi/SWCNT/PSf nanocomposite ultrafiltration membrane prepared with 50 wt% PANi/SWCNT hybrid nanofibers at same flash power of 100%, 500 W

4.3.7.2　形貌观察

通过扫描电子显微镜对不同含量聚苯胺/碳纳米管杂化纳米纤维和闪光对复合膜的表面形貌进行了研究，如图 4－21 所示。从图可以看出，聚苯胺/碳纳米管杂化纳米纤维的加入明显提高了聚砜超滤膜表面的小孔孔隙率。随着杂化纳米纤维含量的增加，微孔孔径逐步增加。利用 NIH ImageJ 软件对原始的扫描电子显微镜照片处理[102]，测定了超滤膜的孔隙率，如表 4－5 所示。随聚苯胺/碳纳米管含量从零先后增加至 10 wt%、15 wt%、25 wt%和 50 wt%，膜的孔隙率分别从 2.4% 增至 2.5%、3.3%、4.5%和 5.6%；同时，复合膜表面孔径也明显提高。复合膜表面微孔的孔径和孔隙率增加是由于聚苯胺/碳纳米管 NMP 溶液和聚砜 NMP 溶液在水中的交换速率不一，导致了杂化纳米纤维在膜成形过程中发挥了“致孔剂”的作用。

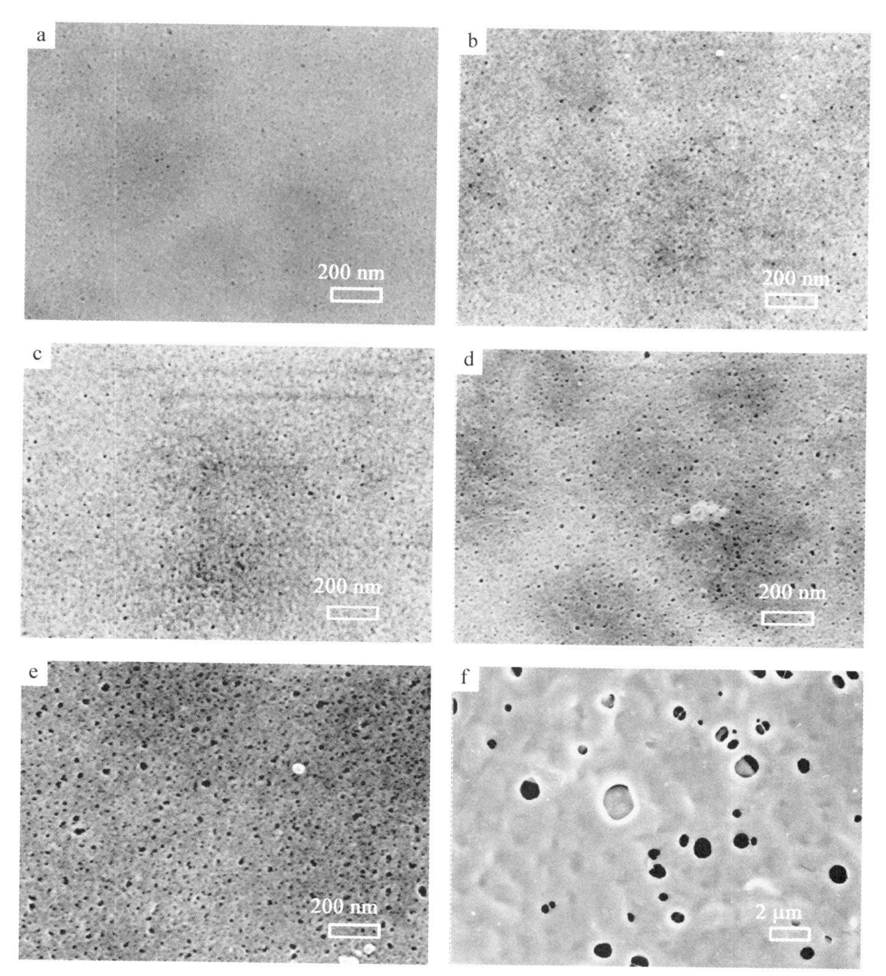

图 4-21　**Surface SEM images of (a—e) ultrafiltration membranes prepared with the following percentages of hybrid nanofibers: (a) 0, (b) 10, (c) 15, (d) 25, and (e) 50 wt% at some concentration of 15% using NMP as solvent; (f) membrane (e) after flash welded at a full power**

表 4-5　**Effect of hybrid nanofiber content on the chemical properties, physical properties, and performance of the ultrafiltration membranes**

Hybrid content (wt%)	Surface pore size (nm)	Surface porosity (%)	Contact angle (°)	Water flux (gfd/psi)	BSA rejection (%)	Decomp. max. rate (%/min)	Char at 990℃ (%)
0	7.5	2.4	65.3±2.6	25.3±3.9	85.9±0.9	17.1	31.7
10	9.6	2.5	56.1±1.9	63.6±3.4	73.7±1.0	13.6	42.3

续 表

Hybrid content (wt%)	Surface pore size (nm)	Surface porosity (%)	Contact angle (°)	Water flux (gfd/psi)	BSA rejection (%)	Decomp. max. rate (%/min)	Char at 990℃ (%)
15	11. 2	3. 3	49. 6±2. 0	75. 5±12. 1	61. 6±0. 7	13. 1	44. 4
25	12. 3	4. 5	40. 3±2. 7	119. 8±15. 5	54. 2±0. 5	9. 3	45. 1
50	15. 3	5. 6	32. 6±3. 5	185. 1±24. 7	39. 8±1. 4	9. 2	44. 1

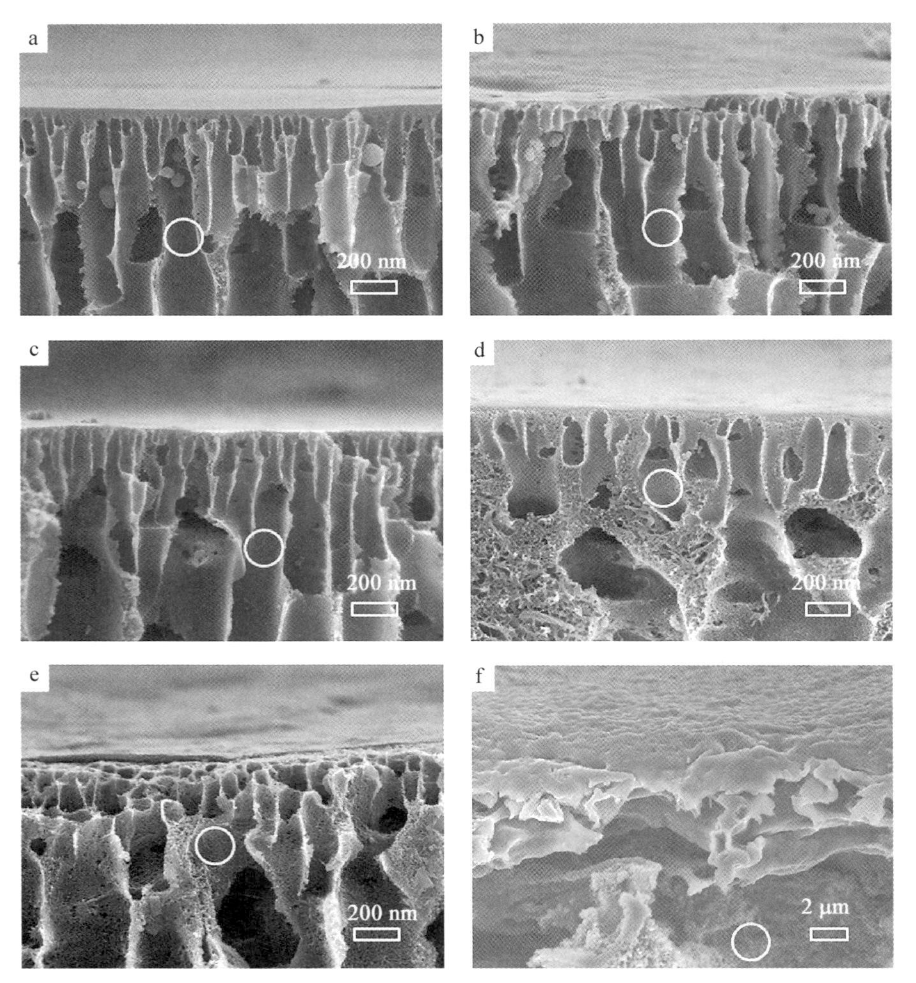

图 4－22 Cross-sectional SEM images of (a—e) ultrafiltration membranes prepared with the following percentages of hybrid nanofibers: (a) 0, (b) 10, (c) 15, (d) 25, and (e) 50 wt%; (f) membrane (e) after flashed at a full power. Zoom in the inset circles are presented in 图 4－23

图4-22描述了不同含量的聚苯胺/碳纳米管杂化纳米纤维对复合膜的断面微观形态的影响。随着聚苯胺/碳纳米管杂化物的加入,超滤膜的表面皮层厚度从3～5 μm降低至1～2 μm。复合超滤膜经闪光后,由于"熔融"作用,导致皮层厚度增加。所有膜的断面全貌均呈现典型的溶剂/非溶剂交换产生特有的非对称指状的大空腔,从顶层往下指孔孔径增大。

聚苯胺/碳纳米管/聚砜复合膜经闪光后,表面呈现光滑的类似"熔融"的形貌,表面多孔孔径增加至100～1 000 nm。作为分离层的表面皮层,其孔径不断增大,意味复合膜的水渗透性能将不断提高,但是,对小分子的截留率可能下降。

值得注意的是,当聚苯胺/碳纳米管杂化物含量≥25%时,超滤膜的非对称指状的大空腔出现类似海绵结构并且可以看见大量的碳纳米管贯穿与海绵结构;并且随杂化物含量的增加,海绵结构和碳纳米管含量均增加,如图4-23所示。

通过对超滤膜断面进行局部放大观察发现,随着杂化物的加入,膜的子孔孔径从十几纳米提高至几十纳米。进一步对复合膜闪光后,子孔孔径增加至几百纳米;同时碳纳米管已经完全贯穿整个复合膜。

4.3.7.3 热稳定性

利用热重分析对聚砜和聚苯胺/碳纳米管/聚砜复合膜的热稳定性进行分析,样品的失重曲线见图4-24。

采用失重曲线上的最高温度对应的残焦量、最高失重率以及最高失重率对应的温度来衡量材料热稳定性,见表4-5。纯聚砜膜在990℃时的残焦量为仅为31.7%,随着10 wt%～50 wt%聚苯胺/碳纳米管杂化物的加入,复合膜的残焦量增加至42%～45%。随着杂化物含量从0 wt%分别增加至10 wt%、15 wt%、25 wt%和50 wt%时,膜的最高失重率对于的温度均在520℃左右,但是最高失重率分别从17.1%/min降低至13.6%/min、13.1%/min、9.3%/min和9.2%/min,表明复合膜具有比聚砜更高的热稳定性。但是也得注意到,在500℃之前,即聚合物分子主链分解前,随杂化物含量的增加,复合膜的热失重量不断增加,尤其是当杂化物含量≥25 wt%时,复合膜具有明显的失重(10%～15%),一方面,可能是碳纳米管的羧基和羟基等功能团队脱落;另一方面,由于聚苯胺比聚砜的亲水性高很多,复合膜比聚砜膜容易吸收更多的水分,这些水分的蒸发也导致了更多的失重量。

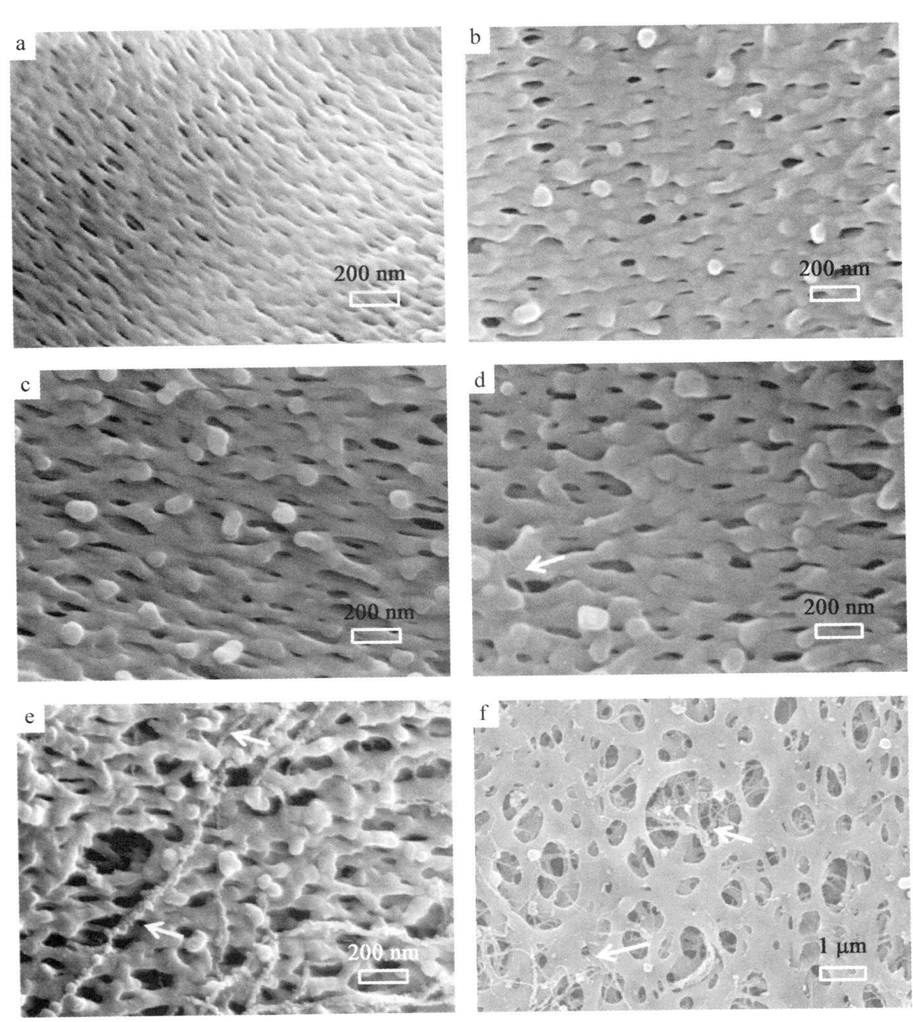

图 4－23　Sub-structural (Zoom in the circled area in 图 4－22) SEM images of (a～e) ultrafiltration membranes prepared with the following percentages of hybrid nanofibers: (a) 0, (b) 10, (c) 15, (d) 25, and (e) 50 wt%; (f) membrane (e) after flash welded at a full power. The arrows show the carbon nanotubes

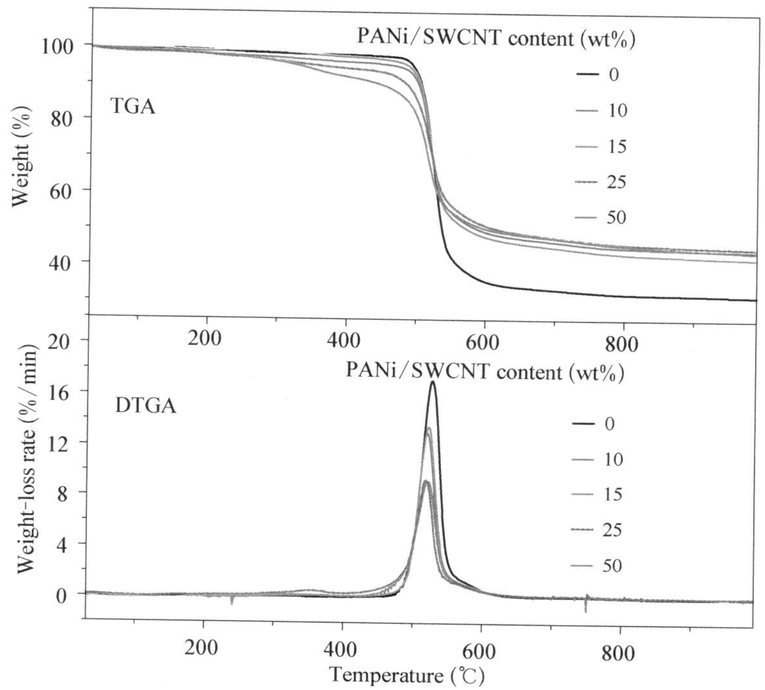

图 4-24　TGA-DTGA scans of the ultrafiltration membranes prepared with the following percentages of PANi/SWCNT hybrid nanfibers: 0, 10, 15, 25, and 50 wt%

4.3.7.4　导电性能

荷电膜在水通量、抗污染性以及选择透过性等方面具有比中性膜所不具备的优势，在膜研究领域受关注[242]。荷电超滤膜借助于静电排斥作用可以使膜界面处形成的凝胶层变得疏松，减少溶质和颗粒在膜上的吸附，从而提高膜的抗污染性能等[243]。目前，荷电膜的研究主要集中在离导电膜，这种膜虽然比中性膜具有一定的优势，但是，膜的荷电性能不稳定，荷电调控较困难。电子导电可以通过电压很容易进行调控，导电性能稳定。因此，制备电子导电超滤膜有可能成为真正意义上的荷电分离膜。聚苯胺/碳纳米管/聚砜复合超滤膜在不同 pH 水溶液中的电导性见图 4-25(a)至(d)。

随聚苯胺/碳纳米管杂化物含量的增加和溶液 pH 的降低，复合超滤膜的电阻率下降即电导率升高。特别是，当杂化物含量为 50 wt%时，复合膜甚至在 $2\leqslant pH\leqslant 7$的溶液中仍然具有良好的电导率。当 $pH\geqslant 2$ 时，复合膜的电导率主要归功于贯穿碳纳米管；当 $pH<2$ 时，酸的掺杂作用使聚苯胺的导电能力大大

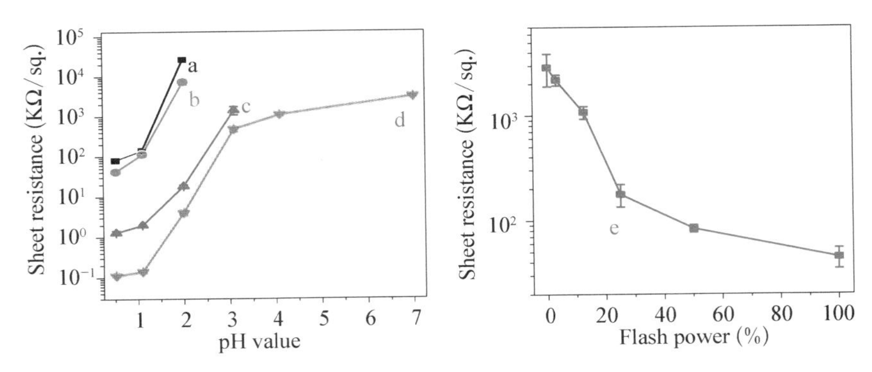

图 4-25　Sheet resistances of (a—d) ultrafiltration membranes prepared with the following percentages of PANi/SWCNT hybrid nanofibers: (a) 10, (b) 15, (c) 25, and (d) 50 wt% over pH range of 0-7, and (e) an ultrafiltration membrane with 50 wt% of PANi/SWCNT hybrid nanofibers upon different flash powers at neutral pH

提高，与碳纳米管形成的导电交叉点增多，因而复合膜的电导率进一步升高。通过对复合膜的断面观察可知，所制备的复合膜的厚度约为 100 μm。通过计算可知，复合膜在酸性溶液中的电导率最高可达 0.1 S/cm 左右(115 Ω/sq.)，而在中性溶液中的电导率最高可达 3.4×10^{-6} S/cm(2.9 MΩ/sq.)。

不同闪光强度对含 50 wt%杂化物的复合膜的方形电阻的影响如图 4-25(e)所示。复合膜分别在 3.125%、12.5%、25%、50%和 100%的强度闪光下，其方形电阻分别从闪光前的 2.9 MΩ/sq.(3.4×10^{-6} S/cm)下降至 2.2 MΩ/sq.、1.1 MΩ/sq.、180 KΩ/sq.、85 KΩ/sq.和 45 KΩ/sq.(2.2×10^{-4} S/cm)。复合膜经相机闪光后，电导率最高可以提高 3 个数量级。聚苯胺/碳纳米管/聚砜复合超滤膜可以通过杂化物的含量、pH 以及闪光强度进行调控，对其应用于荷电超滤具有重要意义。

4.3.7.5　亲疏水性

由于含有胺基、亚氨基亲水基团，普遍认为聚苯胺具有较好的亲水性能。因此，将聚苯胺/碳纳米管杂化纳米纤维与聚砜复合，可以提高后者的亲水性能，从而改善超滤膜的抗污染能力。采用气俘法测试了杂化物对聚砜膜表面水的接触角的影响，研究了膜的亲疏水性。在聚砜中分别加入 10 wt%、15 wt%、25 wt%和 50 wt%的杂化物后，接触角分别从 65.3°下降至 56.1°、49.6°、40.3°和 32.6°，如表 4-6 和图 4-26 所示。表明复合膜的亲水性能大大优于聚砜膜。

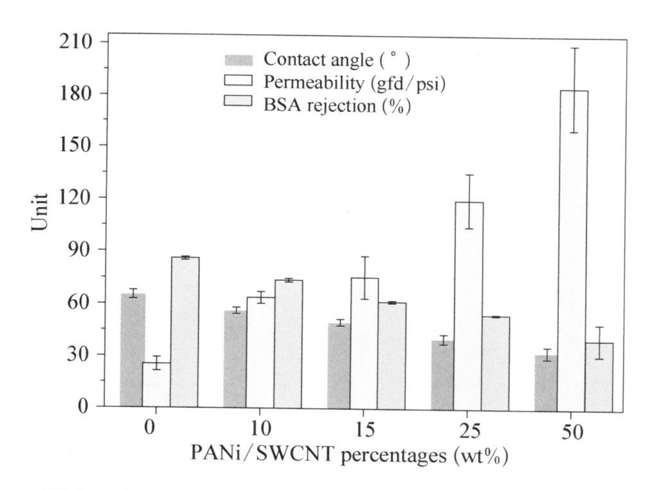

图 4-26　Contact angle, permeability, and BSA rejection of PANi/SWCNT/ PSf nanocomposite ultrafiltration membranes with addition of following PANi/SWCNT percentages: 0, 10, 15, 25, and 50 wt%

4.3.7.6　水渗透性能

15 wt%浓度铸膜液制备的纯聚砜和聚苯胺/碳纳米管/聚砜复合超滤膜的纯水通量的测试结果见图 4-26。15%浓度铸膜液制备的纯聚砜膜的纯水通量为 25.3 gfd/psi，比 18%浓度铸膜液制备的纯聚砜膜高(9.2 gfd/psi)，这是因为较低浓度的铸膜液形成的膜较为疏松所致。相同条件下，复合超滤膜的纯水通量即渗透性明显高于纯聚砜膜。随杂化纳米纤维含量从 0 wt%分别增加到 10 wt%、15 wt%、25 wt%和 50 wt%，膜的渗透性分别从 25.3 gfd/psi 增加到 63.6 gfd/psi、75.5 gfd/psi、119.8 gfd/psi 和 185.1 gfd/psi，复合膜的渗透性比纯聚砜膜最高提高 7 倍多。随聚苯胺/碳纳米管杂化物含量的增加，复合膜的水渗透性不断提高。这是由于杂化物含量的提高，一方面，复合膜亲水性不断改善；另一方面，由聚吡咯纳米球迁移产生的空穴随之增多，复合膜的指状孔之间以及指状孔和表面孔之间的网孔连通性提高，双方面原因使水在膜中穿透的速率提高所致。相机闪光不仅影响复合膜的电导率和微观形貌，而且对水通量和蛋白质的截留率产生重要影响。不同闪光强度对含 25%和 50%聚苯胺/碳纳米管杂化物的复合膜的水通量到影响见图4-27(a)、(b)。

随闪光强度从低到高变化，两种复合膜的水通量同样呈现先降低后升高的规律。例如，当闪光强度为总功率(500 W)的 25%时，含 25 和 50 wt%杂化物的

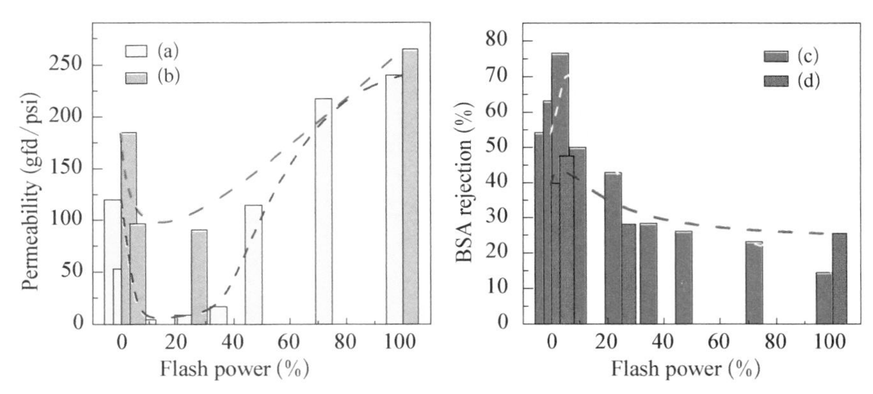

图 4－27　(a, b) The pure water flux and (c, d) BSA rejection changes of ultrafiltration membranes prepared with the (a, c) 25 and (b, d) 50 wt% percentages of PANi/SWCNT hybrid nanofibers upon flash welding at different flash powers

复合膜的水通量分别从 119.8 gfd/psi 下降至 9 gfd/psi 和从 185.1 gfd/psi 下降至 90.3 gfd/psi；当闪光强度为总功率(500 W)的 100%时，两种复合膜的水通量分别增加至 240 gfd/psi 和 264.6 gfd/psi。

4.3.7.7　蛋白质截留性能

利用牛血清蛋白 BSA 对 15%浓度铸膜液制备的纯聚砜膜和聚苯胺/碳纳米管/聚砜复合膜的截留性能进行了研究，其测试结果如图 4－26 所示。15%浓度铸膜液制备的纯聚砜膜对 BSA 的截留率为 85.7%，比 18%浓度铸膜液制备的纯聚砜膜(90.2%)略低。杂化纳米纤维含量分别为 10 wt%、15 wt%、25 wt% 和50 wt%的复合膜对蛋白质的截留率分别为 73.7%、61.6%、54.2%和 39.8%，表明杂化物的加入降低了膜对蛋白质的截留率。根据超滤膜对蛋白质的截留率，通过式(4－3)可以计算出膜表面多孔结构的平均孔径[102]。

$$\lambda = 1 - \sqrt{1-\sqrt{r}},\ 0 < r < 1 \tag{4-3}$$

式中，λ 为超滤膜表面平均孔径；r 为蛋白质截留率。当杂化纳米纤维含量分别为 0、10 wt%、15 wt%、25 wt%和 50 wt%时，超滤膜表面平均孔径分别计算为 7.5 nm、9.6 nm、11.2 nm、12.3 nm 和 15.3 nm。随杂化物含量的不断增加，超滤膜表面孔径不断增大，这与扫描电子显微镜的形貌观察非常吻合。

相机闪光的强度对复合膜的蛋白质截留率也具有重要影响。当闪光强度由弱增强时，复合膜对蛋白质的截留率由高变低；刚好与复合膜纯水通量的变化规律相反，如图4-27(c)、(d)所示。复合膜的水通量取决于相机的闪光强度，这是因为当闪光强度太低时，聚苯胺吸收少部分能量，是自身“熔融”导致膜表面的纳米多孔结构“堵塞”，从而使水通量降低、蛋白质截留率提高；当闪光强度足够高时，聚苯胺能够聚集大量的能量在纳米孔内，大量的能量扩散导致，纳米多孔结构向四周延伸，导致膜表面的小孔结构减少，大空结构增多，从而使水通量提高、蛋白质截留率降低。

4.4　本章小结

此项目提出了一种快速引发聚合法制备聚苯胺/碳纳米管杂化物的新方法，即引发原位聚合。该方法通过在苯胺的聚合过程添加引发剂*N*-苯基对苯二胺和羧酸功能化单壁碳纳米管，制备了聚苯胺纳米纤维与碳纳米管相互交错咬合的杂化纳米纤维，极大地提高了杂化物的电导率，所得杂化材料具有良好的分散性和溶解性。利用光谱法研究了聚苯胺/碳纳米管杂化物的化学结构；定性考察了碳纳米管含量和pH对杂化物的电导率的影响；利用扫描电子显微镜和高分辨率透射电子显微镜观察了杂化物的微观形貌；利用聚苯胺/碳纳米管杂化物柔性的电导率和特殊的纳米结构，制备对气体具有检测功能的化学传感器和具有电导功能的超滤膜。主要结论如下：

(1) 引发原位聚合制备的聚苯胺/碳纳米管杂化物的组分之间存在强烈的$\pi-\pi$相互作用，碳纳米管的加入，使聚苯胺的还原态增强。聚苯胺/碳纳米管杂化物呈现聚苯胺与碳纳米管相互交错咬合的纳米微观形貌。元素分析、产率分析以及热分析表明，原位添加的碳纳米管的重量含量为苯胺单体的0.5%、1.0%、2.5%和5.0%时，所得杂化物中碳纳米管的最终含量分别约为最终碳纳米管在所得到的产物中的含量则分别约为4%、8%、20%和40%。聚苯胺/碳纳米管杂化纳米纤维的最高电导率高达95.2 S/cm；聚苯胺/碳纳米管杂化纳米纤维可以在中性甚至碱性环境下保持较高的电导率达0.3 S/cm。

(2) 利用杂化纳米纤维为敏感层，以Ti/Au作为探测电极制备的化学传感器，对HCl和NH_3具有高度敏感性。基于杂化纳米纤维制备的微电极化学传感器对气体探测的灵敏度是基于纯聚苯胺纳米纤维制备的化学传感器的8倍多(120 *vs.* 1 000 s)。该类芯片传感器具有制备工艺简单、成本低、灵敏度高等优点。

(3) 利用溶剂共混法结合溶剂/非溶剂相转移法，制备了相容性良好的聚苯胺/碳纳米管/聚砜复合膜。通过改变杂化物的含量和闪光强度可以调控复合膜的热稳定性、电导率、疏水性、水通量和蛋白质截留率等。聚砜与聚苯胺、碳纳米管之间存在一定的氢键作用，导致复合膜的热稳定性比纯聚砜膜高。当杂化纳米纤维含量≥25 wt%时，导电的重要成分之一碳纳米管能够有效地分散于聚砜基质中。当杂化纳米纤维含量≥50 wt%时，制备的相容性良好的聚苯胺/碳纳米管/聚砜复合膜可以在中性溶液中导电，其电导率为 3.4×10^{-6} S/cm，在 pH=0.5 的酸性环境中，其电导率高达 0.1 S/cm；去掺杂态的复合膜通过闪光后，碳纳米管被暴露使膜的电导率从 3.4×10^{-6} S/cm 进一步提高至 2.2×10^{-4} S/cm。随着杂化物含量的增加，复合膜的水通量和蛋白质截留率分别逐渐提高和减小。随闪光强度由弱增强时，复合膜对蛋白质的截留率由高变低而纯水通量的变化则由低变高。

第5章 多功能聚吡咯、炭纳米球的合成及超滤膜

5.1 概　　述

聚吡咯(polypyrrole, PPy)以其良好的环境稳定性、简易合成以及高电导率等诸多优点被广泛关注[244]。聚吡咯独特的大π键赋予其奇异的光电磁效应、电化学效应、电化学机械致动效应等;同时,聚吡咯分子链的自由电子的传输受特定环境如酸性、湿度、气体氛围以及化学键合等的控制而影响其电导率的大小。因此,聚吡咯在传感器(电化学、光学传感器、酶生物传感器、免疫传感器、气体传感器)、制动装置、机器人操作器、人工肌肉、超电容器、电致变色窗、燃料电池、功能性涂层、超滤膜等许多领域都具有巨大的应用潜力[245],并且有望代替许多传统的无机半导体材料以制备各种电子元件。

一般来说,聚吡咯都是利用化学和电化学聚合来合成的。少数情况下,还可以通过光引发和酶催化来合成聚吡咯。然而,由共轭大π键形成的聚吡咯高分子具有很强的链刚性,并且分子间和分子内存在强烈的氢键相互作用,导致聚吡咯不溶不熔,这就造成了聚吡咯难加工、力学性能差且不能生物降解,这些缺点极大地限制了它在化学检测和生物医学领域的实际应用。

因此,改善聚吡咯的加工性能至关重要。一般有三种途径[123]:① 取代法,利用带长的柔性侧链(如烷基、烷氧基等)的β-取代吡咯衍生物单体聚合得到聚吡咯衍生物;这种方法所得的聚吡咯含有大量的柔性基团,能够溶于有机溶剂,但是较大的柔性基团破坏了聚吡咯分子的平面共轭性,增大了分子链间距,阻碍了电子在链间的跃迁,聚合物的电导率显著降低。② 掺杂法,利用带塑性功能基团的掺杂剂对聚吡咯进行掺杂来获得“掺杂态的可诱导溶液”;这种方法是在掺杂剂的离子诱导作用下,掺杂剂的长侧链插层到聚吡咯分子链中,使得聚吡咯分子链间空间增

大,促使溶剂分子更有效地进入到导电聚合物分子链间的空隙中而使聚吡咯溶胀或溶解。聚吡咯的这种“溶解”取决于掺杂剂的插层效应,而这种掺杂本身就比较难,因而这种方法的效率较低。③ 将聚吡咯纳米化,这不但解决了导电高分子难加工的问题,而且有可能获得电导率更高、电化学活性更强、力学性能更优、显示纳米效应的导电高分子材料。例如,将聚吡咯制成纳米纤维后应用于化学传感器,在敏感性和响应性上明显优于其宏观尺寸的聚吡咯材料。可以预见,纳米聚吡咯不仅可非常均匀地涂覆在电极上,有效地解决了聚吡咯难加工的问题,而且其带来的纳米效应如高的比表面积等,使其在生物化学传感器上必然显示独特的优势。更为重要的是,将聚吡咯纳米化后与同样具有生物活性的可生物降解聚合物如聚乙烯醇、纤维素衍生物、聚己内酯、聚乳酸等基体进行复合[109-115],可以制备极低阈渗逾值的纳米复合膜。这种复合膜不仅能够赋予原有材料的新功能,降低聚吡咯的使用成本,且由于聚吡咯使用量极少而基体材料可生物降解,从而制备具有良好生物活性和生物降解可调节的聚吡咯导电纳米复合材料。以可生物降解的聚吡咯导电纳米复合材料为组织工程支架,通过电刺激来调控细胞生长、繁殖和分化来达到构建动物组织的目的。因此,对聚吡咯纳米化研究不仅解决了聚吡咯加工性差的难题,而且增强了聚吡咯自身的功能性,拓展了其应用范围。

聚吡咯纳米化主要采用模板法和无模板法。模板法又分硬模板法和软模板法两种。硬模板法可获得形貌多样、结构规整的纳米材料,缺点是需要大量的溶剂洗涤将模板去除,同时反复的洗涤也降低了聚吡咯的性能。软模板法主要是在吡咯聚合过程中通过加入一些活性助剂如表面活性等,获得的聚吡咯纳米材料不是很纯净,且使用大量的活性剂不利于环保。

此项目中研究出一种新颖的、简单易行的方法,即采用催化剂量的 2,4 -二氨基二苯基胺(2,4 - diaminodiphenylamine, DADPA)为引发剂,基于自组装法合成了不同尺寸的聚吡咯纳米球;将聚吡咯纳米球炭化后,制备了具有高导电性能的、可溶剂分散的炭纳米球;将聚吡咯纳米球与聚砜(polysulfone, PSf)复合后,制备了对小分子如水具有高通透性、对大分子如牛血清蛋白质具有高排斥性的生物分离膜。

5.2 实验部分

5.2.1 药品

吡咯、2,4 -二氨基二苯基胺、无水三氯化铁、过硫酸铵、重铬酸钾、樟脑磺酸、高氯酸、硝酸、盐酸、盐酸、甲醇、聚砜、牛血清蛋白(BSA)等化学物质均购自某公司。

5.2.2　化学氧化合成聚吡咯纳米球

采用化学氧化聚合法，在反应体系里添加引发剂通过自组装法合成聚吡咯纳米球。一个典型的合成路线如下：将 25.0 mg 吡咯和 7.5 mg 引发剂 2,4 -二氨基二苯基胺(引发剂的摩尔量为吡咯的 10 mol%)溶解在 15 mL 甲醇中，60 mg无水三氯化铁溶于 15 mL 1.0 M HCl。两种溶液同时被冷却至 0℃ 后快速混合。将混合液剧烈摇晃约 10 s，然后放置反应 24 h。待反应结束后，使用去离子水/甲醇(9/1)混合溶剂离心洗涤的方法，去除低聚物、少量未参与反应的引发剂和残余氧化剂得到聚吡咯纳米球分散液。取少许分散液用做微观形貌和尺寸大小表征。剩余的溶液经抽滤后，将得到的滤饼真空干燥、称重。

为明确聚合反应形成纳米球的机理，采用开路电位法(OCP)跟踪聚合反应历程，以铂电极为工作电极，饱和甘汞电极(SCE)为参比电极，通过 Keithley 万用表记录了聚合过程中电位的变化。

5.2.3　高电导率炭纳米球的制备

采用简单的热解法在惰性气氛保护下，通过马弗炉来制备高电导率炭纳米球。具体方法如下：将聚吡咯纳米球粉末置于石英玻璃管中，放入马弗炉，通以氮气保护，以 3℃/min 的升温速率加热至高温如 800℃或 1 100℃，然后在该温度下保温一段时间如 30 min 或 1 h。最后以 3℃/min 的降温速率冷却至室温，得到产率约 50%的炭纳米球。

5.2.4　聚吡咯纳米球/聚砜复合膜的制备

本章总共制备了 5 种不同聚吡咯纳米球含量(0%、2%、4%、10%和 20%)，浇铸浓度统一为 18%的聚吡咯纳米球/聚砜复合膜。将 0、30 mg、60 mg、150 mg和 300 mg 聚吡咯纳米球分别加入 6.83 g NMP，在 50℃下间歇超声 24 h；将 1.5 g、1.47 g、1.44 g、1.35 g和 1.2 g 聚砜分别加入到上述各分散液中，在 50℃下磁力搅拌溶解过夜；然后将混合溶液在 50℃下超声 2 h；最后在 50℃下磁力搅拌 2 h 得到铸膜液。在平整的玻璃板上，调节刮膜仪使之挂膜厚度统一为 152 μm，然后将聚酯织布均匀平整地铺在玻璃板上。将以上得到的铸膜液均匀地铺刷在聚酯织布成一条线，通过刮膜仪将聚合物均匀涂层在织布上，然后置于 MQ 水中，进行溶剂/非溶剂即水/NMP 交换，最后得到聚吡咯/聚砜纳米复合超滤膜。

5.2.5 材料的结构与性能表征

1. 红外光谱(FT-IR)

采用 JASCO 420 型傅里叶变换红外光谱仪对聚吡咯和炭纳米球进行测试，扫描范围为 4 000～400 cm^{-1}；采用 ATR/FT-IR JASCO-6300 型傅里叶变换衰减全反射红外光谱仪直接对超滤膜表面的化学官能团进行表征。

2. 元素分析

由美国 QTI Intertek 公司分析完成。

3. 紫外可见光谱(UV-vis)

以甲醇为溶剂，采用 HP-8453 型紫外光谱仪，在 25℃下对浓度为 0.001～0.005 g/L 的聚吡咯纳米球分散液进行测试。

4. X 射线衍射光谱(XRD)

采用 Philips X' Pert Pro 型宽角 X 射线衍射仪对聚吡咯和炭纳米球粉末进行测试，扫描角度为 2°～70°，扫描速率 2°/min。

5. 扫描电镜

采用 JEOL JSM 6700 型场发射扫描电子显微镜对聚吡咯和炭纳米球的形貌进行观察；制样方法为将样品水分散液滴在导电硅片上，自然干燥后对试样进行喷金处理。采用 JEOL JSM 6700 型场发射扫描电子显微镜对超滤膜的表面和断面的形貌进行观察；制膜方法与 5.2.4 节相同，只是将铸膜液直接刮涂在玻璃板上获得自支撑膜。观察方法为将自支撑膜从水中取出后自然干燥 24 h 后，在液氮里进行脆断，对膜的上表面、下表面以及断面进行观察；观察前对试样均进行喷金处理。

6. 透射电子显微镜(TEM)

采用 CM120 型透射电子显微镜对聚吡咯和炭纳米球的形貌进行观测；制样方法为将聚吡咯纳米球水分散液和炭纳米球乙醇分散液滴在聚醋酸甲基乙烯酯或碳喷涂的铜网上，待样品自然干燥后直接观测。

7. 原子力显微镜

采用 Synergy ESPM 3-D 型原子力显微镜对超滤膜表面粗糙度进行观测。

8. 动态光散射粒度分析

采用 Coulter Beckman N4 Plus 动态光散射粒度分析仪，以 90°的入射角对聚吡咯纳米球在甲醇中的粒度分布进行了测试，采用体积分布模式得到粒度分布曲线。

9. 表面能

采用Brookhaven公司生产的ZetaPALS Zeta电位测试仪，在pH=4.5的水相中，测试了传统方法制备的聚吡咯颗粒和引发聚合生成的聚吡咯纳米球的电泳迁移率和Zeta电位。

10. 热稳定性能

采用Perkin Elmer TGA Pyris 1型热重分析仪，升温范围为25℃～800℃，升温速率为15℃/min，在氩气中测定聚吡咯粉末的热稳定性；采用Perkin Elmer TGA Pyris 1型热重分析仪，升温范围为25℃～1 000℃，升温速率为10℃/min，在氩气中测定聚砜和聚吡咯/聚砜复合膜的热稳定性。

11. 导电性能

采用二探针法对压制的聚吡咯和炭圆片的表面电阻进行了测试，即在圆片表面上均匀涂上长度和间距均为1 cm的两条平行的银胶线，待银胶干燥后，用二探针分别接触两条银胶线，然后通过HP 3458A读出其测得的方形电阻(R_{sq})；圆片的厚度(d)采用测厚仪进行测试，其电导率σ根据公式：$\sigma=1/(d R_{sq})$进行计算；所有测试均进行至少5次以上，测试相对误差控制在10%以内。而对于电导率较高的炭纳米球样品则采用四探针法测试。

12. 亲疏水性能

采用Goniometer (DSA10, Krüss)气俘法对超滤膜的表面亲水性进行了测试；每张膜至少测试5次，然后取平均值。采用气俘法测试了膜的表面亲水性能，结合原子力显微镜计算了膜的表面自由能。

13. 水渗透性

见第4.2.5节。

蛋白质截留性能：见第4.2.5节。

14. 荷电性能

膜表面的荷电性一般通过测试膜的表面Zeta电位来间接描述。而膜表面Zeta电位通常可以采用流动电位法、电渗法、膜电位法和电粘度法等进行测定，其中流电位法被公认为是最方便实用的方法之一。膜在不同pH范围内的Zeta电位采用Anton Paar Surpass型电位分析仪进行测试，流动相为1 mM氯化钾溶液，采用0.1 M盐酸溶液和0.1 M氢氧化钠溶液调节流动相的pH值。

5.3 结果与讨论

5.3.1 聚吡咯纳米球的合成

采用开路电位法考察了添加引发剂对吡咯聚合反应历程的影响，同时考察了反应过程中溶液颜色的变化，结果如图 5-1 所示。

图 5-1 Pictures showing PPy synthesis (a) without and (b) with 2 mol% of the DADPA initiator, taken at different time intervals

吡咯单体在水中的起始开路电位为 0.4 V，加入三氯化铁后，溶液的开路电位迅速攀升至 0.58 V，紧接着在随后的 2 h 内非常缓慢的下降，表明聚吡咯的生成非常缓慢。与之产生鲜明对比的是，在吡咯聚合体系中加入仅 2 mol%的 2,4-二氨基二苯基胺后，其起始开路电位由 0.4 V 下降至 0.2 V，加入氧化剂后，溶液的开路电位迅速攀升至 0.56 V，紧接着在随后的 10 min 内迅速下降至 0.52 V，然后继续单调持续下降，如图 5-2 所示。由此可知，引发剂的加入可以降低吡咯聚合反应的化学氧化电位，从而提高均相成核聚合反应的速率。事实上，通过对反应溶液的观察，也不难发现加入引发剂对提升吡咯均相成核聚合反应具有非常重要的意义。例如，在添加引发剂的反应体系中，溶液仅需 30 s 就完全由透明状变成全黑状，而对于未含有引发剂的反应体系，这至少需要 1 h。通过研究室温下进行的聚合反应体系的温度变化(图 5-3)。也体现出引发剂在加速吡咯聚合中发挥重要的作用，其实验结果总结在表 5-1 中。以引发剂为主的反应，聚合体系温度随着氧化剂的加入从室温迅速升高至 34.6℃；以吡咯单体为主的反应，不论存在引发剂与否，聚合体系温度随氧化剂的加入从室温迅速升高至 33.7℃；但是，仅加入 2 mol%的引发剂后，聚合体系温度上升至最高温的速率加快(89 *vs.* 100 s)；而且在反应体系的温度在最高的保持时间也长(8 *vs.* 5 s)。这就说明，2,4 -二氨基二苯基胺具有引发吡咯聚合，加快其链增长的功能。

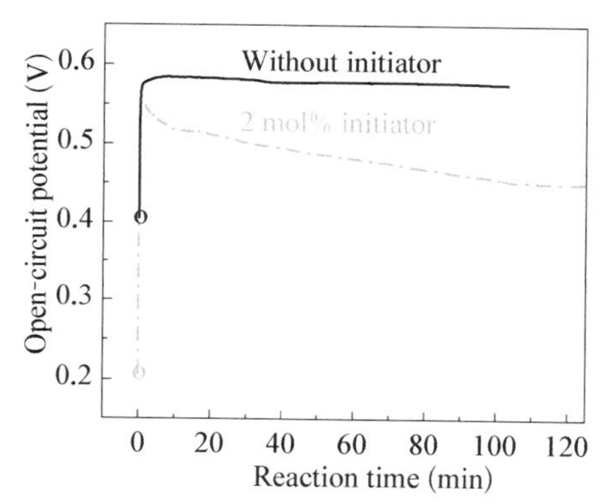

图 5 - 2　Open circuit potential (OCP) measurements of the polymerization of pyrrole at 0℃ without an initiator (solid line) and with 2 mol% of the DADPA (dotted line). Note that the reaction carried out with the initiator has a lower starting potential

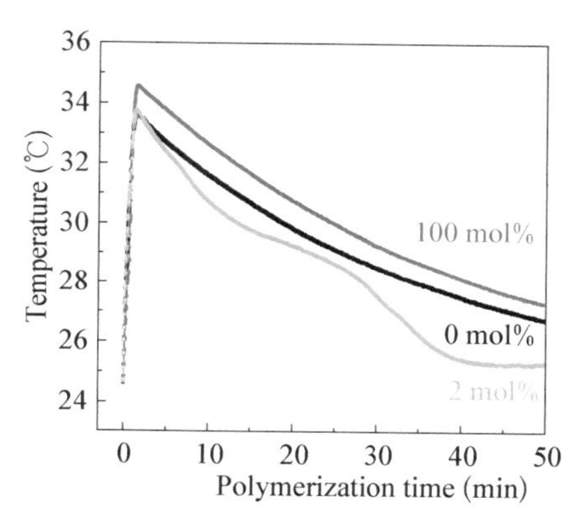

图 5 - 3　Reaction temperature measurements of the polymerization of pyrrole at room temperature with the following concentrations of initiator: 0, 2, and 100 mol%

表 5 - 1　Thermal dynamic parameters of the polymerization of pyrrole at room temperature with the addition of the following concentrations of initiator: 0, 2, and 100 mol%

DADPA content (mol%)	T_i (℃)	T_{max} (℃)	ΔT (℃)	t_{MT} (s)	t_R (s)
0	24.51	33.64	9.33	99.66	5.04
2	24.67	33.76	9.09	89.34	8.03
100	24.71	34.56	9.85	86.63	17.13

T_i = initial temperature of polymerization, T_{max} = maximum temperature of polymerization, ΔT = increased temperature from T_i to T_{max}, t_{MT} = time at the maximum temperature, and t_R = retention time at maximum temperature.

由经典化学氧化聚合反应可知，聚合物的链增长通常遵循均相或异相成核链增长机制。Kaner 教授等人[246]报道了在吡咯的聚合体系中，加入类似吡咯结构的二聚吡咯可以快速提升均相成核速率，从而提升聚吡咯的链增长，导致形成纳米纤维。对比二聚吡咯和 2,4-二氨基二苯基胺后分别使吡咯聚合的起始开路电位由 0.4 V 降至 0.1 V 和 0.2 V，两者具有异曲同工之妙。因此，我们认为，在聚吡咯聚合的初始阶段，催化剂量的 2,4-二氨基二苯基胺通过与吡咯共聚，迅速提升聚吡咯均相成核速率，从而引发链增长。

5.3.2 聚吡咯纳米球的结构表征

5.3.2.1 红外光谱

不同引发剂含量制备的聚吡咯和引发剂自身形成的聚合物的 FT-IR 光谱如图 5-4 所示。

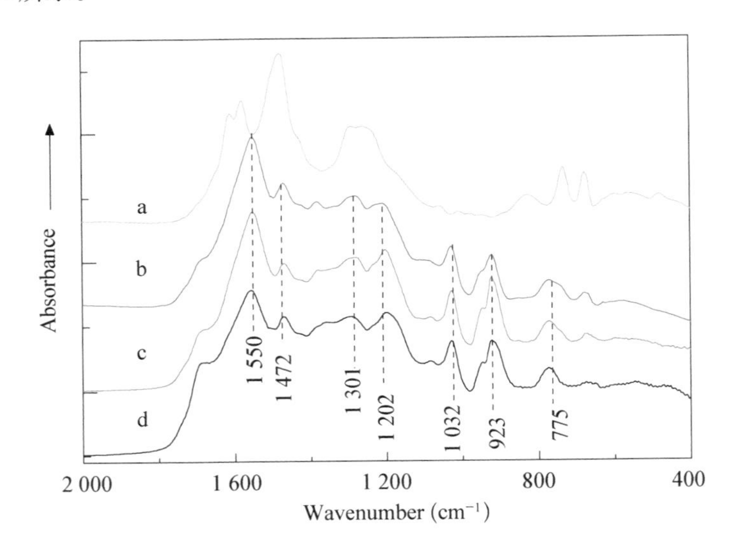

图 5-4 FT-IR spectra of (a) oligomeric 2, 4-diaminodiphenylamine and (b—d) PPy synthesized with DADPA as an initiator at the following concentrations: (b) 10, (c) 2, and (d) 0 mol%

由图 5-4 可以看出，聚吡咯与引发剂自身聚合形成的均聚物具有本质的差别。引发剂自身聚合后，形成了具有类似聚苯胺结构的低聚物，其红外特征吸收峰分别处于 740 cm^{-1}、1 032 cm^{-1}、1 480 cm^{-1}和 1 580 cm^{-1}（图 5-4a）。在吡咯聚合体系中加入引发剂后，得到的产物与普通聚吡咯的红外光谱特征非常相似，即在 1 472 cm^{-1} 和 1 550 cm^{-1} 处出现吡咯环的伸缩振动吸收峰[247-248]；在 1 690 cm^{-1} 处出现部分氧化的吡咯环的伸缩振动峰[249]；在 1 032 cm^{-1} 和 1 301 cm^{-1} 处出现 C—N 的伸缩振动峰[123]；在 923 cm^{-1} 和 1 202 cm^{-1} 处出现掺杂态聚吡咯的本征吸收峰[57]。这些数据表明，引发聚合反应得到的产物的确是吡咯聚合物。元素分析表明，10 mol%的引发剂含量制备的聚吡咯的 C、N、H 含量分别为 55.0 wt%、16.3 wt%、4.5 wt%。经计算该产物的 C/N 比例为 3.38，这与纯聚吡咯的 C/N 比(3.43)非常接近[246]。值得注意的是，引发聚合形成的聚吡咯产物在 740 cm^{-1} 处出现一个微小的肩峰，表明少量的引发剂与吡咯形成了以聚吡咯为绝大多数的共聚物。

5.3.2.2　紫外光谱

不同引发剂含量、氧单比、氧化剂种类和酸制备的聚吡咯纳米球在甲醇中的紫外光谱如图 5－5 和图 5－6 所示。以三氯化铁为氧化剂，不同引发剂含量条件下制备得到的聚吡咯产物在甲醇分散液主要有两个吸收峰，即位置分别在 300～380 nm 和 900 nm 处，分别对应为聚吡咯中的 $\pi-\pi^*$ 电子跃迁和 $n-\pi^*$ 双极子跃迁[248]。而引发剂自身聚合生成苯胺低聚物，在 285 nm 和 585 nm 出现类似聚苯胺的 $\pi-\pi^*$ 电子跃迁和 $n-\pi^*$ 双极子跃迁[205-206]。

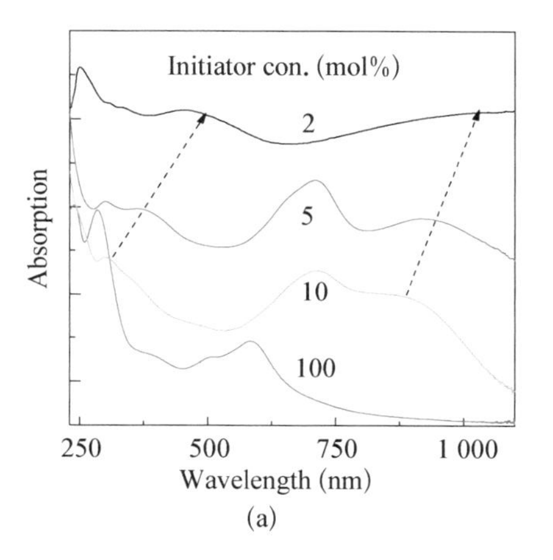

(a)

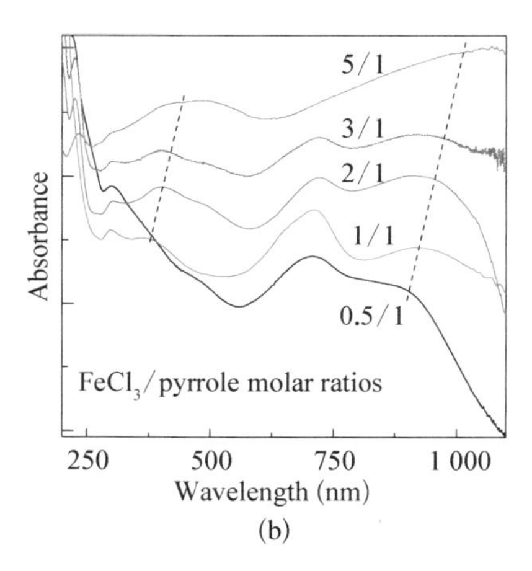

(b)

图 5－5　UV－vis spectra of methanol dispersions of (a) PPy synthesized with the following initiator concentrations: 2, 5, and 10 mol% and oligomeric 2, 4－diaminodiphenylamine; (b) PPy synthesized with the following $FeCl_3$/pyrrole molar ratios: 0.5/1, 1/1, 2/1, 3/1, and 5/1 using 10 mol% initiator

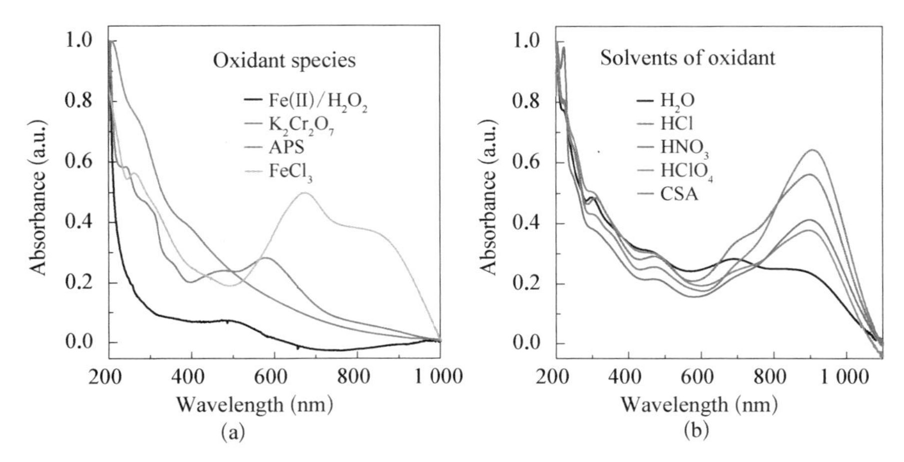

图 5-6 Normalized UV-vis spectra of methanol dispersions of (a) PPy synthesized with the following initiator oxidants: $FeCl_2/H_2O_2$, $K_2Cr_2O_7$, APS, and $FeCl_3$ in the absence of acids; (b) PPy synthesized with the following doping acids: HCl, HNO_3, $HClO_4$, and CSA

由于双极子的跃迁状态可以反映出共轭聚合物分子链构型的细微变化，因而从该峰的位置可以获知聚合物的共轭程度。随着引发剂含量的减少，与吡咯形成共聚物的机会减小，所得聚合物更接近真实的聚吡咯。随着氧单比的升高，所得聚吡咯产物的紫外吸收峰出现明显的变化（图 5-5(b)），特别是从氧单比从 0.5/1 提高至 1/1，产物的双极子跃迁明显增强。这说明，随着氧化剂含量的增加，聚合物的氧化程度不断提升。

不同氧化剂种类和掺杂酸对聚吡咯产物的紫外吸收也会产生重要影响，见图 5-6。如不存在酸的情况下，采用 H_2O_2 或 NaClO 为氧化剂，得不到氧化产物。采用 $K_2Cr_2O_7$ 为氧化剂，所得产物的颜色为红褐色，其紫外吸收光谱仅在400 nm 处出现一微弱的肩峰，表明产物为分子量较低的低聚物。而采用其他三种氧化剂即 Fe(II)/H_2O_2(2/1)、APS 和 $FeCl_3$，所得产物的颜色均为黑色，其紫外吸收光谱在 450 nm 和大于 800 nm、450 nm 和 600 nm 以及 715 nm 和 880 nm 处分别出现具有双极子电子跃迁的吸收峰，并且尤以采用三氯化铁为氧化剂为甚。对比 4 种氧化剂在水中的氧化电位：APS>Fe(II)/H_2O_2>$FeCl_3$>$K_2Cr_2O_7$ 可知，只有适当大小的氧化电位的氧化剂对形成高共轭结构的聚吡咯最有利。这可能是因为，过低的化学氧化电位导致氧化剂不足以使吡咯充分聚合，而过高的氧化电位则导致在聚合反应过程中伴随着过氧化降解，两者的结果使得最终产物的分子量较低，从而聚合物的共轭程度下降。因此，对于该引发聚合体系，三氯化铁是最佳的氧化剂。

另外，选择不同无机酸溶液作为三氯化铁的溶剂，导致产物的紫外吸收产生明显变化。如因为酸的掺杂效应，导致产物在 880 nm 的紫外吸收迅速增强。值得注意的是，随着酸的体积增大，该位置的紫外吸收对应增强。这可能是因为，一方面，不同酸因为体积不同，与聚吡咯的掺杂程度不同；另一方面，不同酸对氧化剂和反应过程中产生的低聚物的溶解度不同，导致吡咯聚合链增长的速率不同，从而形成不同共轭程度的产物。

5.3.2.3　X 射线衍射图谱

采用不同引发剂含量制备的聚吡咯的粉末 XRD 衍射谱图如图 5 - 7 所示。

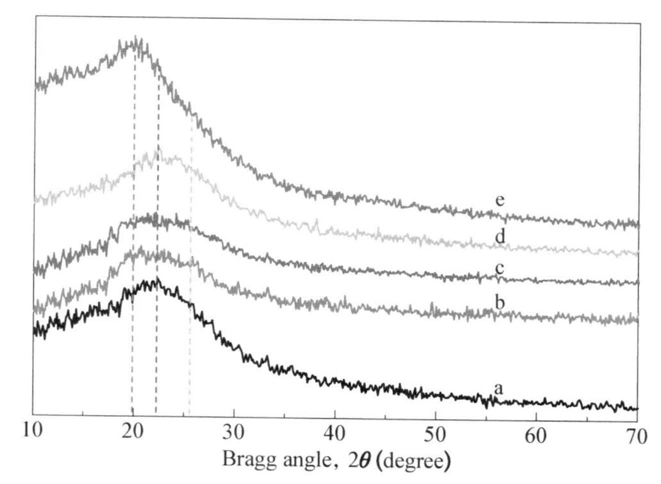

图 5 - 7　Powder XRD patterns of (a—d) PPy synthesized with the following initiator concentrations: (a) 0, (b) 2, (c) 5, and (d) 10 mol%; (e) oligomeric 2,4 - diaminodiphenylamine

从图 5 - 7 可以看出，所有聚吡咯产物在 $2\theta=22°$处出现了一个较宽的馒头峰，这说明聚合物是无定形的大分子[250]。引发剂自身形成的聚合物在$2\theta=20°$出现了一个相对较窄的尖峰，这说明其为分子量较小的低聚物。随着引发剂的添加，所得产物的 XRD 衍射谱图并未发生本质变化，具有与聚吡咯类似的聚集态结构。

5.3.3　聚吡咯的微观尺寸、形貌和产率

5.3.3.1　引发剂含量的影响

由表 5 - 2 和图 5 - 8 的动态光散射实验可以看出，引发剂含量对聚吡咯的

表 5－2　**Effect of initiator molar percentage and oxidant species on the size, polymerization yield, UV－vis adsorption, and bulk conductivity of PPy salt particles synthesized with an oxidant/monomer molar ratio of 1/1**

Initiator contents or oxidants	Particle size (nm)	Product yield(%)	UV－vis λ_{max} (nm)	Sheet resistance (KΩ/□)	Bulk conductivity (S/cm)
Change initiator molar percentage					
0	1 141.5	2.7	—	120	3.5×10^{-3}
2	380.3	26.5	>1 000	145.4	3.1×10^{-3}
5	303.5	39	915	672.5	1.0×10^{-4}
10	281.8	42.6	890	1 800	4.0×10^{-6}
100	252.7	45.8	583	$>10^{5}$	$<10^{-9}$
Change oxidant species					
NaClO	Very low yield, no big conjugated UV－vis adsorption				
H_2O_2	No product				
APS	579.6	73.5	585	160	3.7×10^{-5}
$K_2Cr_2O_7$	235.3	13.2	402	$>10^{6}$	$<10^{-10}$
$H_2O_2/FeCl_2$	161.7	11.1	510	$>10^{6}$	$<10^{-10}$
$FeCl_3$	281.8	42.6	890	1 800	4.0×10^{-6}

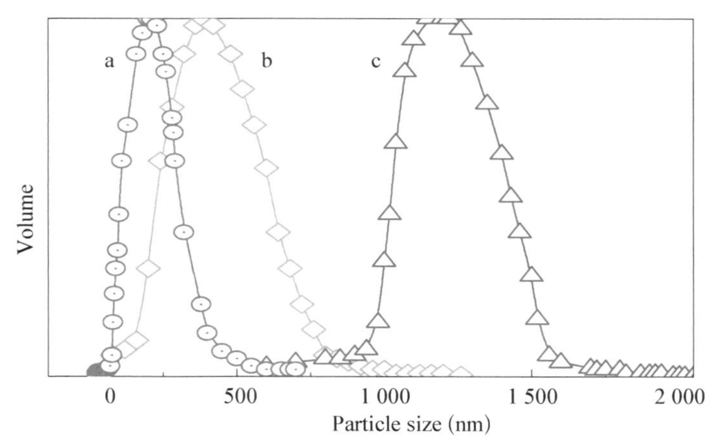

图 5－8　**Size distributions of PPy particles produced using the initiator, DADPA, at the following concentrations: (a) 10, (b) 2, and (c) 0 mol%**

分散性、微观尺寸和形貌具有重要影响。在聚合反应中加入仅为 2 mol%的引发剂，所制备的聚吡咯颗粒由微米尺寸降至纳米尺寸(1 142 nm *vs.* 380 nm)，其形貌从由微米尺寸的颗粒聚集体变成了较为分散的、纳米尺寸的均一的球状颗粒，见图 5 - 8。继续增加引发剂含量至 5 mol%和 10 mol%，聚合物的纳米尺寸分别降至 304 nm 和 282 nm。而纯引发剂自身聚合得到的产物的颗粒尺寸约 253 nm。由此可以看出，引发剂的加入可以很大程度上降低聚吡咯的颗粒尺寸，但是过量的引发剂并不能明显降低其尺寸。

通过扫描电子显微镜对聚吡咯产物微观形貌的观察发现(图 5 - 9)，采用 $FeCl_3$ 为氧化剂，添加 10 mol%引发剂合成的聚吡咯产物呈现均匀的、尺寸约为 300 nm 纳米球。普通聚吡咯则为几百纳米至微米尺寸的、不规则的粒子团聚物。可想而知，这样的团聚物是很难在溶剂中分散的，这与前面的动态光散射实验数据相吻合。因此，为了得到尺寸均一的聚吡咯纳米颗粒，我们认为 10 mol%的引发剂是较为合适的。引发剂的加入对聚合物纳米颗粒形成的产率也具有重要影响。在不加引发剂时，低温下(0℃)合成的聚吡咯表观产率仅为 2.7%，而

图 5 - 9　SEM images of PPy synthesized (a) without initiator using $FeCl_3$ as the oxidant and (b—d) with 10 mol% DADPA initiator using the following oxidants: (b) $FeCl_3$, (c) APS, and (d) $K_2Cr_2O_7$ in the absence of acid

加入仅为 2 mol%的引发剂后，产物表观产率迅速提高至 26.5%。当引发剂含量增加至 5 mol%时，产物的表观产率进而快速增加至 39%。继续增加引发剂含量，产物的表观产率则趋于平缓上升。这也说明引发剂的加入确实可以很大程度提高吡咯的聚合速度。

5.3.3.2 氧化剂种类的影响

不同氧化剂的氧化还原电位具有显著的差别，影响化学氧化聚合速率，从而导致聚合物的链增长不同。不同氧化剂种类：NaClO、H_2O_2、$K_2Cr_2O_7$、APS、$H_2O_2/FeCl_2$ 和 $FeCl_3$ 对聚吡咯合成的影响见表 5-3 和图 5-9。

表 5-3 Effect of oxidant contents and acid species on the size, polymerization yield, UV-vis adsorption, and bulk conductivity of PPy salt particles synthesized using 10 mol% initiator

Oxidant content or acid species	Particle size (nm)	Proudct yield (%)	UV-vis λ_{max} (nm)	Sheet resistance (KΩ/□)	Bulk conductivity (S/cm)
Change $FeCl_3$/pyrrole molar ratio					
0.5/1	205.1	19.2	891	None	3.0×10^{-6}
1/1	303.5	39	915	672.5	1.0×10^{-4}
2/1	333.4	45.2	922	500	4.3×10^{-4}
3/1	423.7	64.4	934	100	3.8×10^{-3}
5/1	504.7	67.8	>950	7	1.1×10^{-2}
Change acid using $FeCl_3$ as oxidant					
CSA	281.8	42.6	890	1 800	4.0×10^{-6}
$HClO_4$	188.1	54.3	894	743	1.4×10^{-5}
HNO_3	93.2	53.8	899	78.2	7.2×10^{-5}
HCl	85.1	45.2	917	202.6	3.0×10^{-5}

氧化能力较弱的 NaClO 和 H_2O 不能氧化吡咯聚合，最终得不到产物。而 $K_2Cr_2O_7$ 在不存在酸的情况下，氧化能力也较弱，仅能使吡咯形成少量的(11.1%)分子量较低的低聚物，其紫外光谱仅在 402 nm 处呈现具有低聚物特征的吸收峰。APS、$H_2O_2/FeCl_2$ 和 $FeCl_3$ 则很容易使吡咯进行聚合，形成黑色颗粒，其产物的表观产率分别为 73.5%、13.2%和 42.6%。

通过动态光散射测试和扫描电镜观察，重点研究了 3 种典型的氧化剂即

$K_2Cr_2O_7$、$FeCl_3$和APS对所合成的聚吡咯纳米颗粒的尺寸和形貌的影响。动态光散射测试表明，3种氧化剂合成的聚吡咯纳米颗粒的平均尺寸分别为235.3 nm、281.8 nm和579.6 nm。扫描电镜观察发现，采用$K_2Cr_2O_7$、$FeCl_3$和APS为氧化剂得到的聚合物颗粒的实际尺寸比动态光散射测试数据略小，分别为90～200 nm、200～250 nm和300～500 nm，见图5-9。一方面，由于纳米颗粒具有自聚集的本质特性，导致由动态光散射测试得到的尺寸为聚吡咯纳米球聚集体的尺寸；另一方面，聚吡咯纳米颗粒在溶剂的膨胀作用也导致了这种差异。同时，采用氧化能力相对较弱的氧化剂如$K_2Cr_2O_7$，得到的纳米颗粒表面更光滑且更趋于形成球状体，反之亦然。动态光散射测试和扫描电镜观察综合表明，氧化剂的种类对聚吡咯纳米颗粒的尺寸和形貌具有十分重要的影响。

这可能与氧化剂具有不同的氧化电位(oxidization potential, OP)有关。值得注意的是，APS、$FeCl_3$和$K_2Cr_2O_7$在水中的氧化电位遵循以下顺序：$OP_{APS}=2.0V>OP_{FeCl_3}=0.77V>OP_{K_2Cr_2O_7}=0.1V$。这就意味着采用$K_2Cr_2O_7$为氧化剂时，聚吡咯的链引发和链增长相比采用APS为氧化剂时慢许多，采用$FeCl_3$为引发剂时则介于中间。考虑到2,4-二氨基二苯基胺的加入是提升反应的均相成核，氧化能力相对较强或较弱的氧化剂的加入则导致反应的异相成核速度提升或降低。均相成核通常是形成纳米尺寸材料的主要因素之一，而异相成核则往往导致形成大尺寸的聚集体。因此，得到的聚吡咯纳米尺寸(D)则遵循与其相应氧化剂的氧化电位相同的顺序：$D_{APS}>D_{FeCl_3}>D_{K_2Cr_2O_7}$。

5.3.3.3　氧单比的影响

在导电高分子材料的制备过程中，氧化剂的用量是影响其性能和形貌的重要因素之一。由氧化剂种类对聚吡咯纳米球的合成影响可知，在固定的引发剂含量即10 mol%时，采用$FeCl_3$为氧化剂最有利于合成分散性好、尺寸均一的聚吡咯纳米颗粒。因此，选用10 mol%的2,4-二氨基二苯基胺为引发剂，以$FeCl_3$为氧化剂，在0℃下，在水体系中反应24 h合成了一系列聚吡咯纳米颗粒，系统研究了三氯化铁/吡咯摩尔比对聚合物颗粒的分散性、尺寸和形貌的影响，如表5-3所示。随着氧单比从0.5/1分别增加至1/1、2/1、3/1和5/1时，聚吡咯纳米颗粒的平均粒径分别为205.1 nm、303.5 nm、333.4 nm、423.7 nm和504.7 nm，而其聚合产物的表观产率分别为19.2 wt%、29 wt%、45.2 wt%、64.6 wt%和67.8 wt%。随着氧单比的增加，聚合物颗粒的平均粒径和表观均逐渐提高，这是因为氧化剂含量较低时，氧化剂迅速被消耗，不能保持单体和中间产物持续氧化，从而不利于聚合物链增长，只能获得分子量较低的产物，得到颗粒的平均粒径较小，其产率也较低。随着氧化剂含量的增加，单体和氧化剂均能被持续氧化，体系中形成更多的反应活性基团，有利于链增长反应，更多的单体可以被氧化成聚合物。这种反应速度导致异相成核速度大大提高，在短时间内形成了大量的聚合物，导致形成的平均粒径较大的、趋向团聚的纳米颗粒。

5.3.3.4　酸的影响

通常情况下，无机酸在吡咯的聚合过程中并非是必需的。无机酸在聚合时提供了质子，在2,4-二氨基二苯基胺这种胺类化合物存在情况下，对反应体系的电荷发布具有重要影响，从而改变所合成聚合物颗粒的分散性、尺寸和形貌。

由表5-3中的动态光散射测试可以看出，酸介质不同，聚合得到的纳米颗粒平均粒径具有很大区别。当分别采用1.0 M CSA、$HClO_4$、HNO_3和HCl为反应介质时，聚吡咯纳米球的平均粒径分别为282 nm、188 nm、93 nm和85 nm。扫描电子显微镜和透射电子显微镜显示(图5-10)，采用不同酸合成的聚吡咯

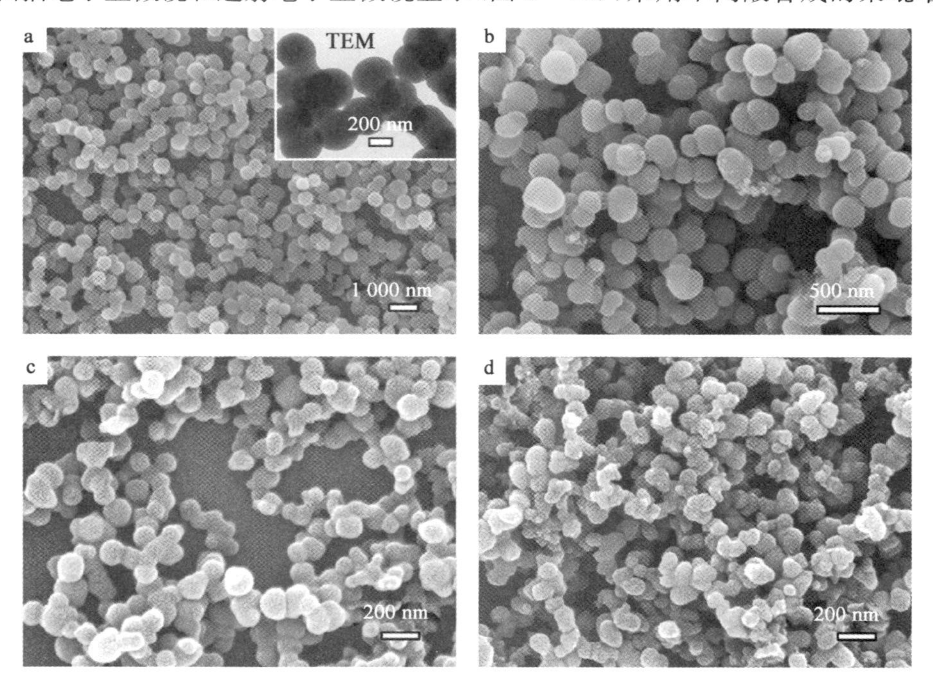

图5-10　SEM images of polypyrrole nanospheres synthesized with the following acids: (a) CSA, (b) $HClO_4$, (c) HNO_3, and (d) HCl in the presence of 10 mol% DADPA initiator

纳米球均具有较为规则形态的、表面光滑的形貌，平均粒径介于 100～300 nm 之间，而不采用引发剂合成的聚吡咯颗粒呈现无规则的团聚体，如图 5-9(a)所示。

5.3.4　聚吡咯纳米球的形成机理

一般来说，采用化学氧化聚合法合成聚吡咯纳米颗粒或球，通常都是外加稳定剂或乳化剂的。传统方法只能得到颗粒为数微米的团聚聚吡咯。由上述研究可知，2,4-二氨基二苯基胺在形成聚吡咯纳米球中起了非常关键的作用。我们认为，引发剂至少发挥了两种功能，如图 5-11 所示。

首先，2,4-二氨基二苯基胺比吡咯的化学氧化电位低很多，在吡咯聚合的初始阶段，催化剂量的引发剂与吡咯进行共聚，加速吡咯聚合的均相成核速率，提高其链增长速度。这个假设已经由开路电位测试得到了证实。而聚吡咯纳米球的红外光谱在 740 cm^{-1} 出现属于 2,4-二氨基二苯基胺低聚物的一个微弱肩峰，进一步验证了这种假设。其次，更为重要的是 2,4-二氨基二苯基胺含有双氨基，在酸性条件下，它可以和与氢离子形成铵盐。同时，另一端的二苯胺相对于所形成的铵盐具有疏水性。这导致了铵盐与酸的阴离子亲水端和二苯胺疏水端可以自组装形成纳米微囊。换句话说，2,4-二氨基二苯基胺可以在酸溶液中形成自稳定的纳米微囊，导致吡咯和氧化剂被包埋聚合形成纳米球。从该假设可知，自组装纳米微囊的大小取决于所使用酸的体积大小，即小体积酸导致低尺寸的聚吡咯纳米球，反之亦然。

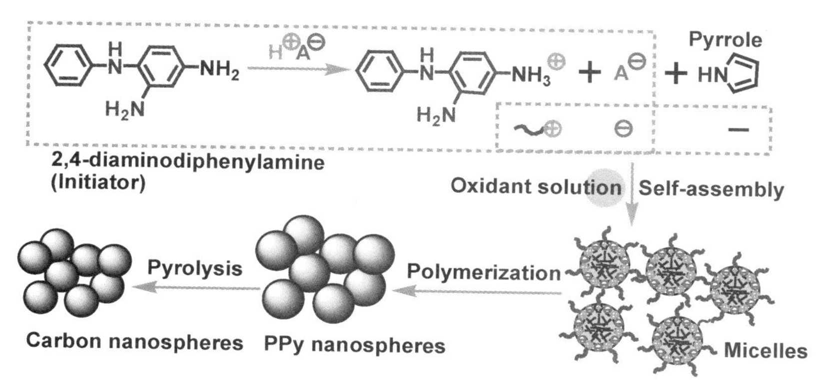

图 5-11　Formation mechanism proposed for PPy and carbon nanospheres

这一假设可以通过测试含有引发剂、酸和溶剂的溶液的动态光散射来进行验证。具体验证方法如下：借助超声波将 22.5 mg 2,4-二氨基二苯基胺分别溶于 15 mL 1.0 M 的 HCl、HNO_3、$HClO_4$或 CSA 中，形成类似肥皂泡的溶液。因为引发剂不能完全溶于酸中，再加入 15 mL 甲醇确保其完全溶解。加入甲醇的目的是，一方面消除部分未溶解的引发剂颗粒在光散射测试时带来的误差，另外，甲醇可以降低溶液表面张力，从而降低类似肥皂泡的气泡直径。这些类似乳化的气泡正是形成稳定微囊的决定因素。不同酸和引发剂形成的微囊的直径通过动态光散射来测定，如图 5－12 所示。

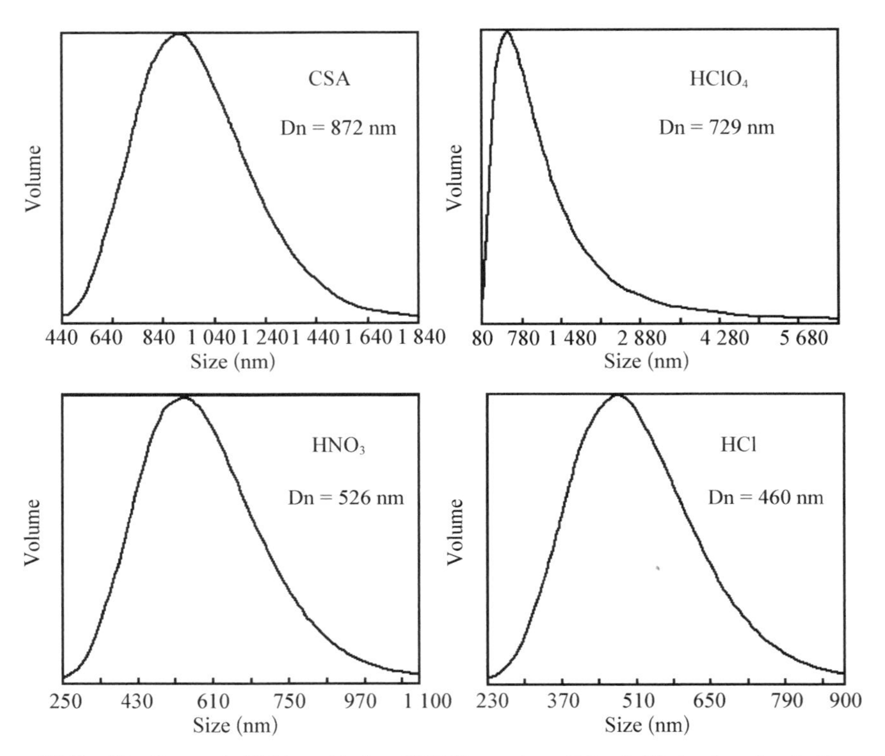

图 5－12　Dynamic light scattering (DLS) spectra of the initiator-based micelles made from different sized acids

随着酸体积的减小（$CSA^- = 3.7Å > ClO_4^- = 2.36Å > NO_3^- = 1.89Å > Cl^- = 1.78Å$）[251-252]，形成的微囊直径分别从 872 nm、729 nm、525 nm 降低至 460 nm。值得注意的是，所有微囊的直径均大于相应的聚合物纳米颗粒的直径。原因可能是，因为流体动力学，吡咯和三氯化铁很难将微囊完全填充，而发生聚合后，由于单体和氧化剂的消耗，生成的材料的体积必然缩减。

动态光散射实验充分验证了我们提出的聚吡咯纳米球的形成机理是合理的。尽管如此，其他因素对不同酸形成不同直径的聚吡咯纳米球的影响也是必须考虑到的。如各种酸在聚合过程中对聚吡咯进行掺杂，小的掺杂剂也容易导致紧密的、尺寸小的纳米颗粒。各种酸对引发剂和吡咯链增长过程中生成的低聚物的溶解度不同，这些可能都是影响产物微观形态的因素。

5.3.5　聚吡咯纳米球的分散性

采用引发剂聚合法制备的聚吡咯纳米球，可以在水、乙醇、甲苯、*N*-甲基吡咯烷酮等多种溶剂中良好分散，形成稳定的纳米悬浮液。如采用 10 mol%的引发剂含量合成的聚吡咯纳米粒子在乙醇中形成的分散液，静置 3 个月都不产生沉淀物。而对比不添加引发剂合成的普通聚吡咯纳米粒子在乙醇中不仅很难形成均一的悬浮液，即使超声使之分散后，仅 5 h 后聚合物就在瓶底形成大量的沉淀物，如图 5-13 所示。这说明，引发剂的加入确实可以很大程度提高聚吡咯在溶剂中的分散性。另外，聚吡咯纳米球的分散还取决于溶剂的极性，即溶剂极性越高，分散效果越好。

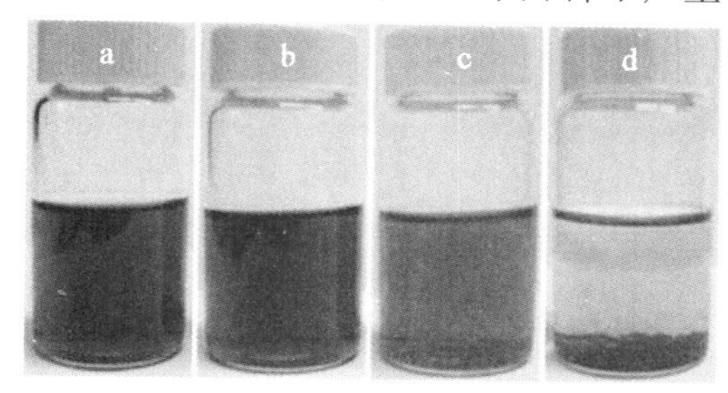

图 5-13　The photographs illustrating the stability of the PPy dispersions in methanol (0.5 g/L): (a) synthesized with 10 mol% initiator, (b) a after 24 h, (c) synthesized without the initiator, and (d) c after 5 h

根据 Derjaguin-Landau-Verwey-Overbeek(DLVO)理论可知，溶胶或纳米分散液在一定条件下能否稳定存在，取决于粒子之间相互作用的总位能，即范德华吸引位能和由双电层引起的静电排斥位能之和。这两种位能均为粒子间距离的函数，吸引位能与距离的 6 次方成反比，而静电的排斥位能则随距离按指数函数下降。因此，粒子间的范德华吸引力越小，所带正电荷或负电荷越多，分散液就越稳定，即纳米颗粒的分散性越好。

通过测试分散液的电泳迁移率和粒子表面 Zeta 电位是研究粒子的静电排斥能的重要手段。在同等条件下，如溶剂、pH 对比了两种方法即引发聚合和常规聚合法，制备的聚吡咯纳米颗粒的电泳迁移率和粒子表面 Zeta 电位。在不添加引发剂情况下，所合成聚吡咯颗粒的电泳迁移率和粒子表面 Zeta 电位分别为$(3.66\pm0.06)\times10^{8}\,m^{2}/(V\cdot s)$和$(46.83\pm0.80)$mV。加入引发剂后，这些数值分别提升至$(4.37\pm0.04)\times10^{8}\,m^{2}/(V\cdot s)$和$(55.85\pm0.51)$mV。由结构表征可知，少量的引发剂参与了吡咯的聚合，在酸中可以形成类似铵基离子的基团，这可能是表面正静电升高的主要原因。粒子表面正电荷增大，直接导致了粒子的排斥性越强，粒子的团聚能力下降；而少量类似铵基离子的基团的引入，导致聚吡咯分子间的空间位阻提高,从而降低了纳米球之间的范德华吸引力。因此,体系中范德华力的降低和表面正电荷的增多是导致聚吡咯纳米球能够形成稳定分散液的最主要原因。

5.3.6 聚吡咯纳米球的电导率

由于不同条件下制备得到的聚吡咯的分子量、掺杂态、氧化态以及微观形貌均不同,因此,得到的纳米球的电导率也有所不同。此项目重点研究了2,4-二氨基二苯基胺的含量、氧化剂种类、酸的种类和氧单比对聚吡咯纳米球电导率的影响,其结果见表5-2和表5-3。

随着2,4-二氨基二苯基胺的含量分别由0 mol%增加到100 mol%时,产物的电导率降低。纯粹聚吡咯的电导率3.5×10^{-3} S/cm降至低于10^{-10} S/cm。电导率的持续降低是由于聚吡咯链骨架上的2,4-二氨基二苯基胺链节所含的刚性二苯基的存在所致。二苯基的空间位阻效应较纯粹聚吡咯中的吡咯基团大许多,因而导致合成产物聚合物分子链发生扭曲的程度增加,降低了分子链的共平面性;同时使得聚合物分子链的堆砌规则性下降,使得聚合物链间距增大。这就大大地缩短了导电聚合物的共轭长度,使得共轭体系中电子传输轨道的重叠性减少,导致电子在聚合物链与链之间甚至同链中的传递困难许多。因此,加入引发剂制备的聚吡咯纳米颗粒的电导率下降许多。另外,随着氧化剂氧化电位的提高、氧单比的增加,聚吡咯纳米球队电导率逐步增大。例如,以10 mol% 2,4-二氨基二苯基胺为引发剂,采用APS、$FeCl_3$和$K_2Cr_2O_7$为氧化剂,相同条件下得到的产物的电导率分别为3.7×10^{-5}、4.0×10^{-6}和小于10^{-10} S/cm;相同条件下,采用$FeCl_3$/吡咯比例为0.5、1.0、2.0、3.0和5.0时,得到的产物的电导率分别为3.0×10^{-6} S/cm、1.0×10^{-4} S/cm、4.3×10^{-4} S/cm、3.8×10^{-3} S/cm和1.1×10^{-2} S/cm。这可能是在强氧化环境中,吡咯单体能够充分被氧化,得到的聚合物的链结构的共轭长度提高,使得电子更容易在聚合物链间形成有效的传递,从而提高了产物的电导率。采用引发剂引发聚合制备得到的聚吡咯纳米球的电导率与文献报道的聚吡咯纳米纤维的电导率相当[253]。

采用不同酸介质合成的聚吡咯纳米球的电导率也不同。从表5-3可以看出,在1.0 M的HCl、HNO_3、$HClO_4$或CSA水溶液中合成得到的聚吡咯纳米球的电导率分别为3.0×10^{-5} S/cm、7.2×10^{-5} S/cm、1.4×10^{-5} S/cm和4.0×10^{-6} S/cm。这可能是因为,吡咯、氧化剂以及引发剂在不同酸溶液中的溶解度不同,导致得到的产物形成了不同的分子链结构。HNO_3因为其不仅具有很强的酸性还具有一定的氧化性，因而导致产物的电导率最高。不同分子直径的酸能够改变产物的掺杂态，也影响聚合物的电导率。

5.3.7　聚吡咯纳米球的热性能

采用不同引发剂含量合成的聚吡咯在氩气氛围中的 TG - DTGA - DSC 曲线如图 5 - 14 所示，其耐热性能总结在表 5 - 4 中。

从图 5 - 14 和表 5 - 4 可以看出，所有聚合物均呈现三阶段热解过程，在 50℃～70℃均具有明显的吸热峰出现，这可能是由于聚合物中的水分蒸发引起的；在 300℃～350℃出现一个肩峰，这可能是聚吡咯中的掺杂酸蒸发引起的；在

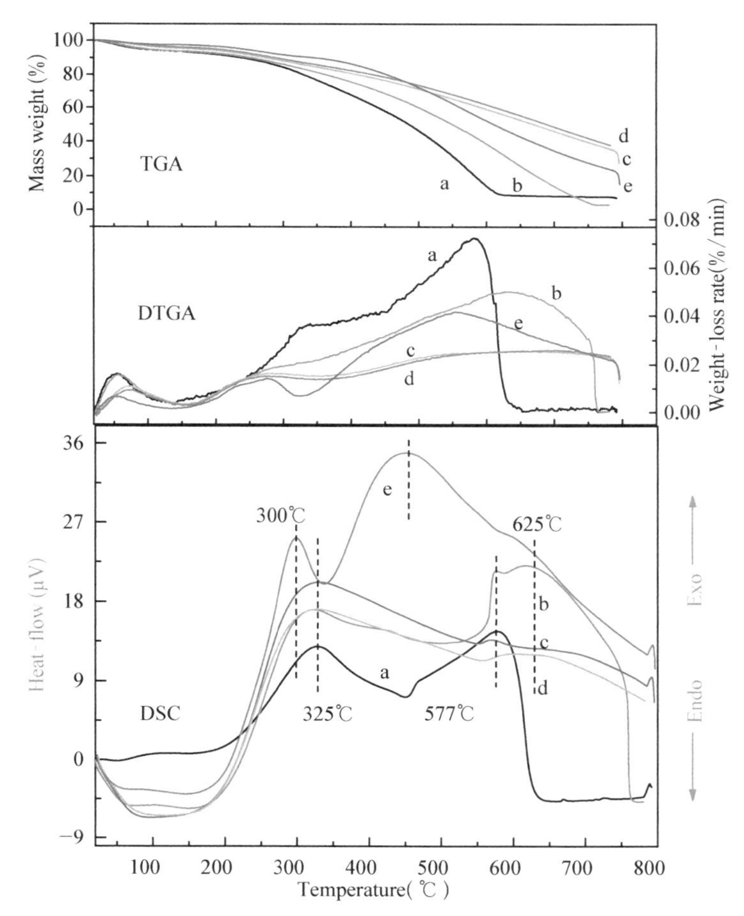

图 5 - 14　TGA - DTGA - DSC of PPy salt particles synthesized with the following molar percentages of the initiator: (a) 0, (b) 2, (c) 5, (d) 10, and (e) 100 mol%

表 5 - 4 Effect of the content of initiator on the thermal properties of as-synthesized PPy particles

DADPA content (mol%)	T_{dm} (℃)	$(d\alpha/dt)_m$ (%/min)	Char yield at 600℃ (%)	Char yield at 750℃(%)
0	583	0.07	14.1	7.7
2	640	0.05	38.5	4.4
5	650	0.03	58.8	39.7
10	652	0.03	61.5	42.0
100	557	0.04	52.0	27.9

大于 500℃出现一个大的宽峰,这可能是聚合物分子主链分解而引起的,这个峰体系出聚吡咯的热稳定性。不同引发剂含量对合成产物在高温段出现峰的位置不同,即当采用 0、2 mol%、5 mol%、10 mol%和 100 mol%的引发剂含量时,得到聚合物的主链分解峰分别为 583℃、640℃、650℃、652℃和 557℃。同时其最大分解速率分别为 0.07 wt%/min、0.05 wt%/min、0.03 wt%/min、0.03 wt%/min 和 0.04 wt%/min。这表明引发聚合产物均具有比纯聚吡咯更高的热稳定性。对比纯聚吡咯在 750℃时只能保留 7.7 wt%的残焦量,采用引发剂含量为 10 mol%合成得到的聚合物的热稳定性最高,在 750℃的高温分解下能够残留 42.0 wt%的残焦量,如表 5 - 4 所示。

5.3.8 热解聚吡咯制备炭纳米球

热性能研究表明,通过热解聚吡咯纳米球可用以制备电导率更高的炭材料。采用简单的热解法在氮气保护下,用马弗炉来制备高电导率炭纳米球,得到产率约 50%的炭纳米球。XRD 衍射实验表明,聚吡咯热解得到的产物在 $2\theta=23.5°$ 处出现一个代表乱层石墨的(002)衍射峰;在 2θ 为 43.5 和 79.5°处出现了对应为(101)和(110)代表石墨米勒结构的典型结晶衍射峰[140, 141],如图5 - 15 所示。

这说明聚吡咯热解产物确实是具有类似石墨微观结构的炭材料。一般来说,相对较低的碳化温度只能得到普通的炭黑,而聚吡咯仅在 800℃或 1 100℃的碳化条件下就形成了具有石墨结构的碳材料,这与本研究的合成聚吡咯的条件有关。考虑到这些聚吡咯纳米球采用的是 $FeCl_3$ 为氧化剂,聚合物中保留的铁系化合物作为催化剂可以提高聚吡咯的石墨化程度。另外,当聚吡咯纳米球平均粒径越小,得到的碳材料在(002)和(101)处的衍射峰越强。这意味着碳材料的石墨化程度取决于聚吡咯纳米球种类的选择,即平均粒径越小的聚吡咯纳米球得到的碳材料

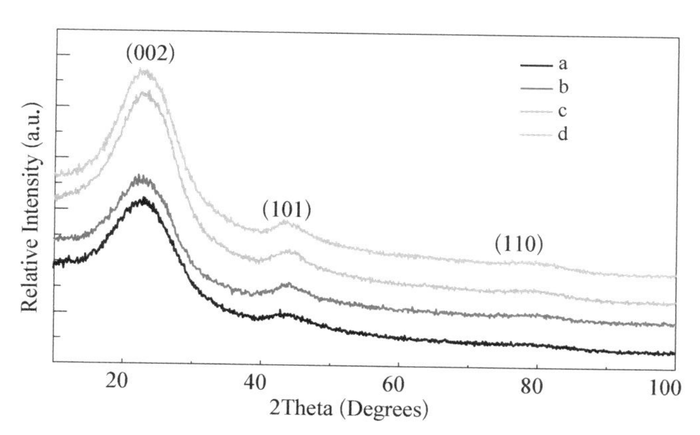

图 5－15　XRD patterns of carbon nanospheres produced at 1 100℃ from PPy nanosphere precursors synthesized with the following acids: (a) CSA, (b) $HClO_4$, (c) HNO_3, and (d) HCl

石墨化程度越高。这可能是小尺寸的纳米颗粒在碳化过程中可以进行有效的堆积，导致热能可以在体系中更有效传递，因而提高了自身的碳化程度。

通过红外光谱实验，也进一步验证了聚吡咯热解后确实转化为碳材料，见图 5－16。当聚吡咯纳米球在 800℃下碳化后，代表聚吡咯典型的特征峰如在 1 472 cm^{-1} 和 1 550 cm^{-1} 处的吡咯环伸缩振动吸收峰；在 1 690 cm^{-1} 处的部分氧化的吡咯环伸缩振动峰；在 1 032 cm^{-1} 和 1 301 cm^{-1} 处的 C—N 伸缩振动峰；在 923 cm^{-1}

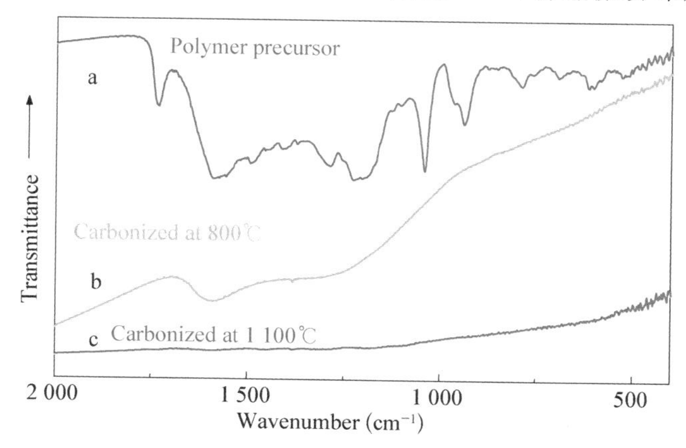

图 5－16　FT－IR spectra of (a) PPy nanospheres synthesized using 10 mol% DADPA initiator in the presence of camphorsulfonic acid (CSA), (b—c) the carbon nanospheres produced at (b) 800℃ and (c) 1100℃ from the as-synthesized PPy nanospheres (i. e. the polymer precursor)

和1 202 cm^{-1}处的掺杂态聚吡咯本征吸收峰大多数消失，只保留了在1 550 cm^{-1}和1 301 cm^{-1}处的宽峰。随着炭化温度升高至1 100℃后，碳化程度提高，这些红外吸收峰均消失，其红外光谱与其他典型碳材料如碳纳米管、石墨的红外光谱具有非常类似的特征。

通过扫描电子显微镜和透射电子显微镜，来观察聚吡咯纳米球热解产物的微观形貌，如图 5－17 所示。

图 5－17　SEM and TEM images of carbon nanospheres formed from PPy nanospheres synthesized with the following acids: (a—c) CSA, (d) $HClO_4$, (e) HNO_3, and (f) HCl; the carbonization temperature for (a—b) was 800℃ and for (c) was 1 100℃. The insets show (a) a typical carbon nanospheres dispersion in ethanol (left bottom corner) and (f) a metal-like carbon nanosphere disk

非常有趣的是，所有碳材料均呈现与其聚合物母体相一致的微观结构即具有纳米尺寸的球状形貌。例如，采用CSA合成的聚吡咯纳米球在800℃的碳化产物为平均粒径均一的炭纳米球（图5－17(a)），进一步提高炭化温度至1 100℃（图5－17(c)），这种微观形貌仍然能保持。前面的研究表明，不同酸可以合成不同平均粒径的聚吡咯纳米球。因此，采用不同酸进而可以制备不同平均粒径的、不同粒径分散度的碳纳米球。

以不同酸如HCl、HNO_3、$HClO_4$和CSA制备的炭纳米球的微观形貌见图5－17(c)至(e)。高温炭化的脱氢性和导致的收缩性，导致所有的碳纳米球的平均粒径比各自的聚吡咯纳米球母体的平均粒径均下降20～30 nm。采用HNO_3和HCl合成聚吡咯纳米球母体，得到的炭纳米球的尺寸较小分别为90～100 nm和50～80 nm，见图5－17(e)、(f)。采用CSA合成的聚吡咯纳米球为母体则获得平均粒径较大约220 nm、粒径分散度高达95%的碳纳米球。

聚吡咯纳米球在高温分解下还能保持其本身形貌，而同为纳米结构的聚苯胺纳米纤维则不然，即高温导致其变成了无规则、不定型的聚集体，见图5－18。这和聚吡咯和聚苯胺的纳米分子链结构有关。在吡咯的聚合过程中存在α－α和β－β两种链接方式[254-255]，分别导致了线型和交联型的聚吡咯。当采用氧化能力较强的氧化剂如$FeCl_3$或APS时，趋向生成由五边形和六边形链接组成的交联型聚吡咯。我们相信这种特殊的交联型结构具有很强的热稳定性，是导致维持聚吡咯纳米形态的最重要原因。这也是线型结构的聚苯胺的纳米纤维形貌在热解后消失的原因。

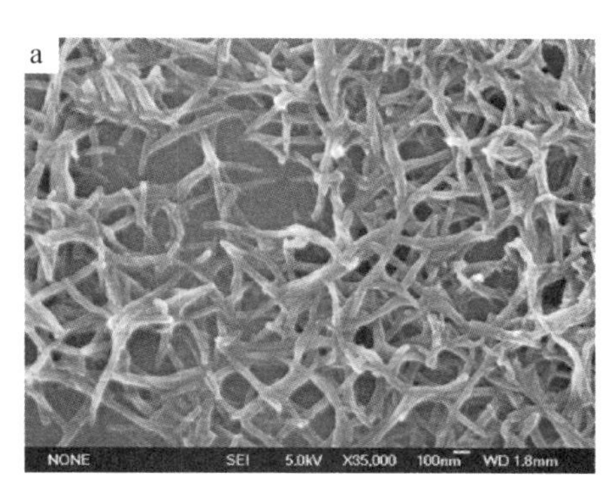

图5－18　SEM images of (a) polyaniline nanofibers synthesized using the method reported in Chapter 4 and (b) the polyaniline nanofibers after carbonization at 800℃

有趣的是，炭纳米球和聚吡咯纳米球一样具有良好的分散性，可以在大多数溶剂如乙醇、水、甲苯和 NMP 中形成稳定分散液，其可分散能力也与溶剂的极性成正比。例如，在 800℃ 下制备的炭纳米球可以在乙醇中形成浓度为 0.5 wt%的分散液，见图 5-17(a)。扫描电子显微镜和透射电子显微镜表明这些炭纳米球的团聚程度较低，见图 5-17(b)。

值得注意的是，与聚吡咯纳米球比，碳纳米球电导性能提高许多。聚吡咯纳米球在 800℃ 碳化后得到的碳纳米球膜片电阻约为 27 Ω/□，电阻下降了约 6.7×10^4倍。提高碳化温度为 1 100℃，碳纳米球的膜片电阻下降至<3 Ω/□。特别是采用由 HCl 合成的聚吡咯纳米球为母体，制备的炭纳米球的膜片呈现类似金属光泽的外貌，其电阻太低以至超过了二探针欧姆计的测试下限。利用四探针法我们重点研究了这个样品的电导率，其数值高达 1 180 S/cm。碳纳米球的导电性能与一些金属如汞(1 050 S/cm)、铅(1 080 S/cm)可以媲美[256]。

碳纳米球的高电导率与其石墨化程度较高有关，更重要的是与其结构中所含的氮原子有关。X 射线光电子能谱研究表明，聚吡咯在>900℃下碳化时，氮原子转化为两种类型的氮原子[257]：即 397.8 eV 的吡啶型(N_1)和 400.7 eV 的四元胺型(N_2)的氮原子，分别"镶嵌"于石墨烯的边界上和石墨烯的中心。这两种类型的氮原子也在氮化碳和一些富氮碳化合物中观察到[258-259]。N_1 型较 N_2 型氮原子对石墨烯的平面结构破坏较小。实验和理论计算均表明[260]，通过在碳中引入氮原子可以在近 Fermi 能态提高体系的电子供给能力，从而可以大大提高炭材料的电导率。碳材料的电导率不仅取决于氮原子的含量，而且也与 N_1/N_2 的比例有关。

元素分析表明，电导率为 1 180 S/cm 的碳纳米球的 C、H、N 含量为 83.1 wt%、1.7 wt%、3.1 wt%。少量的氮原子石墨烯的平面结构破坏较小[261]，然而正是这些少量的氮原子作为近 Fermi 能级掺杂剂，使得制备的碳材料具有 $CH_{0.24}N_{0.03}$ 结构，是其具备优异的导电性能的最重要原因。而碳材料中少量的氮原子也使碳纳米球在分散液中能够容易被电荷化，从而提高其在溶剂中的分散性能。

5.3.9 聚吡咯纳米球/聚砜复合膜

利用聚吡咯纳米球在各种溶剂如水、乙醇、甲苯以及 *N*-甲基-2-吡咯烷酮中良好的分散性，可以与其他高分子材料如纤维素衍生物、聚砜、聚丙烯腈、聚酰胺及聚碳酸酯等，可以混合制备综合性能优异的纳米复合膜。此项目重点研究了基于相转移法制备的聚吡咯纳米球/聚砜复合超滤膜(简称聚吡咯/聚砜纳米复合膜)在蛋白质分离的初步应用。导电聚吡咯特殊的纳米结构和自身的亲水性，可以大大提高聚砜的功能性如荷电性、渗透性、抗阻垢性和蛋白质截留率等。

聚吡咯/聚砜纳米复合膜有望取代传统的聚砜膜在医药工业、食品工业、环境工程等领域发挥重要作用。

5.3.9.1　成分分析

溶剂/非溶剂体系的选择对浸没、相转移过程的影响十分重要，一方面，要求所选取的非溶剂要与成膜聚合物聚砜不相溶；另一方面，选取的非溶剂要与溶剂 NMP 能完全互溶，且有较好的亲和性。我们重点研究了以水为非溶剂凝固浴、以 NMP 为溶剂溶解聚合物制备纳米复合超滤膜的结构和性能。含不同量聚吡咯纳米球的复合膜的外观形貌见图 5-19(a)。随着聚吡咯纳米球的含量增加，超滤膜颜色不断加深，从白色先后变成棕色、棕黑色、蓝黑色、黑色。干燥态聚吡咯/聚砜复合膜表面非常光滑，在灯光下照射呈现类似金属光泽的形貌，见图 5-19(b)。复合膜的表面观察初步表明聚吡咯和聚砜混合效果良好，复合膜中存在的物理缺陷较少。

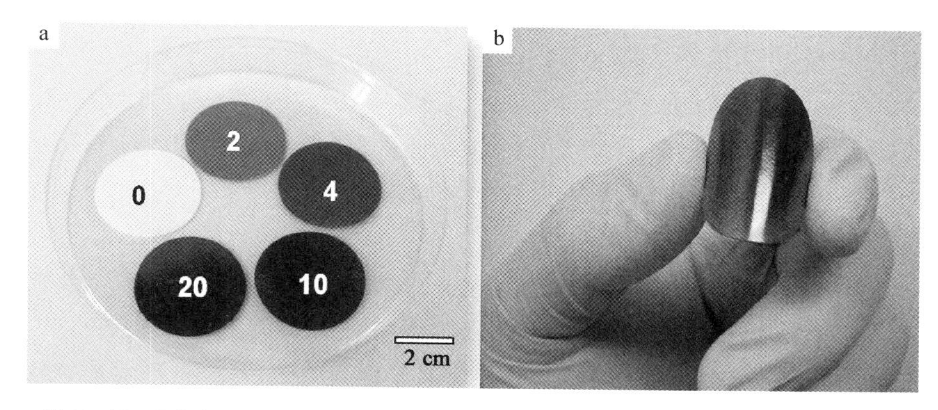

图 5-19　(a) Apperances of PPy/PSf nanocomposite ultrafiltration (UF) membranes prepared with following PPy nanosphere content: 0, 2, 4, 10, and 20 wt% at wet state; (b) Picture showing a typical PPy/PSf nanocomposite UF membrane prepared with 4 wt% PPy nanospheres at dry state

不同含量的聚吡咯纳米球与聚砜混合制备的纳米复合膜的红外光谱见图 5-20。

由图 5-20 可知，随着聚吡咯纳米球含量的变化，复合膜的红外吸收峰不发生化学位移，也没有新的化学键生成，表明聚吡咯纳米球的加入并不改变聚砜的化学结构，两者为纯物理共混。1 324 cm^{-1} 和 1 170 cm^{-1} 处的吸收峰分别对应聚砜砜基的对称振动和非振动[243]；835 cm^{-1} 处的吸收峰为聚砜对位苯环的伸缩振动。由于

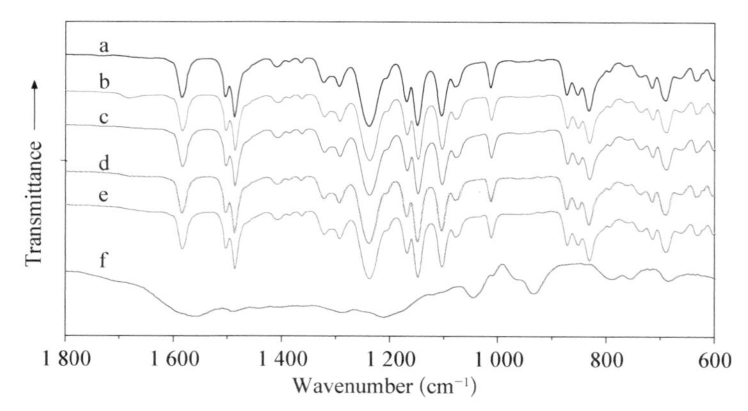

图 5-20 FT-IR spectra of PPy/PSf nanocomposite ultrafiltration membranes prepared with the following PPy nanosphere content: (a) 0, (b) 2, (c) 4, (d) 10, (e) 20, and (f) 100 wt%

聚砜所含甲基的红外吸收在指纹特别明显，相对聚吡咯来说，其红外吸收基本被聚砜的吸收所掩盖，所有复合膜与纯聚砜表现出非常接近的红外吸收特征。

5.3.9.2 微观形貌

通过扫描电子显微镜和原子力显微镜不同粒径的、不同含量的聚吡咯纳米球对复合膜的表面和断面微观形貌进行了研究。图 5-21 和图 5-22 显示了不同含量、不同粒径的聚吡咯纳米球对复合膜的表面微观形态的影响。从图中可以看出，不管粒径和含量的大小，聚吡咯纳米球的加入均导致超滤膜表面的小孔孔隙率明显提高。随着聚吡咯纳米球含量的增加，微孔孔径也逐步增加，如图 5-21 所示。

利用 NIH ImageJ 软件对原始的扫描电子显微镜照片处理，是测定超滤膜孔隙率的常用方法之一[102]。图 5-21 的原始 SEM 照片转化为灰度 SEM 图片和计算得到的孔隙率见图 5-22。

随聚吡咯纳米球含量从 0 wt%先后增加至 2 wt%、4 wt%和 10 wt%，膜的孔隙率分别从 1.6%增至 3.6%、5.2%和 5.6%；继续增加聚吡咯纳米球含量至 20 wt%，膜的孔隙率则不再继续增加，维持在 5.5%左右。复合膜表面微孔的孔径和孔隙率增加是，由于聚吡咯 NMP 分散液和聚砜 NMP 溶液在水中的交换速率不一，溶剂差导致了聚吡咯纳米球在膜成形过程中起着类似碳纳米管的“孔形成剂”的作用。在加入相同含量的聚吡咯纳米球(4 wt%)时，不同粒径的聚吡咯纳米球对复合膜的表面形态的影响不甚明显，如图 5-23 所示。

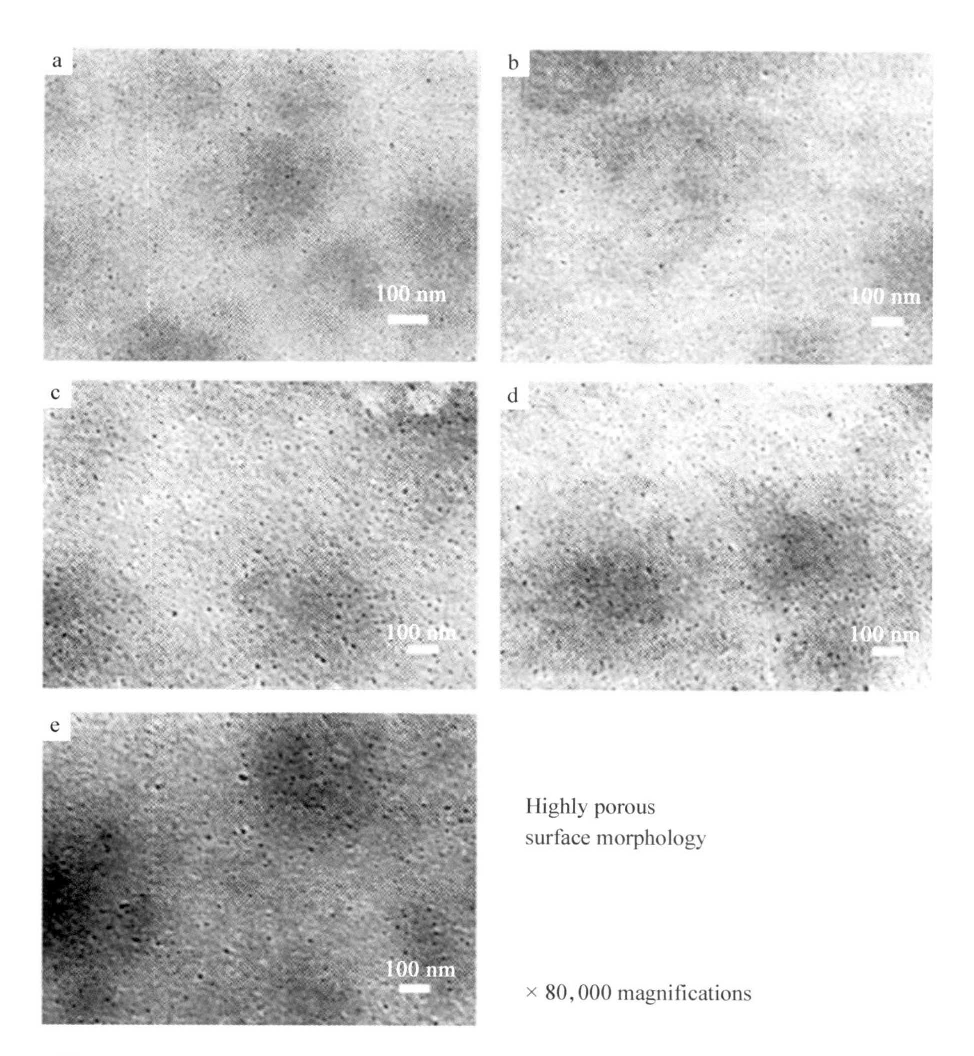

图 5－21　Surface SEM images of (a) PSf membrane and (b—e) PPy/PSf nanocomposite ultrafiltration membranes with addition of following weight percentages of PPy nanospheres: (b) 2, (c) 4, (d) 10, and (e) 20 wt%

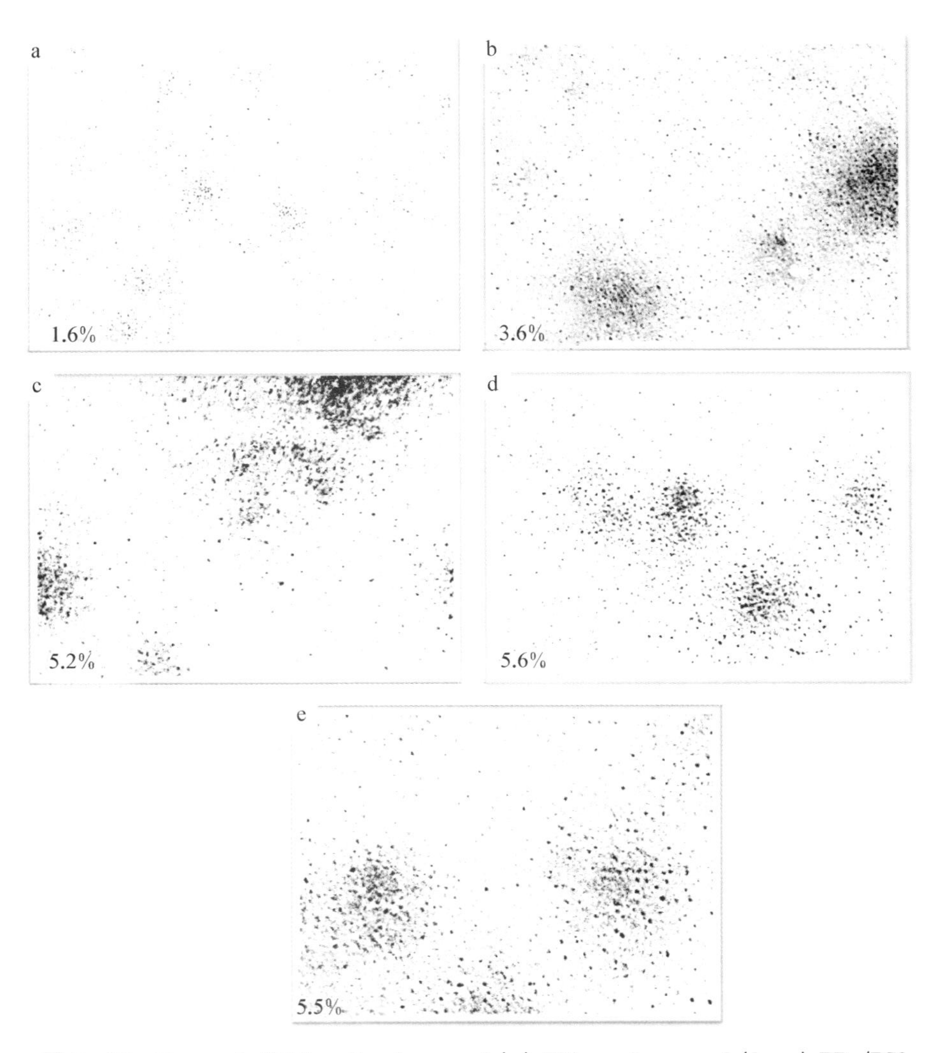

图 5－22　Grey-scale SEM surface images of (a) PSf membrane and (b—e) PPy/PSf nanocomposite ultrafiltration membranes with addition of following weight percentages of PPy nanospheres: (b) 2, (c) 4, (d) 10, and (e) 20 wt% by converting the original SEM surface images (图5－21) to black and white images to determine membrane porosity

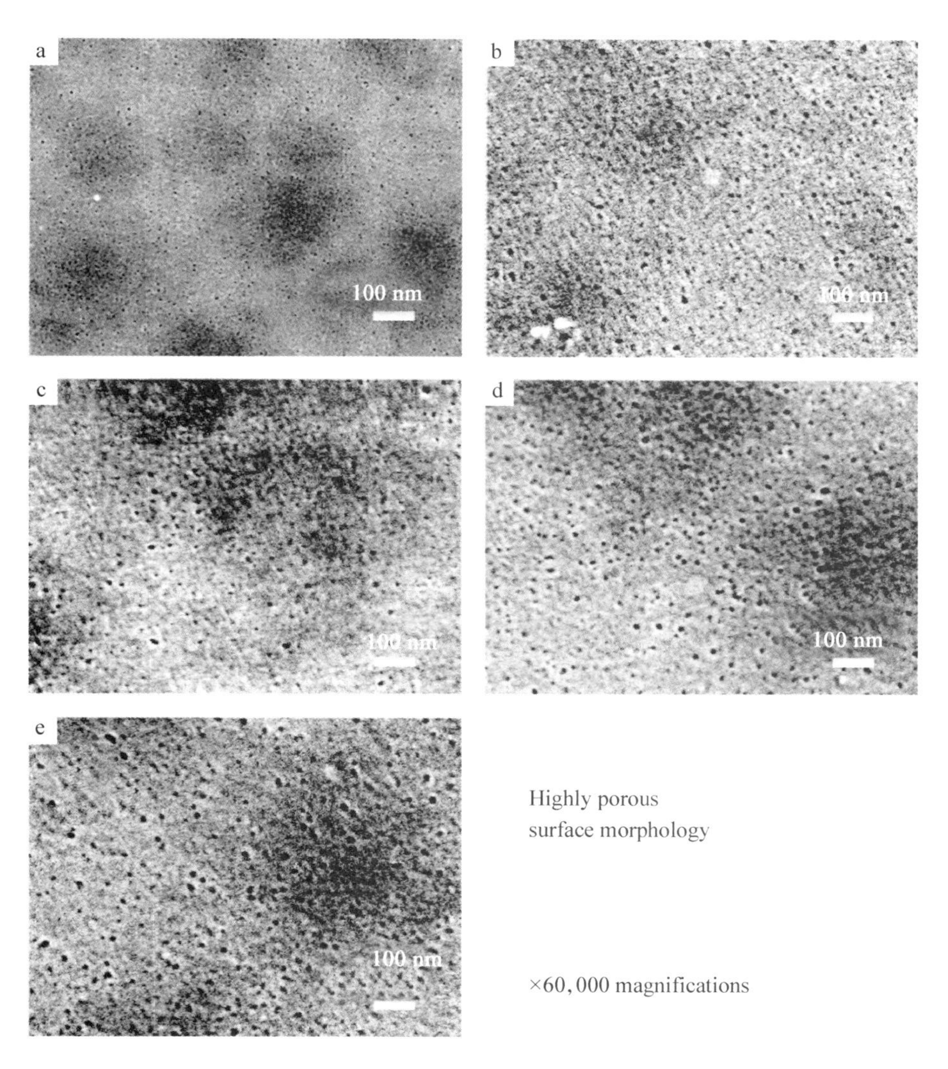

图 5 - 23　**Surface SEM images of (a) PSf membrane and (b—e) PPy/PSf nanocomposite ultrafiltration membranes prepared by addition of 4 wt% PPy nanospheres synthesized with the following acids: (b) HCl, (c) HNO_3, (d) $HClO_4$, and (e) CSA**

图 5 - 24 和图 5 - 25 显示了不同含量、不同粒径的聚吡咯纳米球对复合膜的断面微观形态的影响。纳米复合超滤膜的断面微观形貌伴随浇铸液中非溶剂添加剂聚吡咯纳米球添加量的增加而呈现规律性变化，如图 5 - 24 所示。随着聚吡咯纳米球含量从 0 wt%先后增加到 2 wt%、4 wt%、10 wt%和 20 wt%时，膜厚度分别从 140 μm 分别降至 130 μm、120 μm、105 μm 和 85 μm。膜厚度的减少可能是与聚吡咯的掺杂情况有关，在成膜过程中因为掺杂剂如酸、$FeCl_3$ 等容易被水滤除，复合膜中聚合物的总重量比实际纯聚砜的膜总重量低。随着掺杂态聚吡咯含量的增加，含有的掺杂剂的量越多，最后得到的复合膜中聚合物的总重量越低，导致膜的厚度就越小。

总体来说，所有膜的断面表层均含有一层厚度为 1～2 μm 的皮层。所有膜的断面全貌均呈现大量的非对称指状的大空腔，从顶层往下指孔孔径增大，底层为海绵状结构。关于非对称膜的具体结构形态的形成一般认为是由制膜过程的动力学和热力学因素决定的[262]。当制膜液浸入凝固浴后，薄膜内溶剂向凝固浴扩散，而凝固浴中的非溶剂也向薄膜内扩散，浸入凝固成膜就形成了一个动力学双扩散过程。由于扩散过程是从聚合物薄膜/凝固浴界面开始的，因而薄膜内组成的变化首先从表面开始，而其底层的组成在浸入凝固浴瞬间（$t<1$ s）则与初始组成一致。随着双扩散过程的不断进行体系将发生热力学液-液分相，形成具有高度互连性的贫聚合物相和富聚合物相。这时，由于贫相聚合物中聚合物浓度很低，可以将聚合物稀相核看成一个小的含有溶剂的凝固浴，其前沿是均相的聚合物浇铸液，这个稀相小凝固浴与其前沿的均相聚合物溶液间的溶剂/非溶剂的传质导致聚合物的前沿后退和稀相小凝固浴的长大，形成大孔结构。

不同粒径的聚吡咯纳米球对产生的膜厚度不同，随粒径的增加或减小并没发现规律变化，如图 5 - 25 所示。这可能是因为聚吡咯纳米球的粒径是通过选择不同酸来调控的，不同酸对聚吡咯的掺杂程度不一样，导致最后得到的复合膜中聚合物的总重量不一，因而得到的膜厚也不尽相同。随着聚吡咯纳米球含量的增加，指状的大孔腔的开孔性增强，孔与孔之间的贯通性提高。这是由于聚吡咯纳米球在制膜液中发生相分离时，加快了凝固浴的扩散速率，利于聚合物贫相的生成及生长，使得聚合物稀相核尺寸增大，使得从皮层到底面对延伸过程中更容易形成相互贯穿的连通打孔腔。

通过对图 5 - 25 中圆圈区域的局部放大观察，所有膜的本体呈现不同孔径的互穿网络结构；所有复合膜中均发现聚吡咯纳米球分散在这些互穿的网络中，如图 5 - 26 所示。

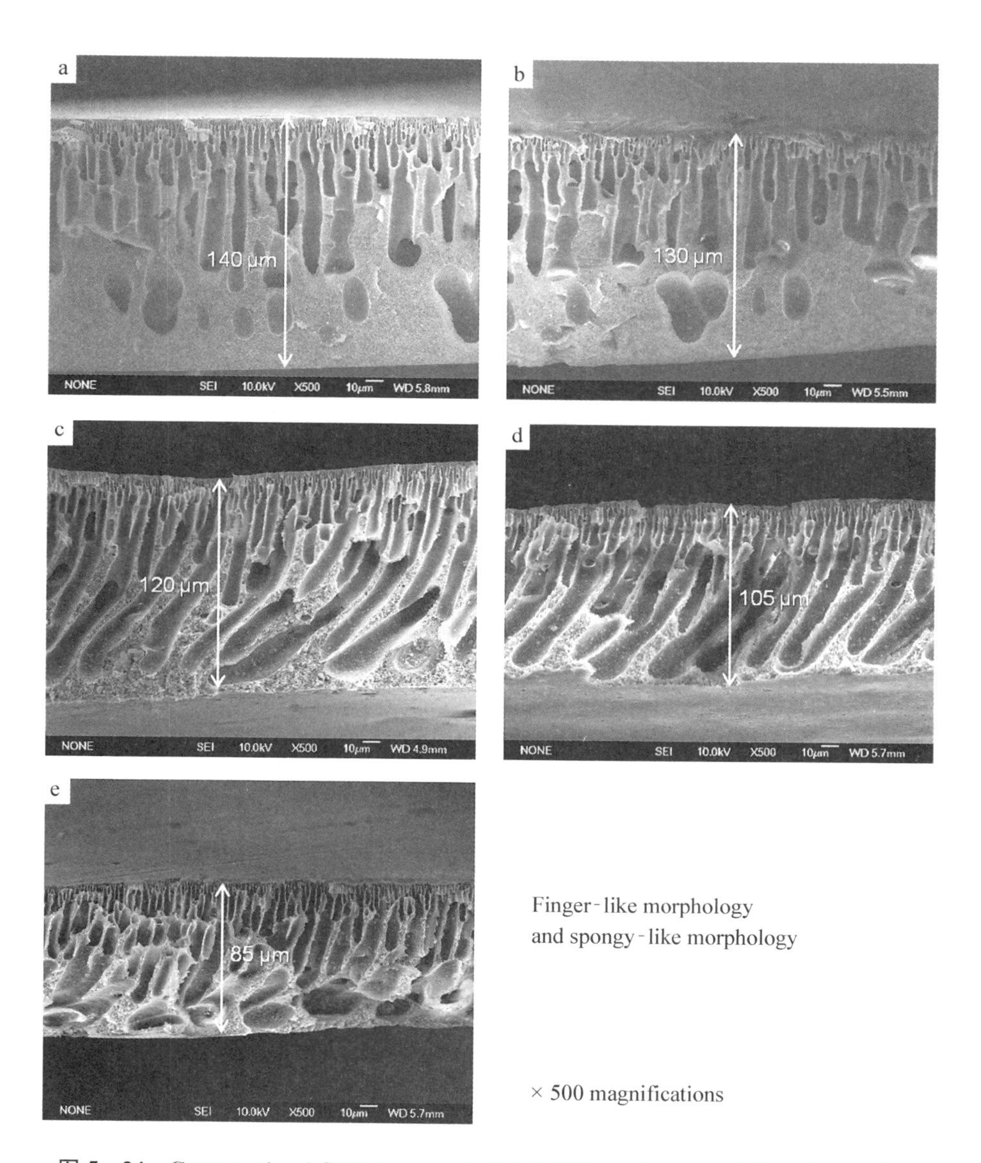

图 5-24　**Cross-sectional SEM images of of (a) PSf membrane and (b—e) PPy/PSf nanocomposite ultrafiltration membranes with addition of following weight percentages of PPy nanospheres: (b) 2, (c) 4, (d) 10 and (e) 20 wt%**

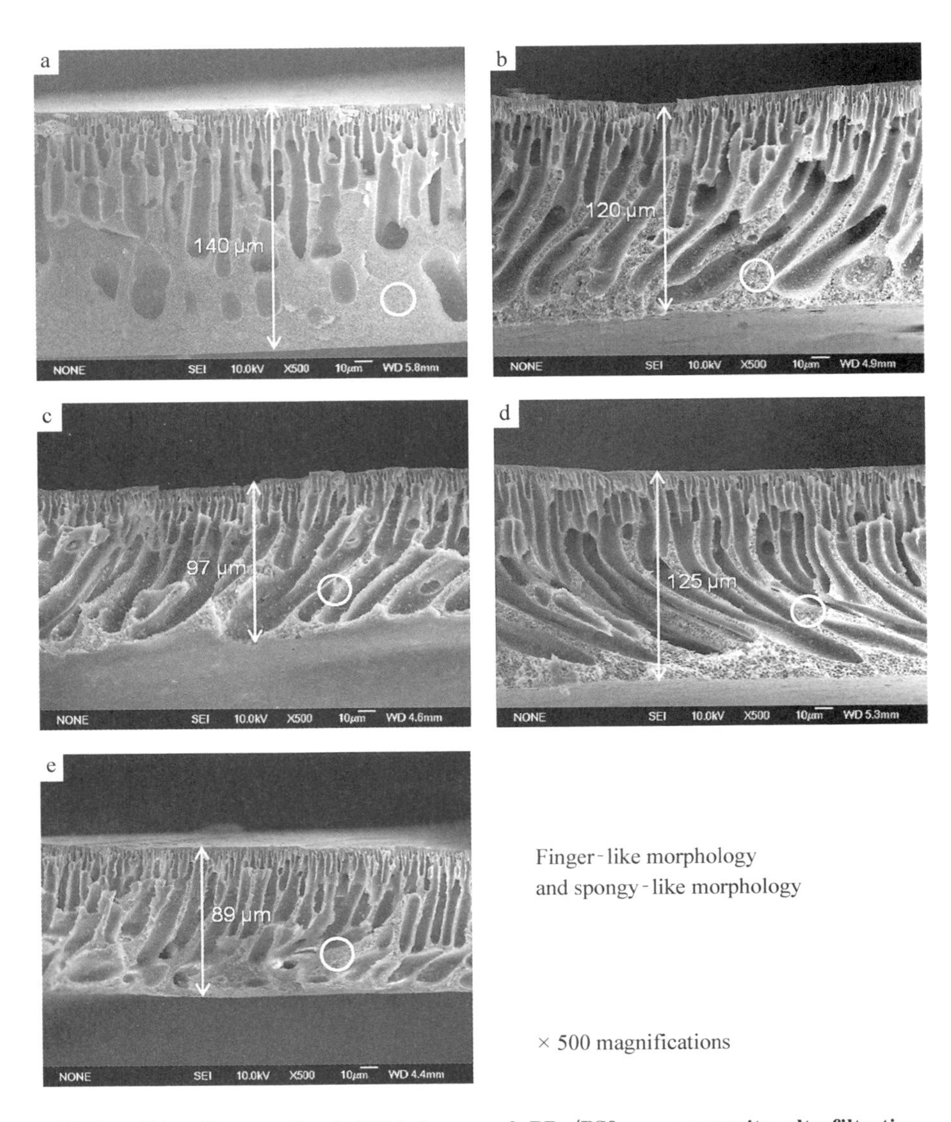

图 5－25　**Cross-sectional SEM images of PPy/PSf nanocomposite ultrafiltration membranes prepared by 4 wt% PPy nanospheres synthesized with the following acids: (a) HCl, (b) HNO_3, (c) $HClO_4$ and (d) CSA**

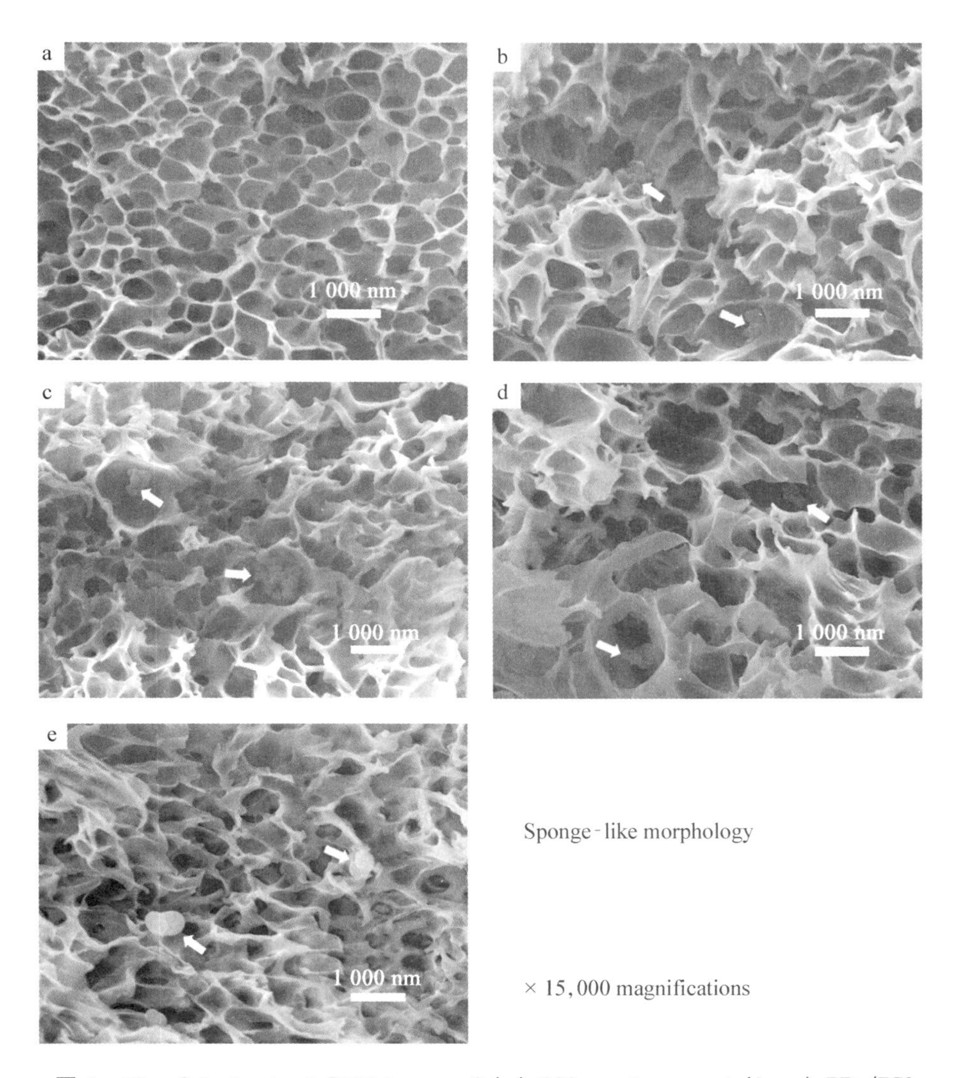

图 5 - 26　Sub-structural SEM images of (a) PSf membrane and (b—e) PPy/PSf nanocomposite ultrafiltration membranes prepared by 4 wt% PPy nanospheres synthesized with the following acids: (b) HCl, (c) HNO_3, (d) $HClO_4$ and (e) CSA

利用扫描电子显微镜对复合膜的断面、正面和反面局部放大观察，指孔内、指孔与指孔连接界面、膜的正面和膜的反面均存在不同程度的聚吡咯纳米球分散体和聚集体，说明聚吡咯纳米球很好地分散在聚砜的基质中，如图 5－27 所示。这种纳米球的分散形式可能对复合膜的综合性能如渗透性、截留率和抗阻垢性等产生重要影响。

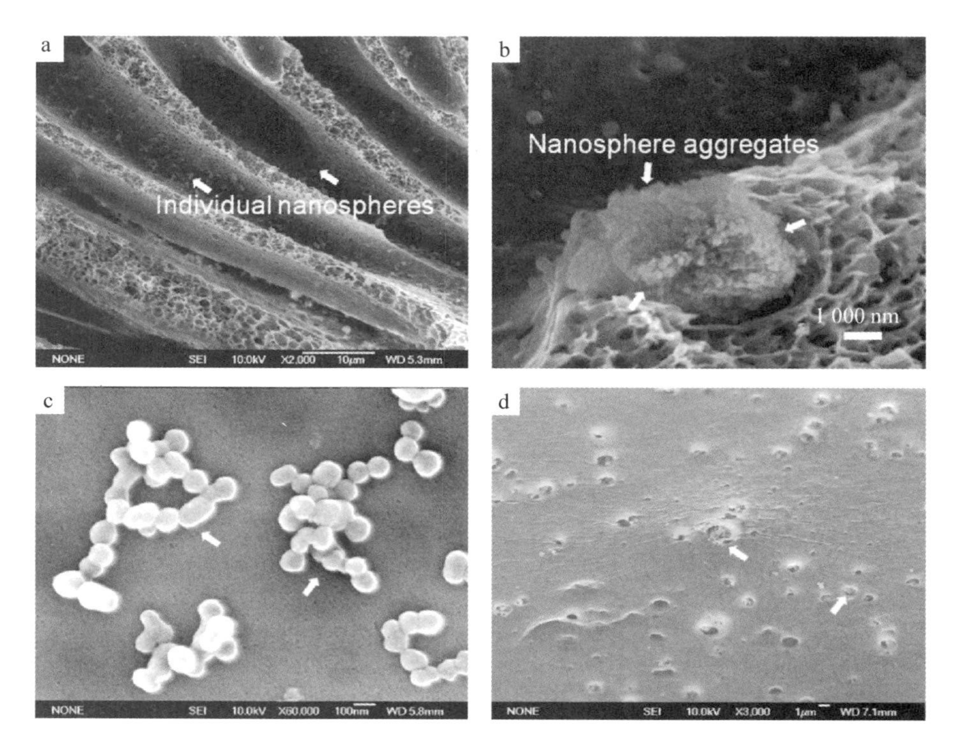

图 5－27 SEM images of PPy/PSf nanocomposite ultrafiltration membranes prepared by 4 wt% PPy nanospheres synthesized with HCl at following areas: (a) cross-section at 2, 000 magnifications, (b) cross-section at 10, 000 magnifications, (c) top-surface and (d) bottom-surface

在膜的应用过程中，膜污染引起的通量衰减是阻碍超滤膜、反渗透膜等技术推广的重要因素。大量研究表明，膜的污染能力与其表面微观形貌密不可分。另外，相同面积的分离膜，表面粗糙度越高、分离的有效面积越大，膜的水通量也越大。例如，表面看似有花纹的膜在其水电透过通量上比平整的膜表面有更大的优势。因此，进一步研究聚砜和聚砜复合膜的微观形貌如表面平均粗糙度、均方根粗糙度、最大粗糙度和比表面积是非常必要的。

原子力显微镜(AFM)是利用探针和物质之间的相互作用力来进行扫描的。膜表面高低不平的形貌会导致探针和样品的产生为 $10^{-11} \sim 10^{-6}$ N 的作用力，同时使探针发生 0.1Å 至几个微米的变形，这种变形通过反射的激光束进行传感，从而得到膜表面的形貌图。利用原子力显微镜可得到膜表面高精度的形貌图，因而成为研究超滤膜微观结构的重要手段之一。不同含量聚吡咯纳米球的加入对聚砜纳米复合膜的 AFM 3D 微观形貌产生影响(图 5-28)。由纳米复合超滤膜的 AFM 图片可以看出，膜表皮层较为致密，伴随有数量较多的孔径分布不均的小孔，膜表面总体呈现起伏不平的微观结构。利用软件将 AFM 3D 图片转化为直方图，从而可以获知超滤膜的表面平均粗糙度、均方根粗糙度、最大粗糙度和比表面积。不同聚吡咯纳米球含量的聚砜纳米复合膜超滤膜的直方图分析见图 5-29，其结果总结在表 5-5 中。

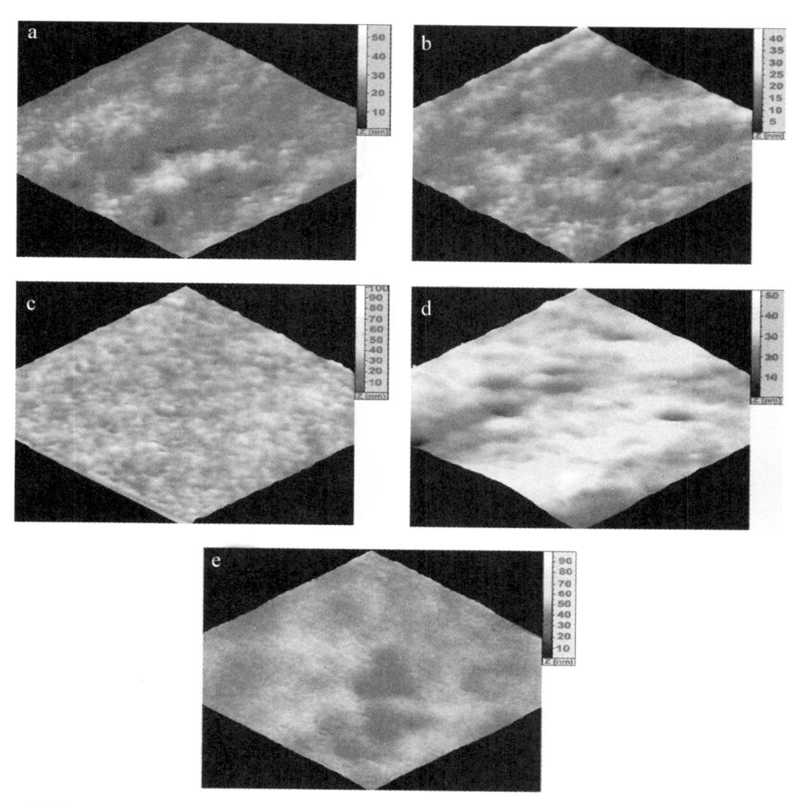

图 5-28　AFM 3D images of (a) PSf membrane and (b—e) PPy/PSf nanocomposite ultrafiltration membranes with addition of following weight percentages of PPy nanospheres: (b) 2, (c) 4, (d) 10 and (e) 20 wt%

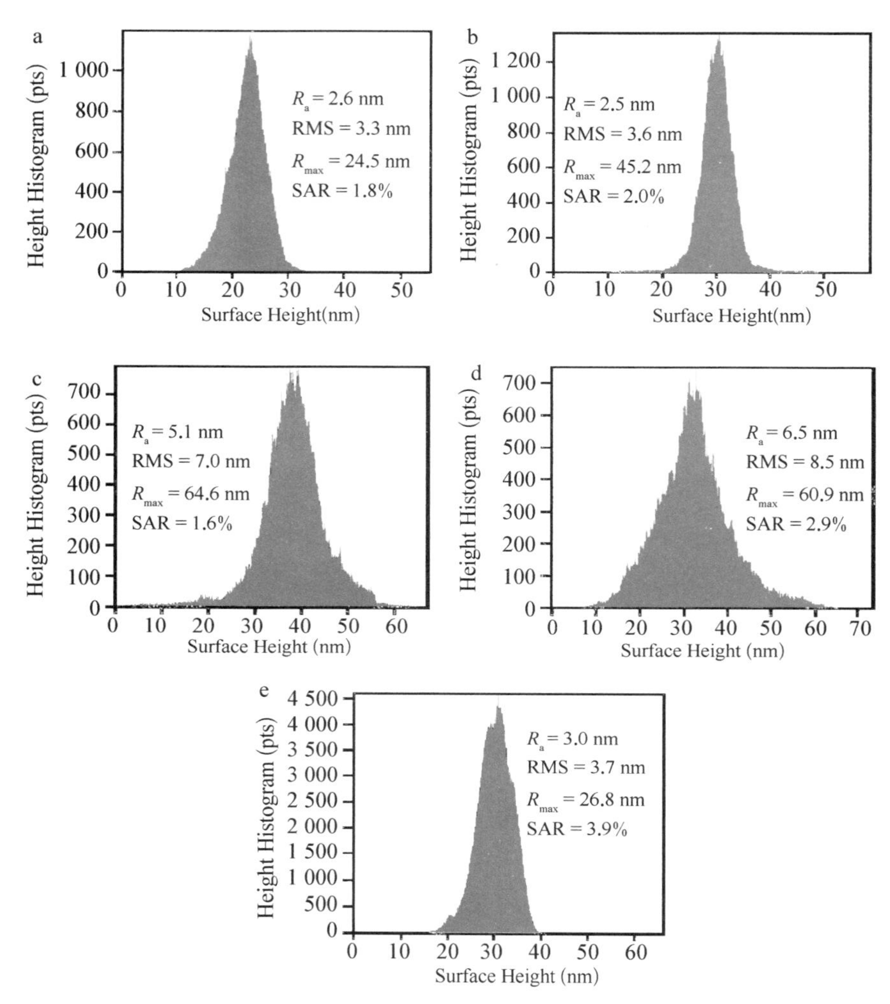

图 5-29 Surface AFM histogram analyses of (a) PSf membrane and (b—e) PPy/PSf nanocomposite ultrafiltration membranes with addition of following weight percentages of PPy nanospheres: (b) 2, (c) 4, (d) 10 and (e) 20 wt%

表 5-5 Effect of PPy content on the average roughness, RMS deviation, maxumial roughness (R_{max}), and surface area ratio (SAR) of PPy/PSf nanocomposite ultrafiltration membranes

PPy content (wt%)	R_a (nm)	RMS(nm)	R_{max} (nm)	SAR(%)
0	2.6	3.3	24.5	1.8
2	2.5	3.6	45.2	2.0

续　表

PPy content (wt%)	R_a(nm)	RMS(nm)	R_{max}(nm)	SAR(%)
4	5.1	7.0	64.6	1.6
10	6.5	8.5	60.9	2.9
20	3.0	3.7	26.8	3.9

从表 5－5 可以看出，聚砜超滤膜的表面平均粗糙度、均方根粗糙度、最大粗糙度和比表面积分别为 2.6 nm、3.3 nm、24.5 nm 和 1.8%。当聚吡咯纳米球的加入量不高时如 2 wt%，复合膜的平均粗糙度、均方根粗糙度、最大粗糙度以及比表面积变化不大。随着聚吡咯纳米球的不断加入，膜的平均粗糙度、均方根粗糙度和最大粗糙度先增大后减小，当聚吡咯纳米球的含量为 10 wt%达到最大。而膜的比表面积随聚吡咯纳米球含量的提高，总体上不断增大。

5.3.9.3　热稳定性

利用热重分析对聚砜和聚吡咯/聚砜纳米复合膜的热稳定性进行分析，样品的失重曲线(图 5－30)。

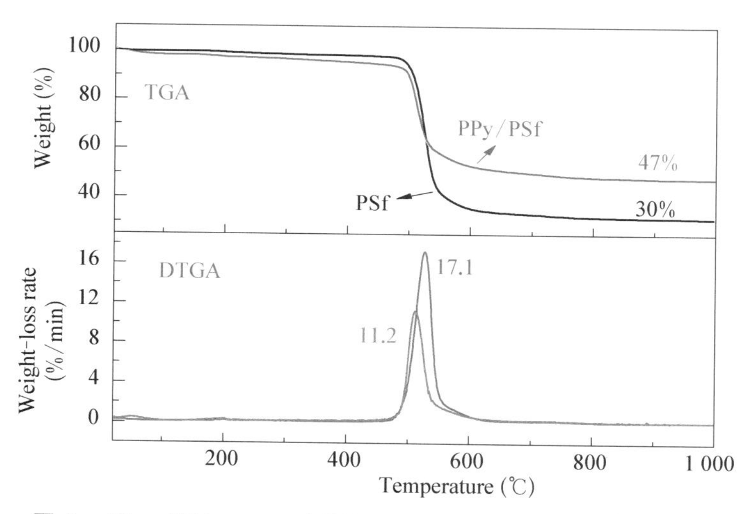

图 5－30　TGA scans of PSf membrane and 20 wt% PPy/PSf nanocomposite membranes

失重曲线上的最高温度对应的残焦量、最高失重率以及最高失重率对应的温度常是衡量材料热稳定性的重要参数。纯聚砜膜在最高 1 000℃时的残焦量仅为30%，而采用20 wt%聚吡咯/聚砜纳米复合膜的残焦量达47%；聚砜和聚吡咯/聚砜纳米复合膜的最高失重率分别为17.1%/min和11.2%/min；最高失重率对应的温度均为515℃左右，表明复合膜具有比聚砜更高的热稳定性。但是，也得注意到，在400℃之前，即聚合物分子主链分解前，复合膜的热失重量比聚砜膜高，一方面，可能是聚吡咯含有少量的掺杂剂蒸发所致；另一方面，由于聚吡咯比聚砜的亲水性高很多，复合膜比聚砜膜吸收了更多的水分，这些水分的蒸发也导致了更高的失重率。

5.3.9.4 亲疏水性

膜表面的亲疏水性对蛋白质的吸附、水通量和膜的自清洁能力等有重要影响。普遍认为聚砜膜的亲水性较差，是造成其抗污染能力差和水通量差的重要原因。研究聚吡咯纳米球对聚砜膜的亲疏水性的影响是非常必要的。由于超滤膜是一种表面多孔性材料，因此，我们采用气俘法测试了膜表面对水的接触角，然后结合AFM形貌分析了其亲疏水性。一般来说，材料的亲水性越好，相同大小气泡与材料表面的接触面积就越小。在聚砜中加入4 wt%的不同酸如HCl、HNO_3、$HClO_4$和CSA合成得到的不同平均粒径的聚吡咯纳米球，所得到的复合膜表面与气泡的作用如图5-31所示。随着聚吡咯纳米球粒径的增加，气泡与复合膜在水中的接触面积增大，响应膜在水中的接触角分别为42.1°、38.5°、33.8°和33.8°，如表5-6所示。聚砜膜在水中的接触角高达64.7°，表明聚吡咯纳米球的加入，可以大大提高聚砜膜的亲水性。

不同含量的聚吡咯纳米球对聚砜膜表面接触角和表面吉布斯自由能的影响如表5-7所示。偏疏水性聚砜膜对水的接触角为64.7°，表面吉布斯自由能为103.4 mJ/m^2。加入2 wt%聚吡咯纳米球后，膜表面对水的接触角降至54.0°，而表面吉布斯自由能上升至114.8 mJ/m^2；继续加入聚吡咯纳米球至4 wt%，膜表面对水的接触角降至42.1°，表面吉布斯自由能上升至126.0 mJ/m^2，表明膜的亲水性能进一步提高；而当聚吡咯纳米球的含量≥10 wt%时，膜表面对水的接触角42°～45°，自由能维持在122～126 mJ/m^2不变。总体而言，聚吡咯纳米的加入，可以大大改善聚砜的亲水性。这可能是由以下两个原因引起的：① 聚吡咯纳米球自身的亲水性，由于聚吡咯分子链含有大量的极性基团(胺基)，而且纳米材料具有较高达比表面能，聚吡咯纳米球复合层的存在改善了聚砜膜的表面化学结构，提高了膜的表面润湿性；② 聚吡咯/聚砜纳米复合膜表面粗糙度比聚砜膜高很多，亲水性的表面粗糙度的增加也会导致表面接触角减小。

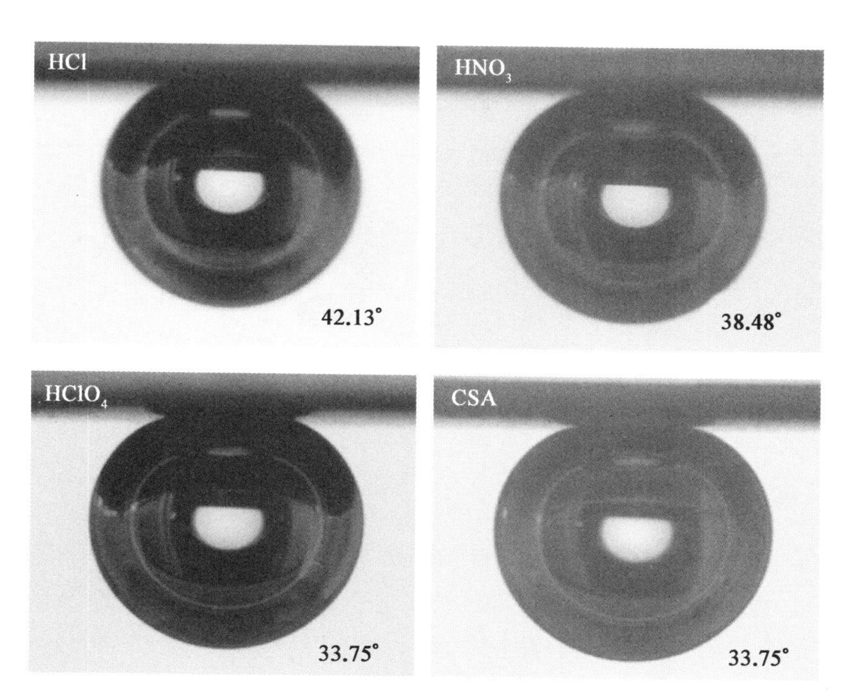

图 5 - 31　**The interaction between air bubbles and PPy/PSf nanocomposite ultrafiltration membranes with addition of 4 wt% of PPy nanospheres synthesized with the following acids: HCl, HNO_3, $HClO_4$, and CSA. The membranes were inserted into the MQ water during the measurements**

表 5 - 6　**Effect of nanoparticle size on the contact angle, permeability, BSA rejection, and surface pore size (SPS) of PPy/PSf nanocomposite ultrafiltration membranes with addition of 4 wt% of PPy nanospheres synthesized with the following acids: HCl, HNO_3, $HClO_4$, and CSA**

PPy - acid	Particle size(nm)	Contact angle(°)	Permeability (gfd/psi)	Rejection (%)	SPS (nm)
HCl	80—100	42.1±0.7	41.7±3.3	94.4±2.8	7.2
HNO_3	100—120	38.5±3.1	39.1±2.8	97.5±3.2	6.8
$HClO_4$	150—220	33.8±2.5	48.0±3.2	91.4±2.9	7.6
CSA	220—250	33.8±2.2	47.1±4.0	89.7±3.6	7.8
PSf	—	64.7±3.8	9.2±0.7	90.2±5.8	7.7

表 5-7 **Effect of PPy content on the contact angle, Gibbs surface energy, permeability, BSA rejection, and SPS of PPy/PSf nanocomposite membranes with addition of 4 wt% of PPy nanospheres synthesized with HCl**

PPy content (wt%)	Particle size(nm)	Contact angle(°)	$-\Delta G_{13}$ (mJ/m^2)	Permeability (gfd/psi)	Rejection (%)	SPS (nm)
0	—	64.7±3.8	103.4	9.2±0.7	90.2±5.8	7.7
2	80—100	54.0±5.8	114.8	41.3±0.7	96.3±2.5	7.0
4	80—100	42.1±0.7	126.0	41.7±3.3	94.4±2.8	7.2
10	80—100	45.6±4.1	122.3	71.8±6.2	92.4±3.1	7.5
20	80—100	42.9±2.0	124.1	97.6±6.9	85.7±5.3	8.2

5.3.9.5 水渗透性能

聚砜和聚吡咯/聚砜纳米复合膜的纯水通量的测试结果如图 5-32 和图 5-33 所示。相同条件下，纳米复合膜的纯水通量即渗透性明显高于纯聚砜膜。随聚吡咯纳米球含量从 0 wt%分别增加到 2 wt%、4 wt%、10 wt%和 20 wt%，膜的渗透性分别从 9.2 gfd/psi 增加到 41.3 gfd/psi、41.7 gfd/psi、71.8 gfd/psi 和 97.6 gfd/psi，复合膜的渗透性比纯聚砜膜最高提高了 9 倍多。4 wt%不同酸如 HCl、HNO_3、$HClO_4$和 CSA 合成的不同粒径的聚吡咯纳米球添加到聚砜中，得到的复合膜的渗透性分别为41.7 gfd/psi、39.1 gfd/psi、48.0 gfd/psi 和47.1 gfd/psi，即包含大粒径聚吡咯纳米球的复合膜的渗透性稍高，但聚吡咯纳米球的粒径对

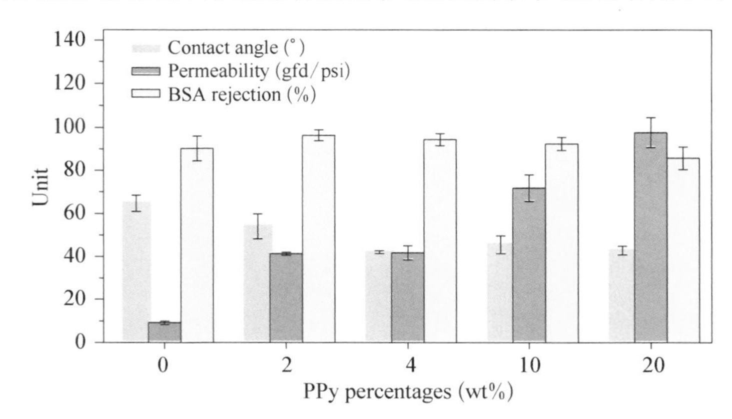

图 5-32 **Contact angle, permeability, and BSA rejection of PPy/PSf nanocomposite ultrafiltration membranes with addition of following PPy nanosphere percentages: 0, 2, 4, 10, and 20 wt%**

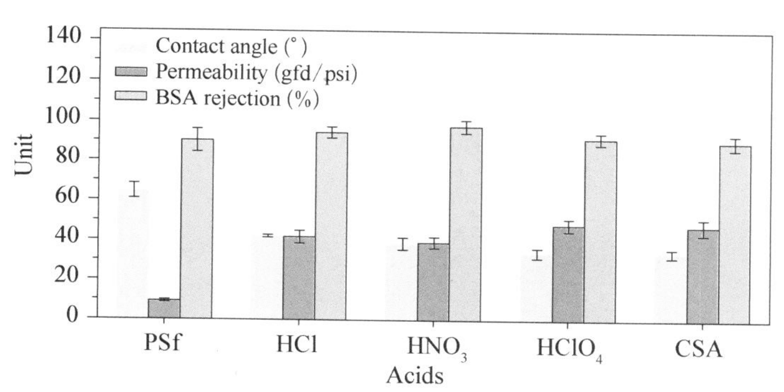

图 5 - 33　Contact angle, permeability, and BSA rejection of PSf membrane and PPy/PSf nanocomposite ultrafiltration membranes with addition of 4 wt% PPy nanospheres synthesized by the following acids: HCl, HNO_3, $HClO_4$, and CSA

复合膜渗透性的影响没有聚吡咯在聚砜中的含量影响大。随着聚吡咯纳米球含量的增加,复合膜的纯水渗透性不断提高。这是由于聚吡咯纳米球含量的提高,一方面,复合膜亲水性不断改善;另一方面,由聚吡咯纳米球迁移产生的空穴随之增多,复合膜的指状孔之间以及指状孔和表面孔之间的网孔连通性提高,双方面原因使水在膜中的穿透速率提高。

5.3.9.6　蛋白质截留性能

利用牛血清蛋白 BSA 对膜的截留性能进行了研究,其测试结果如图5 - 32和图 5 - 33 所示。纯聚砜膜对 BSA 的截留率为 90.2%。将 4 wt%不同酸如 HCl、HNO_3、$HClO_4$和 CSA 合成的不同粒径聚吡咯纳米球添加到聚砜中,得到的复合膜的 BSA 截留率分别为 94.4%、97.5%、91.4%和 89.7%。当聚吡咯纳米球的含量仅为 2 wt%时,复合膜对 BSA 的截留率高达 96.3%。即使当聚吡咯纳米球的含量提高至 10 wt%时,复合膜对 BSA 的截留率仍然比纯聚砜膜高(92.4 *vs.* 90.2%)。这与传统复合型超滤膜在提高膜渗透性同时必然损失了截留率不同,少量聚吡咯纳米球加入到聚砜中不仅能大大提高膜的纯水通量,而且能够提高对 BSA 的截留率。

产生这种水渗透性能和蛋白质截留性能协同效应可能的原因,如图5 - 34所示。此项目中所采用的聚吡咯是一种在极性溶剂中具有高分散性的、酸和三氯化铁掺杂态的纳米球,由于其高分散性能,聚吡咯纳米球可以很好地分散在聚砜基质中,当失去溶剂后,聚吡咯又会不同程度地团聚。另外,成膜过程的溶剂-非溶剂交换在产生孔结构的同时，聚吡咯的掺杂剂即酸和三氯化铁会溶解于水中，最终导致生成了具有尺寸为数百埃级的多孔聚吡咯纳米粒子。当这种多孔的、团聚的聚吡咯纳米粒子位于复合膜的皮层时，就会阻挡大的颗粒分子如 BSA 而允许通过小分子如水。当然，如果不断提高聚吡咯纳米球的含量如20 wt%，对比纯聚砜膜，虽然复合膜的渗透性最高提高了 9 倍，但是，其对 BSA 的截留率略微下降(85.7% *vs.* 90.2%)。这是因为大量的聚吡咯纳米球的加入导致复合膜表面孔孔径增大的缘故。

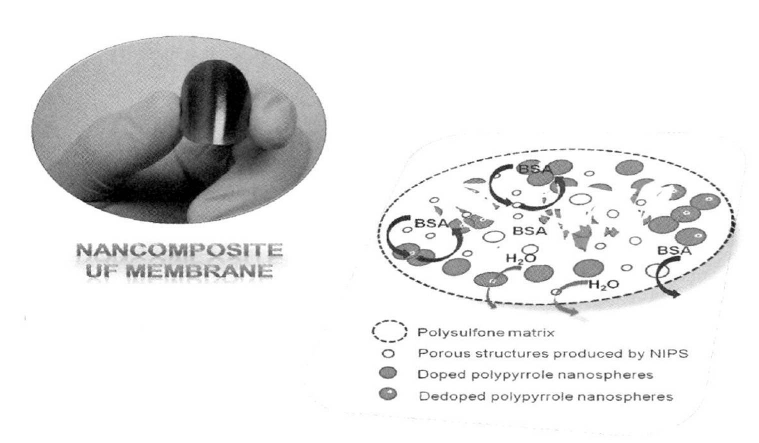

图 5－34　Proposed mechanism explaining the sygenetic effect of permeability and BSA rejection of PPy/PSf nanocomposite UF membranes

5.3.9.7　荷电性能

通常的超滤膜属于筛孔分离过程，即只要通过静压力差为推动力，被分离物中比膜孔孔径小的物质能够透过膜，而比膜孔孔径大的物质被截留。对超滤膜施加电场，可以使其表面带上正电或负电。使用这种带电的超滤膜时，被分离物如果带有与膜电荷同性的电荷，由于静电排斥力，即使分子比膜孔小，也不能滤过；被分离物如果处于非电荷状态，则可以通过膜，由此可将大小相近的电荷分子与非电荷分子分离开。为拓展聚吡咯/聚砜纳米复合膜的应用，实验对其表面的流动电位和膜的电导率进行了测试，如图 5－35 所示，膜表面流动电位随进水 pH 值有较大的变化。在 pH<3.5 时，所有的膜表面带正电荷；在 pH>4.2时，膜表面带负电荷；中间 pH 范围为正负电荷的过渡区。聚吡咯纳米球含量分别为 0、2 wt%、4 wt%、10 wt%和 20 wt%时，膜的等电点对应的 pH 分别为 3.55、3.87、4.05、4.28 和 4.16，随聚吡咯含量的增加，膜的等电点往高 pH 位移，膜的被质子化能力增强。这是由于复合膜表面不仅含有大量来自聚砜的砜基，而且还含有大量来自聚吡咯的胺基和亚胺基，后两类基团上的氮原子都有含有孤对电子，所以，容易与溶液中的质子结合发生质子化反应。

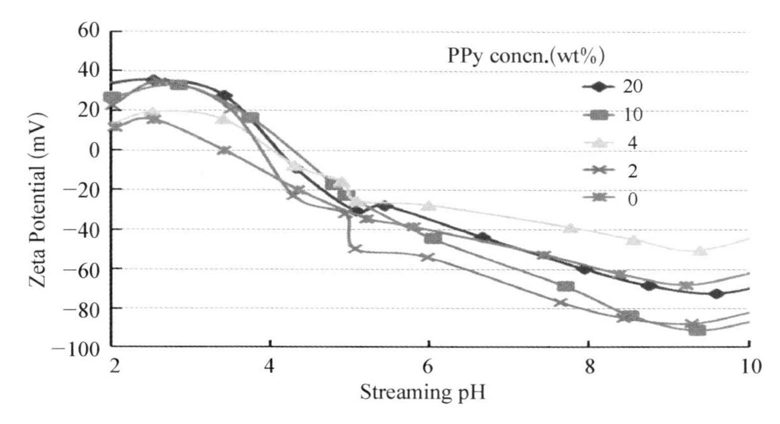

图 5－35　Effect of pH on the Zeta potential of PPy/PSf nanocomposite ultrafiltration membranes prepared with addition of the following PPy weight percentages：0，2，4，10，and 20 wt%

总体来说，无论是在等电点以下或以上，复合膜的表面的正电荷或负电荷都高于纯聚砜膜。例如，溶液 pH＝3.0 时，含 10 wt%聚吡咯纳米球的复合膜的表面正电位是纯聚砜膜的 2.8 倍左右；而溶液 pH＝9.5 时，该复合膜的表面负电位是纯聚砜膜的 1.5 倍左右。

5.4　本 章 小 结

此项目提出了一种快速引发聚合法制备聚吡咯纳米球的新方法。该方法通过在吡咯的聚合过程添加引发剂 2,4－二氨基二苯基胺，极大地提高了吡咯的聚合速率，所得聚吡咯材料的产率和可加工性能大大提高。该方法具有操作简单、成本低廉和可大规模生产等优点，而且该聚合反应在水相中进行，不使用任何有机溶剂，产品分离简单，是一种环境友好的高效率制备聚吡咯纳米材料的方法。本章定性考察了引发剂浓度、氧化剂、酸和氧单比等 4 个因素对聚吡咯的化学结构、微观形貌、颗粒尺寸、电导率和产率的影响，阐明了聚吡咯纳米球的形成机理；利用聚吡咯纳米球特殊的化学结构，制备了高电导率、可溶剂分散的碳纳米球；利用聚吡咯的优良加工性能，与聚砜共混，通过溶剂/非溶剂相转移法，制备了新型的纳米复合超滤膜；研究了聚吡咯纳米球的粒径和含量对复合超滤膜的亲水性、渗透性、蛋白质截留率、荷电性以及热稳定性的影响。主要结论如下：

(1) 引发聚合生成的聚吡咯的产率、电导率和 $\pi-\pi$ 共轭程度取决于引发剂浓度、氧化剂、酸和氧单比。随引发剂浓度从 0 mol%增加至 10 mol%时，聚吡咯的产率从 2.7%迅速提高至 42.6%，继续增加引发剂量对产率影响不大；氧化剂的氧化能力越强、氧单比越高，得到的产物 $\pi-\pi$ 共轭程度越高，电导率和产率也越高；不同酸介质如 HCl、HNO_3、$HClO_4$ 和 CSA 对产物的产率的影响比较小，但能明显影响产物的电导率；采用 HNO_3 为反应介质，产物的电导率最高，约为 10^{-2} S/cm。

(2) 引发聚合生成的聚吡咯呈现规则的纳米球形，其平均粒径受引发剂浓度、氧化剂、酸和氧单比的控制。总体来说，采用 10 mol%的引发剂浓度、以 $FeCl_3$ 为氧化剂、氧单比为 1/1、HCl 为反应介质能够得到分散性质最好、尺寸<100 nm的纳米球。聚吡咯纳米球可以很容易地分散于多种溶剂如水、醇、甲苯和 *N*-甲基-2-吡咯烷酮等；2,4-二氨基二苯基胺在形成聚吡咯纳米球过程至少发挥了两种功能：一方面，在吡咯聚合的初始阶段，催化剂量的引发剂与吡咯进行共聚，加速吡咯聚合的均相成核速率，提高其链增长速度。另一方面，在酸性条件下，2,4-二氨基二苯基胺与氢离子形成铵盐的亲水基，另一端的二苯胺成为疏水性基，这种亲疏水性通过自组装形成纳米微囊包埋吡咯和氧化剂，聚合后导致形成了由酸体积大小控制的聚吡咯纳米球。

(3) 掺杂态聚吡咯纳米球是制备高电导率的炭纳米球的优良母体。采用热解法制备的碳纳米球的尺寸受聚吡咯纳米球母体的尺寸控制，比其母体的尺寸小 20～30 nm；炭纳米球的最高电导率达 1 180 S/cm，其导电性能可以与一些金属导体如汞、铅相媲美。

(4) 利用溶剂共混法结合溶剂/非溶剂相转移法，制备了相容性良好的聚吡咯纳米球/聚砜复合膜，聚吡咯纳米球能够有效地分散于聚砜基质中。SEM 和 AFM 形貌研究表明，随聚吡咯纳米球含量的增加，复合膜的表面孔隙率、表面粗糙度以及膜本体的孔与孔的网络贯通性提高；而相同聚吡咯纳米球含量时，颗粒粒径对复合超滤膜的微观形貌影响较小；聚吡咯纳米球的加入能够有效提高聚砜膜的热稳定性、亲水性、渗透性、蛋白质截留率及荷电性能等。纳米复合膜的纯水通量即渗透性明显高于纯聚砜膜，最大提高了 9 倍多(9.2 *vs.* 97.6 gfd/psi)。聚吡咯纳米球含量和粒径越高，膜的渗透性能越高。与传统复合型超滤膜在提高膜渗透性同时必然损失了截留率,聚吡咯/聚砜纳米复合超滤膜具有渗透性和截留率的协同性。相比纯聚砜膜对 BSA 的截留率为90.2%,将4 wt%不同酸如 HCl、HNO_3、$HClO_4$和 CSA 合成的不同粒径聚吡咯纳米球添加到聚砜中,得到的复合膜的 BSA 截留率分别为 94.4%、97.5%、91.4%和 89.7%。当聚吡咯纳米球的含量仅为 2 wt%时,复合膜对 BSA 的截留率高达 96.3%。即使当聚吡咯纳米球的含量提高至 10 wt%时,复合膜对 BSA 的截留率仍然比纯聚砜膜高(92.4 *vs.* 90.2%)。聚吡咯纳米球可以提高聚砜膜表面荷电性能。随聚吡咯含量的增加,膜的等电点往高 pH 位移,膜的被质子化能力增强。随 pH 值降低,复合膜中的活性基团如胺基、亚氨基或砜基质子化程度提高,膜表面正电荷密度增大,流动正电位响应变大;随 pH 值的升高,复合膜表面的负电密度增大,流动负电位响应变大。预示了聚吡咯/聚砜纳米复合超滤膜在电超滤领域将发挥重要作用。

第6章 结论

本书阐述了利用简单的化学氧化法合成了4种纳米尺度导电聚合物，即稠芳环聚荧蒽纳米纤维、聚苯并菲纳米纤维、芳杂链聚苯胺/碳纳米管杂化纳米纤维以及芳杂环聚吡咯纳米球，研究了各种反应条件对其纳米形态、结构与性能的影响，并探讨了所合成的纳米尺度导电聚合物在荧光传感器、化学传感器、超滤膜以及碳材料的制备上的应用。主要结论如下：

(1) 聚荧蒽纳米纤维的直径约50 nm、长度约50 nm；而聚苯并菲纳米纤维的长度为50～300 nm、长度为1～5 μm；稠环芳烃聚合物分子间有序排列导致长程有序的聚集态结构是形成聚荧蒽和聚苯并菲纳米纤维的主要原因。聚荧蒽和聚苯并菲的聚合度一般为2～5，其分子链分别呈现锥形和五角形环状结构。

(2) 碘掺杂聚荧蒽和聚苯并菲纳米纤维的电导率分在10^{-2} S/cm和10^{-4} S/cm左右。聚荧蒽独特的环状锥形结构和高度芳香性具有非常高的热稳定性、成炭能力和光致发光能力；氧单比为7/1时制备的聚荧蒽在1 100℃时加热的碳残焦高达77.6%，其耐热性能比传统耐热聚合物材料优异许多，是制备碳泡沫的良好母体。而氧单比为5/1时制备的聚荧蒽的光致发蓝绿色荧光能力是荧蒽单体的12倍。聚苯并菲纳米纤维具有较高的耐热性能、优异的光致发蓝光能力以及独特的光热效应；聚苯并菲的光致发纯蓝光能力是苯并菲单体的7倍。聚荧蒽、聚苯并菲溶液及其聚砜复合膜可以作为优异的荧光传感材料，对三价铁离子和硝基爆炸物具有良好的选择性检测功能。聚荧蒽荧光传感器对三价铁离子的检测下限达6.25×10^{-11} M，检测范围横跨7～8个数量级($6.25\times10^{-11}\sim3.13\times10^{-3}$ M)，并对Cu^{2+}具有良好的抗干扰性；对苦味酸的检测下限达1.0×10^{-12} M，检测范围横跨10个数量级($1.0\times10^{-12}\sim1.0\times10^{-2}$ M)。聚苯并菲荧光传感器能对硝基爆炸物苦味酸、硝基苯及硝基甲烷等准确识别，其检测下限分

别为 1.0×10^{-10} M、1.0×10^{-7} M 和 1.0×10^{-4} M，并对无机酸如 HCl、HNO_3、H_2SO_4 和 $HClO_4$ 具有良好的抗干扰性。

(3) 在苯胺的化学氧化聚合过程添加 *N*-苯基对苯二胺和羧酸功能化单壁碳纳米管，合成的芳杂链聚苯胺/碳纳米管杂化物呈现聚苯胺纳米纤维与聚苯胺-碳纳米管壳-核纳米结构交错咬合的杂化纳米纤维网络结构。聚苯胺纳米纤维与碳纳米管之间存在强烈的 π-π 相互作用，形成了碳纳米管掺杂聚苯胺的氧化还原效应，从而使共轭体系的共轭程度和电子输送能力提高。合成的聚苯胺/碳纳米杂化纳米纤维具有良好的分散性、溶解性和电导率。掺杂态、去掺杂态聚苯胺/碳纳米管杂化纳米纤维电导率分别达 95.2 S/cm 和 0.3 S/cm。杂化纳米纤维微电极化学传感器对 HCl 和 NH_3 气体的灵敏度是纯聚苯胺纳米纤维化学传感器的 8 倍多。

(4) 在吡咯的化学氧化聚合过程添加引发剂 2,4-二氨基二苯基胺，极大地提高了吡咯的均相成核聚合速率。随引发剂浓度从 0 mol%增加至 10 mol%时，聚吡咯产率从 2.7%迅速提高至 42.6%；氧化剂的氧化能力越强、氧化剂/单体比越高，聚吡咯的 π-π 共轭程度、电导率和产率也越高；不同酸介质如 HCl、HNO_3、$HClO_4$ 和 CSA 对产率的影响较小，但能明显影响电导率；采用 HNO_3 为反应介质，产物的电导率最高，约为 10^{-2} S/cm。2,4-二氨基二苯基胺在形成聚吡咯纳米球过程发挥了两种功能：一方面，在吡咯聚合的初始阶段，催化剂量的引发剂与吡咯进行共聚，加速吡咯聚合的均相成核速率，提高其链增长速度。另一方面，在酸性条件下，2,4-二氨基二苯基胺与氢离子形成铵盐的亲水基，另一端的二苯胺成为疏水性基，这种亲疏水性通过自组装形成纳米微囊包埋吡咯和氧化剂，聚合后形成了由酸体积大小控制的聚吡咯纳米球。聚吡咯纳米球可以很容易地分散于多种溶剂如水、醇、甲苯和 *N*-甲基-2-吡咯烷酮等；热解法制备的炭纳米球的尺寸受聚吡咯纳米球母体的尺寸控制，但相对降低了 20～30 nm；炭纳米球的最高电导率高达 1 180 S/cm，可以与一些金属导体如汞、铅相媲美。

(5) 溶剂/非溶剂相转移法制备的聚苯胺/碳纳米管/聚砜或聚吡咯/聚砜复合膜的相容性良好。随纳米尺度导电聚合物的加入，有效地改善了聚砜超滤膜的热稳定性、孔隙率、亲水性、荷电性、渗透性和对蛋白质的截留率。当聚苯胺/碳纳米管复合纳米纤维含量≥50 wt%时，聚苯胺/碳纳米管/聚砜复合膜在 pH=7.0 和 0.5 溶液中的电导率达 3.4×10^{-6} S/cm 和 0.1 S/cm；随着复合纳米纤维含量的增加，复合膜的水通量和蛋白质截留率分别提高和减小；随闪光强度由弱增强时,复合膜对蛋白质的截留率由高变低,而纯水通量的变化则由低变高。聚吡咯纳米球的加入使聚砜膜的纯水最大提高了 9 倍多;纳米球含量和粒径越高,膜的渗透性能越好;含 2～4 wt%聚吡咯纳米球的聚砜复合超滤膜显示出独特的渗透性和截留率协同性。

参考文献

[1] Fauvarque J F, Digua A, Petit M A, et al. Electrosynthesis of poly (1,4 - phenylene) catalyzed by nickel complexes[J]. Macromol Chem Phys, 1985, 186(12): 2415 - 2425.

[2] Yamamoto K, Asada T, Nishide H, et al. Preparation of Poly (p-phenylene) by electrooxidative polymerization in acidic media[J]. Bull Chem Soc Jpn, 1988, 61(5): 1731 - 1734.

[3] Nie G M, Cai T, Zhang S S, et al. Low potential electrosyntheses of high quality freestanding polyazulene films[J]. Mater Let, 2007, 61(14/15): 3079 - 3082.

[4] Fan B, Qu L T, Shi G Q. Electrochemical polymerization of anthracene in boron trifluoride diethyl etherate[J]. J Electroanal Chem, 2005, 575(2): 287 - 292.

[5] Qu L T, Shi G Q. Crystalline oligopyrene nanowires with multicolored emission[J]. Chem. Comm., 2006, 24: 2800 - 2801.

[6] Lu G W, Qu L T, Shi G Q. Electrochemical fabrication of neuron-type networks based on crystalline oligopyrene nanosheets[J]. Electrochim Acta, 2005, 51(2): 340 - 346.

[7] Bai H, Li C, Shi G Q. Rapid nitroaromatic compounds sensing based on oligopyrene [J]. Sens Actuators B, 2008, 130(2): 777 - 782.

[8] Zhou W Q, Peng H P, Xu J K, et al. Electrochemical polymerization of phenanthrene in mixed electrolytes of boron trifluoride diethyl etherate and concentrated sulfuric acid [J]. Polymer Int, 2008, 57(1): 92 - 98.

[9] Xu J K, Hou J, Zhang S S, et al. Electrochemical polymerization of fluoranthene and characterization of its polymers[J]. J Phys Chem B, 2006, 110(6): 2643 - 2648.

[10] Xu J K, Zhang Y J, Hou J, et al. Low potential electrosyntheses of free-standing polyfluorene films in boron trifluoride diethyl etherate[J]. Eur Polym J, 2006, 42(5): 1154 - 1163.

[11] Peover M E, White B S. The electro-oxidation of polycyclic aromatic hydrocarbons in

acetonitrile studied by cyclic voltammetry[J]. J Electroana Chem, 1967, 13(1/2): 93 - 99.
[12] Kovacic P, Oziomek J. p-Polyphenyl from benzene-Lewis acid catalyst-oxidant reaction scope and investigation of the benzene-aluminum chloride-cupric chloride system[J]. J Org Chem, 1964, 29(1): 100 - 104.
[13] Sergei A A, Valerii M K. Study of new modifications of poly(p-phenylene) synthesis via oxidative polycondensation[J]. Macromol Chem Phys, 2000, 201(7): 809 - 814.
[14] Toshima N, Kanaka K, Koshirai A, et al. The polymerization of benzene catalyzed by a copper (I) chloride-aluminium chloride-oxygen system [J]. Bull Chem Soc Jpn, 1988, 61(7): 2551 - 2557.
[15] Fukuda M, Sawada M, Yoshino K. Fusible conducting poly (9 - alkylfluorene) and poly (9, 9 - dialkylfluorene) and their characteristics[J]. Jpn J Appl Phys, 1989, 28: L1433 - L1435.
[16] Fernandez A L, Granda M, Bermejo J, et al. Catalytic polymerization of anthracene oil with aluminium trichloride[J]. Carbon, 1999, 37(8): 1247 - 1255.
[17] Ostrum G K, Lawson D D, Landel R F, et al. Organic synthesis using fused salt systems. Preparation of a polytriphenylene (Polytriphenylene synthesis at high temperatures using fused salts)[J]. Chem Commun, 1966, 2: 53.
[18] Li X G, Liu Y W, Huang M R, et al. Simple efficient synthesis of strongly luminescent polypyrene with intrinsic conductivity and high carbon yield by chemical oxidative polymerization of pyrene[J]. Chem Eur J, 2010, 16(16): 4803 - 4813.
[19] Suzuki A. Recent advances in the cross-coupling reactions of organoboron derivatives with organic electrophiles, 1995 - 1998[J]. J Organomet Chem, 1999, 576(1/2): 147 - 681.
[20] Yamamoto T, Morita A, Muyazaki Y, et al. Preparation of conjugated poly (thiophene - 2, 5 - diyl), poly (p-phenylene), and related polymers using zerovalent nickel complexes, linear structure and properties of the π - conjugated polymers[J]. Macromolecules, 1992, 25(4): 1214 - 12131.
[21] Erwin H. Wurtz-Fittig synthesis of heat-stable compounds and polymers[P]. US Patent 3431221, Chem Abstr, 1969, 70: 88452 - 88456.
[22] Schopov I, Jossifov C. Synthesis and properties of poly(9,10 - anthracene diylidene) [J]. Polymer, 1978, 19(2): 1449 - 1452.
[23] Sato M, Kareriyama K, Someno K. Preparation and properties of poly(p-phenylene) and polynaphthylene[J]. Macromol Chem Phys, 1983, 184(11): 2241 - 2249.
[24] Wang F K, Lai Y H, Kocherginsky N M, et al. The first fully characterized

1,3 - polyazulene: High electrical conductivity resulting from cation radicals and polycations generated upon protonation[J]. Org Lett, 2003, 5(7): 995 - 998.

[25] Kwong R, Alleyne B. Triphenylene hosts in phosphorescent light emitting diodes[P]. Pub. No: US 0280965 A1, 2006.

[26] Saleh M, Park Y S, Baumgarten M, et al. Conjugated triphenylene polymers for blue OLED devices[J]. Macromol Rapid Comm. 2009, 30(14): 1279 - 1283.

[27] Saleh M, Baumgarten M, Mavrinskiy A, et al. Triphenylene-based polymers for blue polymeric light emitting diodes[J]. Macromolecules, 2010, 43(1): 137 - 143.

[28] Anton U, Müllen K. Preparation of the first soluble polyperylene by electron-transfer-induced Grignard coupling[J]. Makromol Chem Rapid Commun, 1993, 14: 223 - 229.

[29] Tanaka K, Ueda K, Koike T, et al. Electronic structure of polyperylene[J]. Solid State Commun, 1984, 51(12): 943 - 945.

[30] Former C, Becker S, Grimsdale A C, et al. Cyclodehydrogenation of poly(perylene) to poly(quaterrylene): Toward poly(peri-naphthalene)[J]. Macromolecules, 2002, 35(5): 1576 - 1582.

[31] Schluter A D, Loffler M, Enkelman V. Synthesis of fully unsaturated all-carbon ladder polymer[J]. Nature, 1994, 368: 831 - 834.

[32] Kertesz M, Ashertehrani A. Electronic structure of polyfluoranthene ladder polymers[J]. Macromolecules, 1996, 29(3): 940 - 945.

[33] Li D, Huang J X, Kaner R B. Polyaniline nanofibers: a unique polymer nanostructure for versatile applications[J]. Accounts of Chemical Research, 2009, 42(1): 135 - 145.

[34] S Iijima. Helical microtubules of graphitic carbon[J]. Nature, 1991, 354: 56 - 58.

[35] 杨杰,沈曾民,熊涛. 聚苯胺原位包覆碳纳米管材料的制备及性能[J]. 新型炭材料, 2003,18(2): 95 - 100.

[36] 曾宪伟,赵东林. 碳纳米管/聚苯胺复合材料的原位合成及其形成机理[J]. 炭素技术, 2004,23(4): 15 - 19.

[37] Deng J G, Ding X B, Zhang W C, et al. Carbon nanotube-polyaniline hybrid materials[J]. Eur Polym J, 2002, 38(12): 2497 - 2501.

[38] 邓梅根,杨邦朝,胡永达,等. 基于碳纳米管-聚苯胺纳米复合物的超级电容器研究[J]. 化学学报,2005,63(12): 1127 - 1130.

[39] 封伟,易文辉,徐友龙,等. 聚苯胺-碳纳米管复合体的制备及其光响应[J]. 物理学报, 2003,52(5): 1272 - 1276.

[40] Li L, Qin Z Y, Liang X, et al. Facile fabrication of uniform core-shell structured carbon nanotube-polyaniline nanocomposites[J]. J Phys Chem C, 2009, 113(14): 5502 - 5507.

[41] Martin C R. Membrane-based synthesis of nanomaterials[J]. Chem Mater, 1996, 8(8): 1739 - 1746.

[42] Hulteen J C, Martin C R. A general template-based method for the preparation of nanomaterials[J]. J Mater Chem, 1997, 7(7): 1075 - 1087.

[43] Cheng F L, Zhang M L, Wang H. Fabrication of polypyrrole nanowire and nanotube arrays[J]. Sensors, 2005, 5(4): 245 - 249.

[44] Fukami K, Harraz F A, Yamauchi T, et al. Fine-tuning in size and surface morphology of rod-shaped polypyrrole using porous silicon as template [J]. Electrochem Comm, 2008, 10(1): 56 - 60.

[45] Zhang X Y, Manohar S K. Narrow pore-diameter polypyrrole nanotube[J]. J Am Chem Soc, 2005, 127(41): 14156 - 14157.

[46] Jang J, Oh J H. A facile synthesis of polypyrrole nanotubes using a template-mediated vapor deposition polymerization and the conversion to carbon nanotubes[J]. Chem Commun, 2004, 7(7): 882 - 883.

[47] Deng J G, Peng Y X, He C L, et al. Magnetic and conducting Fe_3O_4 - polypyrrole nanoparticles with core-shell structure[J]. Polym Int, 2003, 52(7): 1182 - 1187.

[48] Chen W, Li X, Xue G, et al. Magnetic and conducting particles: preparation of polypyrrole layer on Fe_3O_4 nanospheres[J]. Appl Surf Sci, 2003, 218(1/4): 216 - 222.

[49] Cheng D M, Xia H B, et al. Facile fabrication of AgCl@polypyrrole-chitosan core-shell nanoparticles and polymeric hollow nanospheres[J]. Langmuir, 2004, 20(23): 9909 - 9912.

[50] Yang X M, Lu Y. Hollow nanometer-sized polypyrrole capsules with controllable shell thickness synthesized in the presence of chitosan[J]. Polymer, 2005, 46(14): 5324 - 5328.

[51] Shi W, Liang P, Ge D, et al. Starch-assisted synthesis of polypyrrole nanowires by a simple electrochemical approach[J]. Chem Commun, 2007, 23: 2414 - 2416.

[52] 黄俐研,杜江,刘正平.壳层可控导电聚吡咯/聚苯乙烯复合微球及聚吡咯中空微胶囊的制备[J].高等学校化学学报,2005,26(6): 1186 - 1188.

[53] Yang X, Dai T, Zhu Z. Electrochemical synthesis of functional polypyrrole nanotubes via a self-assembly process[J]. Polymer, 2007, 48(14): 4021 - 4027.

[54] Hatano T, Takeuchi M, Ikeda A, et al. Nano-rod structure of poly(ethylenedioxythiophene) and poly(pyrrole) as created by electrochemical polymerization using anionic porphyrin aggregates as template[J]. Org Lett, 2003, 5(9): 1395 - 1398.

[55] Shi W, Ge D T, Wang J X, et al. Heparin-Controlled Growth of Polypyrrole Nanowires[J]. Macromol Rapid Commun, 2006, 27(12): 926 - 930.

[56] Dong L Q, Hollis T, Fishwick S, et al. Synthesis, manipulation and conductivity of supramolecular polymer nanowires[J]. Chem Eur J, 2007, 13(3): 822 - 828.

[57] Zhang X, Zhang J, Song W, et al. Controllable synthesis of conducting polypyrrole nanostructures[J]. J Phys Chem B, 2006, 110(3): 1158 - 1165.

[58] Wu A M, Kolla H, Manohar S K. Chemical synthesis of highly conducting polypyrrole nanofiber film[J]. Macromolecules, 2005, 38(19): 7873 - 7875.

[59] Zhong W B, Liu S M, Chen X H, et al. High-yield synthesis of superhydrophilic polypyrrole nanowire networks[J]. Macromolecules, 2006, 39(9): 3224 - 3230.

[60] Wu Q F, He K X, Mi H Y, et al. Electrochemical capacitance of polypyrrole nanowire prepared by using cetyltrimethylammonium bromide (CTAB) as soft template[J]. Mater Chem Phys, 2007, 101(2/3): 367 - 371.

[61] Jang J, Oh J H, Stucky G D. Fabrication of ultrafine conducting polymer and graphite nanoparticles[J]. Angew Chem Int Ed, 2002, 41(21): 4016 - 4019.

[62] Zhou S, Yeh F, Burger C, et al. Formation and transition of highly ordered structures of polyelectrolyte-surfactant complexes[J]. J Phys Chem B, 1999, 103(12): 2107 - 2112.

[63] Liu Y, Chu Y, Yang L K. Adjusting the inner-structure of polypyrrole nanoparticles through microemulsion polymerization[J]. Mater Chem Phys, 2006, 98(2/3): 304 - 308.

[64] S Xing, G Zhao. One-step synthesis of polypyrrole-Ag nanofiber composites in dilute mixed CTAB/SDS aqueous solution[J]. Mater Lett, 2007, 61(10): 2040 - 2044.

[65] Zhang X Y, Goux W J, Manohar S K. Synthesis of polyaniline nanofibers by "nanofiber seeding"[J]. J Am Chem Soc, 2004, 126(14): 4502 - 4503.

[66] Zhang X Y, Manohar S K. Bulk synthesis of polypyrrole nanofibers by a seeding approach[J]. J Am Chem Soc, 2004, 126(40): 12714 - 12715.

[67] Zhou Q, Swager T M. Fluorescent chemosensors based on energy migration in conjugated polymers: The molecular wire approach to increased sensitivity[J]. J Am Chem Soc, 1995, 117(50): 12593 - 12602.

[68] Kim J, McQuade D T, Swager T M, et al. Ion-specific aggregation in conjugated polymers: Highly sensitive and selective fluorescent ion chemosensors[J]. Angew Chem Int Ed, 2000, 39(21): 3868 - 3872.

[69] Li C H, Zhou C J, Zheng H Y, et al. Synthesis of a novel poly(para-phenylene ethynylene) for highly selective and sensitive sensing mercury(Ⅱ) ions[J]. J Polym

Sci, Part A, 2008, 46(6): 1998 - 2007.

[70] Balamurugan A, Reddy M L P, Jayakannan M. Carboxylic-functionalized water soluble π - conjugated polymer: highly selective and efficient chemosensor for mercury(Ⅱ) ions[J]. J Polym Sci A, 2009, 47(19): 5144 - 5157.

[71] Zhang Y, Murphy C B, Jr Jones W E. Poly [p-(phenyleneethynylene)-alt-(thienyleneethynylene)] polymers with oligopyridine pendant groups: Highly sensitive chemosensors for transition metal ions[J]. Macromolecules, 2002, 35(3): 630 - 636.

[72] Yamaguchi S, Swager T M. Oxidative cyclization of bis(biaryl) acetylenes: Synthesis and photophysics of dibenzo[g,p]chrysene-based fluorescent polymers[J]. J Am Chem Soc, 2001, 123(48): 12087 - 12088.

[73] Yang J S, Swager T M. Fluorescent porous polymer films as TNT chemosensors: Electronic and structural effects[J]. J . Am. Chem. Soc. 1998, 120(46): 11864 - 11873.

[74] Fisher M E, Sikes J. Minefield edge detection using a novel chemical vapor sensing technique[J]. Proc SPIE, 2003, 5089: 1078 - 1087.

[75] Chang C P, Chao C Y. Fluorescent conjugated polymer films as TNT chemosensors [J]. Synth Met, 2004, 144(3): 297 - 301.

[76] Albert K J, Myrick M L, Brown S B. Field deployable sniffer for 2,4 - dinitrotoluene detection[J]. Environ Sci Technol, 2001, 35(15): 3193 - 3200.

[77] Belluzo M S, Ribone M É, Lagier C M. Assembling amperometric biosensors for clinical diagnostics[J]. Sensors, 2008, 8: 1366 - 1399.

[78] Liu L, Jia N, Zhou Q, et al. Electrochemically fabricated nanoelectrode ensembles for glucose biosensors[J]. Mater Sci Eng C, 2007, 27(1): 57 - 60.

[79] Fortier G, Bélanger D. Characterization of the biochemical behavior of glucose oxidase entrapped in a polypyrrole film[J]. Biotechnol Bioeng, 1991, 37(9): 854 - 858.

[80] Belanger D, Nadreau J, Fortier G. Biosensor Technology: Fundamentals and Applications[M]. American: CRC Press, 1990.

[81] Foulds N C, Lowe C R. Enzyme entrapment in electrically conducting polymers. Immobilisation of glucose oxidase in polypyrrole and its application in amperometric glucose sensors[J]. J Chem Soc Faraday Trans 1, 1986, 82: 1259 - 1264.

[82] Njagi J, Andreescu S. Stable enzyme biosensors based on chemically synthesized Au-polypyrrole nanocomposites[J]. Biosens Bioelectron, 2007, 23(2): 168 - 175.

[83] Li J, Lin X. Glucose biosensor based on immobilization of glucose oxidase in poly (o-aminophenol) film on polypyrrole-Pt nanocomposite modified glassy carbon electrode [J]. Biosens Bioelectron, 2007, 22(12): 2898 - 2905.

[84] 冯琳洁,吴芳华,徐继明,等. 基于聚吡咯纳米阵列的葡萄糖传感器研究[J]. 化学传感器,2007,27(3):23-28.

[85] Wang J, Musameh M. Carbon-nanotubes doped polypyrrole glucose biosensor[J]. Anal Chim Acta, 2005, 539(1-2): 209-213.

[86] Gao M, Dai L, Wallace G G. Glucose sensors based on glucose-oxidase-containing polypyrrole/aligned carbon nanotube coaxial nanowire electrodes[J]. Synth. Met., 2003, 137(1-3): 1393-1394.

[87] Zhu L, Yang R, Zhai J, et al. Bienzymatic glucose biosensor based on co-immobilization of peroxidase and glucose oxidase on a carbon nanotubes electrode[J]. Biosens Bioelectron, 2007, 23(4): 528-535.

[88] Tsai Y C, Li S C, Liao S W. Electrodeposition of polypyrrole-multiwalled carbon nanotube-glucose oxidase nanobiocomposite film for the detection of glucose[J]. Biosens Bioelectron, 2006, 22(4): 495-500.

[89] Baibarac M, Gomez-Romero P. Nanocomposites based on conducting polymers and carbon nanotubes from fancy materials to functional applications[J]. J Nanosci Nanotechnol, 2006, 6: 1-14.

[90] Bajpai V, He P, Goettler L, et al. Controlled syntheses of conducting polymer micro- and nano-structures for potential applications[J]. Synth Met, 2006, 156(5-6): 466-469.

[91] Azioune A, Siroti F, Tanguy J, et al. Interactions and conformational changes of human serum albumin at the surface of electrochemically synthesized thin polypyrrole films[J]. Electrochim Acta, 2005, 50(7-8): 1661-1667.

[92] Saoudi B, Despas C, Chehimi M M, et al. Study of DNA adsorption on polypyrrole: interest of dielectric monitoring[J]. Sens Actuators B, 2000, 62(1): 35-42.

[93] Ramanathan K, Bangar M A, Yun M, et al. Bioaffinity sensing using biologically functionalized conducting-polymer nanowire[J]. J Am Chem Soc, 2005, 127(2): 496-497.

[94] Yogeswaran U, Chen S M. A review on the electrochemical sensors and biosensors composed of nanowires as sensing material[J]. Sensors, 2008, 8: 290-313.

[95] Xu Y, Ye X Y, Yang L, et al. Impedance DNA biosensor using electropolymerized polypyrrole/multiwalled carbon nanotubes modified electrode[J]. Electroanalysis, 2006, 18(15): 1471-1478.

[96] Wang J, Jiang M. Toward genolelectronics: nucleic acid doped conducting polymers [J]. Langmuir, 2000, 16(5): 2269-2274.

[97] Purvis D, Leonardova O, Faramkovsky D, et al. An ultrasensitive and stable

potentiometric immunosensor[J]. Biosens Bioelectron, 2003, 18(11): 1385 - 1390.

[98] Azioune A, Slimane A B, Hamou L A, et al. Synthesis and characterization of active ester-functionalized polypyrrole-silica nanoparticles: Application to the covalent attachment of proteins[J]. Langmuir, 2004, 20(8): 3350 - 3356.

[99] Bousalem S, Benabderrahmane S, Sang Y Y C, et al. Covalent immobilization of human serum albumin onto reactive polypyrrole-coated polystyrene latex particles[J]. J Mater Chem, 2005, 15(30): 3109 - 3116.

[100] Fan Z F, Wang Z, Duan M R, et al. Preparation and characterization of polyaniline/polysulfone nanocomposite ultrafiltration membrane[J]. J Membr Sci, 2008, 310(1 - 2): 402 - 408.

[101] Fan Z F, Wang Z, Sun N, et al. Performance improvement of polysulfone ultrafiltration membrane by blending with polyaniline nanofibers[J]. J Membr Sci, 2008, 320(1 - 2): 363 - 371.

[102] Guillen G R, Farrell T P, Kaner R B, et al. Pore-structure, hydrophilicity, and particle filtration characteristics of polyaniline-polysulfone ultrafiltration membranes [J]. J Mater Chem, 2010, 20(22): 4621 - 4628.

[103] Bhattacharya A, Mukherjee D C, Gohil J M, et al. Preparation, characterization and performance of conducting polypyrrole composites based on polysulfone [J]. Desalination, 2008, 225(1 - 3): 366 - 372.

[104] Wadhwa R, Lagenaur C F, Cui X T. Electrochemically controlled release of dexamethasone from conducting polymer polypyrrole coated electrode [J]. J Controlled Release, 2006, 110(3): 531 - 541.

[105] George P M, LaVan D A, Burdick J A, et al. Electrically controlled drug delivery from biotin-doped conductive polypyrrole[J]. Adv Mater, 2006, 18(5): 577 - 581.

[106] Thompson B C, Moulton S E. Optimising the incorporation and release of a neurotrophic factor using conducting polypyrrole[J]. J Controlled Release, 2006, 116 (3): 285 - 294.

[107] Abidian M R, Kim D H, Martin D C. Conducting-polymer nanotubes for controlled drug release[J]. Adv Mater, 2006, 18(4): 405 - 409.

[108] George P M, Lyckman A W, LaVan D A, et al. Fabrication and biocompatibility of polypyrrole implants suitable for neural prosthetics[J]. Biomaterials, 2005, 26(17): 3511 - 3519.

[109] Wang Z X, Roberge C, Wan Y, et al. A biodegradable electrical bioconductor made of polypyrrole nanoparticle/poly(D, L - lactide) composite: A preliminary in vitro biostability study[J]. J Biomed Mater Res A, 2003, 66(4): 738 - 746.

[110] Shi G X, Rouabhia M, Wang Z X, et al. A novel electrically conductive and biodegradable composite made of polypyrrole nanoparticles and polylactide [J]. Biomaterials, 2004, 25(13): 2477 - 2488.
[111] Wang Z X, Roberge C, Dao L H, et al. In vivo evaluation of a novel electrically conductive polypyrrole/poly (D, L - lactide) composite and polypyrrole-coated poly (D,L - lactide-co-glycolide) membranes[J]. J Biomed Mater Res A, 2004, 70A(1): 28 - 38.
[112] Jiang X, Marois Y, Traore A, et al. Tissue reaction to polypyrrole-coated polyester fabrics: an in vivo study in rats[J]. Tissue Engineering, 2002, 8(4): 635 - 647.
[113] Chiu H T, Lin J S, Huang C M. The influence of dopant permeability on electrochromic performance of polypyrrole films[J]. J Appl Electrochem, 1992, 22 (4): 358 - 365.
[114] Wan Y, Wen D J. Preparation and characterization of porous conducting poly (DL - lactide) composite membranes[J]. J Membr Sci, 2005, 246(2): 193 - 201.
[115] Zhang Z, Rouabhia M, Wang Z X, et al. Electrically conductive biodegradable polymer composite for nerve regeneration: electricity-stimulated neurite outgrowth and axon regeneration[J]. Artif Organs, 2007, 31(1): 13 - 22.
[116] Bark K M, Force R K. Fluorescence properties of fluoranthene as a function of temperature and environment[J]. Spectrochim Acta A, 1993, 49(11): 1605 - 1611.
[117] Marciniak B. The growth, morphology and perfection of fluoranthene crystals grown from supercooled chlorine derivative solutions on spontaneously formed seeds[J]. J Cryst Growth, 2002, 236(1): 333 - 346.
[118] Kovacic P, Koch F W. Polymerization of benzene to p-polyphenyl by ferric chloride [J]. J Org Chem, 1963, 28(7): 1864 - 1868.
[119] Kovacic P, Kyriakis A. Polymerization of benzene to p-polyphenyl by aluminum chloride-cupric chloride[J]. J Am Chem Soc, 1963, 85(4): 454 - 458.
[120] Kovacic P, Lange R M. Polymerization of benzene to p-polyphenyl by molybdenum pentachloride[J]. J Org Chem, 1963, 28(4): 968 - 972.
[121] Goldenberg L M, Pelekh A E, Krinichnyi V I, et al. Investigation of poly (p-phenylene) obtained by electrochemical oxidation of benzene in a BuPyCl - $AlCl_3$ melt [J]. Synth Met, 1990, 36(2): 217 - 228.
[122] Kovacic P, Jones M B. Dehydro coupling of aromatic nuclei by catalyst-oxidant systems: poly(p-phenylene)[J]. Chem Rev, 1987, 87(2): 357 - 379.
[123] Li X G, Wei F, Huang M R, et al. Facile synthesis and intrinsic conductivity of novel pyrrole copolymer nanoparticles with inherent self-stability[J]. J Phys Chem B,

2007, 111(21): 5829 - 5836.

[124] Li X G, Kang Y, Huang M R. Optimization of polymerization conditions of furan with aniline for variable conducting polymers[J]. J. Comb. Chem. 2006, 8(5): 670 - 678.

[125] Li X G, Lü Q F, Huang M R. Facile Synthesis and optimization of conductive copolymer nanoparticles and nanocomposite films from aniline with sulfodiphenylamine[J]. Chem Eur J, 2006, 12(5): 1349 - 1359.

[126] Huang M R, Peng Q Y, Li X G. Rapid and effective adsorption of lead ions on fine polyphenylenediamine microparticles[J]. Chem Eur J, 2006, 12(16): 4341 - 4350.

[127] Li X G, Huang M R, Li S X. Facile synthesis of poly(1,8 - diaminonaphthalene) microparticles with a very high silver-ion adsorbability by a chemical oxidative polymerization[J]. Acta Mater, 2004, 52(18): 5363 - 5374.

[128] Li X G, Li H, Huang M R. Productive synthesis and multifunctionality of polydiaminoanthraquinone and its pure nanoparticles with inherent self-stability and adjustable conductivity [J]. Chem Eur J, 2007, 13(31): 8884 - 8896.

[129] Lu G W, Shi G Q. Electrochemical polymerization of pyrene in the electrolyte of boron trifluoride diethyl etherate containing trifluoroacetic acid and polyethylene glycol oligomer[J]. J Electroanal Chem, 2006, 586(2): 154 - 160.

[130] Oomens J, Meijer G, Helden G. Gas phase infrared spectroscopy of cationic indane, acenaphthene, fluorene, and fluoranthene[J]. J Phys Chem A, 2001, 105(36): 8302 - 8309.

[131] Li X G, Zhang R R, Huang M R. Synthesis of electroconducting narrowly distributed nanoparticles and nanocomposite films of orthanilic acid/aniline copolymers[J]. J Comb Chem, 2006, 8(2): 174 - 183.

[132] Xing S, Zheng H, Zhao G. Preparation of polyaniline nanofibers via a novel interfacial polymerization method[J]. Synth Met, 2008, 158(1 - 2): 59 - 63.

[133] Li X G, Huang M R, Li H, et al. Facile synthesis and versatilities of polyanthraquinoylamine nanofibril bundles with self-stability and high carbon yield [J]. Nat Preced, Posted 15 October 2008.

[134] Zhang Q, Liang Y, Warner S B. Partial carbonization of aramid fibers[J]. J Polym Sci B, 1994, 32(13): 2207 - 2220.

[135] Allred R E. Hygrothermal effects on the mechanical response of Kevlar 49/epoxy laminates[C]//6th DOE compatibility meeting, 17 Oct, 1978, Golden CO. Sandia Labs, Albuquerque, NM (USA), 1978.

[136] Li X G, Huang M R. Thermal degradation kinetics of thermotropic poly (p-

oxybenzoate-co-p, p′- biphenylene terephthalate) fiber[J]. J Appl Polym Sci, 1999, 71(11): 1923 - 1931.

[137] Bourbigot S, Flambard X, Poutch F, Duquesne S. Cone calorimeter study of high performance fibres-application to polybenzazole and p-aramid fibres[J]. Polym Degrad Stab, 2001, 74(3): 481 - 486.

[138] Chen Y, Stevenson W T K, Soloski E J, et al. Degradation of poly(p-phenylene benzobisthiazole) (PBT) rigid rod, poly(ether ether ketone ether ketone) (PEEKEK) semi-flexible coil, and a grafted "hairy rod" polymer containing PBT and PEEKEK [J]. J Mater Sci, 1992, 27(22): 6171 - 6182.

[139] Li X G, Huang M R. Thermal decomposition kinetics of thermotropic poly (oxybenzoate-co-oxynaphthoate) Vectra copolyester[J]. Polym Degrad Stab, 1999, 64(1): 81 - 90.

[140] Xu L Q, Zhang W Q, Yang Q, et al. A novel route to hollow and solid carbon spheres[J]. Carbon, 2005, 43(5): 1090 - 1092.

[141] Li Z Q, Lu C J, Xia Z P, et al. X-ray diffraction patterns of graphite and turbostratic carbon[J]. Carbon, 2007, 45(8): 1686 - 1695.

[142] 张赤军,吴宝宁,宋一兵.基于斯托克位移的定量荧光强度测试仪[J].吉林大学学报(工学版),2002,32(4): 66 - 69.

[143] Lam C K S C C, Jickells T D, Richardson DJ, et al. Fluorescence-based siderophore biosensor for the determination of bioavailable iron in oceanic waters[J]. Anal Chem, 2006, 78(14): 5040 - 5045.

[144] Cha K W, Park K W. Determination of iron (III) with salicylic acid by the fluorescence quenching method[J]. Talanta, 1998, 46(6): 1567 - 1571.

[145] Singh N, Kaur N, Dunn J, et al. A new fluorescent chemosensor for iron(Ⅲ) based on the β- aminobisulfonate receptor[J]. Tetrahedron Lett, 2009, 50(8): 953 - 956.

[146] Mao J, He Q, Liu W S. An rhodamine-based fluorescence probe for iron(Ⅲ) ion determination in aqueous solution[J]. Talanta, 2010, 80(5): 2093 - 2098.

[147] Pulido-Tofino P, Barrero-Moreno J M, Perez-Conde M C. A flow-through fluorescent sensor to determine Fe(Ⅲ) and total inorganic iron[J]. Talanta, 2000, 51(3): 537 - 545.

[148] Singh N, Kaur N, Callan J F. Incorporation of siderophore binding sites in a dipodal fluorescent sensor for Fe(Ⅲ)[J]. J Fluor, 2009, 19(4): 649 - 654.

[149] Oter O, Ertekin K, Kirilmis C, et al. Characterization of a newly synthesized fluorescent benzofuran derivative and usage as a selective fiber optic sensor for Fe(Ⅲ) [J]. Sens Actuators B, 2007, 122(2): 450 - 456.

[150] Zhang L M, Li B, Su Z M, et al. Novel rare-earth(III)-based water soluble emitters for Fe(III) detection[J]. Sens Actuators B, 2010, 143(2): 595 - 599.

[151] Palanché T, Marmolle F, Abdallah M A, et al. Fluorescent siderophore-based chemosensors: Iron(Ⅲ) quantitative determinations[J]. J Biol Inorg Chem, 1999, 4(2): 188 - 198.

[152] Qin W, Zhang Z J, Zhang C J. Chemiluminescence flow sensor with immobilized reagents for the determination of iron(Ⅲ)[J]. Mikrochimica Acta 1998, 129(1 - 2): 97 - 101.

[153] Barrero J M, Moreno-Bondi M C, Perez-Conde M C, et al. A biosensor for ferric ion [J]. Talanta, 1993, 40(11): 1619 - 1623.

[154] Li N J, Xu Q F, Xia X W, et al. A polymeric chemosensor for Fe^{3+} based on fluorescence quenching of polymer with quinoline derivative in the side chain[J]. Mater Chem Phys, 2009, 114(1): 339 - 343.

[155] Wang J Q, Huang L, Xue M, et al. Architecture of a hybrid mesoporous chemosensor for Fe^{3+} by covalent coupling bis-Schiff base PMBA onto the CPTES - functionalized SBA - 15[J]. J Phys Chem C, 2008, 112(13): 5014 - 5022.

[156] Zhang X B, Cheng G, Zhang W J, et al. A fluorescent chemical sensor for Fe^{3+} based on blocking of intramolecular proton transfer of a quinazolinone derivative[J]. Talanta 2007, 71(1): 171 - 177.

[157] Tarazi L, Narayanan N, Sowell J, et al. Investigation of the spectral properties of a squarylium near-infrared dye and its complexation with Fe(Ⅲ) and Co(Ⅱ) ions[J]. Spectrochim Acta A, 2002, 58(3): 257 - 264.

[158] Sumner J P, Kopelman R. Alexa Fluor 488 as an iron sensing molecule and its application in PEBBLE nanosensors[J]. Analyst, 2005, 130(4): 528 - 533.

[159] Ozturk G, Alp S, Ertekin K. Fluorescence emission studies of 4 - (2 - furylmethylene) - 2 - phenyl - 5 - oxazolone embedded in polymer thin film and detection of Fe^{3+} ion[J]. Dyes Pigments, 2007, 72(2): 150 - 156.

[160] Toal S J, Trogler W C. Polymer sensors for nitroaromatic explosives detection[J]. J Mater Chem, 2006, 16(28): 2871 - 2883.

[161] Meaney M S, McGuffin V L. Luminescence-based methods for sensing and detection of explosives[J]. Anal Bioanal Chem, 2008, 391(7): 2557 - 2576.

[162] Lu J, Zhang Z. A reusable optical sensing layer for picric acid based on the luminescence quenching of the eu-thenoyltrifluoroacetone complex[J]. Anal Chim Acta, 1996, 318(2): 175 - 179.

[163] Sohn H, Calhoun R M, Sailor M J, et al. Detection of TNT and picric acid on

surfaces and in seawater by using photoluminescent polysiloles[J]. Angew Chem Int Ed, 2001, 40(11): 2104 - 2105.

[164] Sohn H, Sailor M J, Magde D, et al. Detection of nitroaromatic explosives based on photoluminescent polymers containing metalloles[J]. J Am Chem Soc, 2003, 125(13): 3821 - 3830.

[165] Toal S J, Sanchez J C, Dugan R E, et al. Visual detection of trace nitroaromatic explosive residue using photoluminescent metallole-containing polymers [J]. J Forensic Sci, 2007, 52(1): 79 - 83.

[166] Saxena A, Fujiki M, Rai R, et al. Fluoroalkylated polysilane film as a chemosensor for explosive nitroaromatic compounds[J]. Chem Mater, 2005, 17(8): 2181 - 2185.

[167] Saxena A, Rai R, Kim S Y, et al. Weak noncovalent Si - F - C interactions stabilized fluoroalkylated rod-like polysilanes as ultrasensitive chemosensors[J]. J Polym Sci A, 2006, 44(17): 5060 - 5075.

[168] Ghosh S, Mukherjee P S. Self-assembly of a nanoscopic prism via a new organometallic Pt_3 acceptor and its fluorescent detection of nitroaromatics [J]. Organometallics, 2008, 27(3): 316 - 319.

[169] Shiraishi K, Sanji T, Tanaka M. Trace detection of explosive particulates with a phosphole oxide[J]. ACS Appl Mater Interfaces, 2009, 1(7): 1379 - 1382.

[170] Ni R, Tong R B, Guo C C, et al. An anthracene/porphyrin dimer fluorescence energy transfer sensing system for picric acid[J]. Talanta, 2004, 63(2): 251 - 257.

[171] Yang X, Niu C G, Shen G L, et al. Picric acid sensitive optode based on a fluorescence carrier covalently bound to membrane[J]. Analyst, 2001, 126(3): 349 - 352.

[172] Niu C G, Li Z Z, Zhang X B, et al. Covalently immobilized aminonaphthalimide as fluorescent carrier for the preparation of optical sensors[J]. Anal Bioanal Chem, 2002, 372(4): 519 - 524.

[173] Zeng H H, Wang K M, Liu C L, et al. A reversible optode membrane for picric acid based on the fluorescence quenching of pyrene[J]. Talanta, 1993, 40(10): 1569 - 1573.

[174] Li Z, Dong Y Q, Lam J W Y, et al. Functionalized siloles: Versatile synthesis, aggregation-induced emission, and sensory and device applications[J]. Adv Funct Mater, 2009, 19(6): 905 - 917.

[175] Kumar S. Triphenylene-based discotic liquid crystal dimers, oligomers and polymers [J]. Liq Cryst, 2005, 32: 1089 - 1113.

[176] 赵可清,高彩艳,胡平,等. 含有酯基及酰胺基柔链的苯并菲盘状液晶的合成、分子间

氢键对柱状介晶性的影响[J]. 化学学报,2006,64(10): 1051 - 1062.

[177] Bacher A, Bley I, Erdelen C H, et al. Low molecular weight and polymeric triphenylenes as hole transport materials in organic two-layer LEDs[J]. Adv Mater, 1997, 9(13): 1031 - 1035.

[178] Briseno A L, Mannsfeld S C B, Lu X M, et al. Fabrication of field-effect transistors from hexathiapentacene single-crystal nanowires[J]. Nano Lett, 2007, 7(3): 668 - 675.

[179] Briseno A L, Mannsfeld S C B, Reese C, et al. Perylenediimide nanowires and their use in fabricating field-effect transistors and complementary inverters[J]. Nano Lett, 2007, 7(9): 2847 - 2853.

[180] Che Y K, Yang X M, Balakrishnan K, et al. Highly polarized and self-wave guided emission from single-crystalline organic nanobelts[J]. Chem Mater, 2009, 21(13): 2930 - 2934.

[181] Liu Y, Wang K R, Guo D S, et al. Supramolecular assembly of perylene bisimide with β - cyclodextrin grafts as a solid-state fluorescence sensor for vapor detection[J]. Adv Funct Mater, 2009, 19(14): 2230 - 2235.

[182] Thünemann A F, Ruppelt D, Burger C, et al. Long-range ordered columns of a hexabenzo[bc, ef, hi, kl, no, qr]coronene-polysiloxane complex: Towards molecular nanowires[J]. J Mater Chem, 2000, 10: 1325 - 1329.

[183] Fleming A J, Coleman J N, Dalton A B, et al. Optical spectroscopy of isolated and aggregate hexabenzocoronene derivatives: A study of self-assembling molecular nanowires[J]. J Phys Chem B, 2003, 107(1): 37 - 43.

[184] Ong B S, Wu Y L, Liu P, et al. High-performance semiconducting polythiophenes for organic thin-film transistors[J]. J Am Chem Soc, 2004, 126(11): 3378 - 3379.

[185] Liu D J, Feyter S De, Grim P C M, et al. Self-assembled polyphenylene dendrimer nanofibers on highly oriented pyrolytic graphite studied by atomic force microscopy [J]. Langmuir, 2002, 18(21): 8223 - 8230.

[186] Ajayaghosh A, Praveen V K. π-Organogels of self-assembled p-phenylenevinylenes: Soft materials with distinct size, shape, and functions[J]. Acc Chem Res, 2007, 40 (8): 644 - 656.

[187] Bhalla V, Singh H, Kumar M. Facile cyclization of terphenyl to triphenylene: A new chemodosimeter for fluoride ions[J]. Org Lett, 2010, 12(3): 628 - 631.

[188] Marguet S, Markovitsi D, Millié P, et al. Influence of disorder on electronic excited states: An experimental and numerical study of alkylthiotriphenylene columnar phases [J]. J Phys Chem B, 1998, 102(24): 4697 - 4710.

[189] Markovitsi D, Germain A, Millié P, et al. Triphenylene columnar liquid crystals: Excited states and energy transfer[J]. J Phys Chem, 1995, 99(3): 1005 - 1017.

[190] Shen Z R, Yamada M, Miyake M. Control of stripelike and hexagonal self-assembly of gold nanoparticles by the tuning of interactions between triphenylene ligands[J]. J Am Chem Soc, 2007, 129(46): 14271 - 14280.

[191] Ng S C, Xu J M, Chan H S O. Synthesis and characterization of regioregular polymers containing substituted thienylene/bithienylene and phenylene repeating units [J]. Macromolecules, 2000, 33(20): 7349 - 7358.

[192] Huang J X, Kaner R B. Flash welding of conducting polymer nanofibres[J]. Nat Mater, 2004, 3: 783 - 786.

[193] Pang Y, Li J, Barton T J. Processible poly[(p-phenyleneethynylene)-alt-(2, 5 - thienyleneethynylene)]s of high luminescence: Their synthesis and physical properties [J]. J Mater Chem, 1998, 8: 1687 - 1690.

[194] Parker C A, Joyce T A. Determination of triplet formation efficiencies by the measurement of sensitized delayed fluorescence[J]. Trans Faraday Soc, 1966, 62: 2785 - 2792.

[195] Berlman I B. Handbook of fluorescence spectra of aromatic molecules [M]. New York: Academic Press, 1971.

[196] Kokkin D L, Reilly N J, Troy T P, et al. Gas phase spectra of all-benzenoid polycyclic aromatic hydrocarbons: Triphenylene [J]. J Chem Phys 2007, 126(8): 084304 -084310.

[197] Setayesh S, Marsitzky D, Müllen K. Bridging the gap between polyfluorene and ladder-poly-p-phenylene: Synthesis and characterization of poly - 2,8 - indenofluorene [J]. Macromolecules, 2000, 33(6): 2016 - 2020.

[198] Jacob J, Sax S, Piok T, et al. Ladder-type pentaphenylenes and their polymers: Efficient blue-Light emitters and electron-accepting materials via a common intermediate[J]. J Am Chem Soc, 2004, 126(22): 6987 - 6995.

[199] Mishra A K, Graf M, Grasse F, et al. Blue-emitting carbon-and nitrogen-bridged poly (ladder-type tetraphenylene)s[J]. Chem Mater, 2006, 18(12): 2879 - 2885.

[200] Thomas III S W, Joly G D, Swager T M. Chemical sensors based on amplifying fluorescent conjugated polymers[J]. Chem Rev, 2007, 107(4): 1339 - 1386.

[201] Tran H D, Li D, Kaner R B. One-dimensional conducting polymer nanostructures: Bulk synthesis and applications[J]. Adv Mater, 2009, 21(14 - 15): 1487 - 1499.

[202] Chen J, Hamon M A, Hu H, et al. Solution properties of single-walled carbon nanotubes[J]. Science, 1998, 282(5386): 95 - 98.

[203] Strano M S, Dyke C A, Usrey M L, et al. Electronic structure control of single-

walled carbon nanotube functionalization[J]. Science, 2003, 301(5639): 1519 - 1522.

[204] Peng H Q, Alvarez N T, Kittrell C, et al. Dielectrophoresis field flow fractionation of single-walled carbon nanotubes[J]. J Am Chem Soc, 2006, 128(26): 8396 - 8397.

[205] Huang J X, Virji S, Weiller B H, et al. Polyaniline nanofibers: Facile synthesis and chemical sensors[J]. J Am Chem Soc, 2003, 125(2): 314 - 315.

[206] Huang J X, Kaner R B. A general chemical route to polyaniline nanofibers[J]. J Am Chem Soc, 2004, 126(3): 851 - 855.

[207] Sainz R, Benito A M, Martínez M T, et al. Soluble self-aligned carbon nanotube/polyaniline composites[J]. Adv Mater, 2005, 17(3): 278 - 281.

[208] Ginic-Markovic M, Matisons J G, Cervini R, et al. Synthesis of new polyaniline/nanotube composites using ultrasonically initiated emulsion polymerization[J]. Chem Mater, 2006, 18(26): 6258 - 6265.

[209] Zengin H, Zhou W S, Jin J Y, et al. Carbon nanotube doped polyaniline[J]. Adv Mater, 2002, 14(20): 1480 - 1483.

[210] Wang Y B, Iqbal Z, Mitra S. Rapidly functionalized, water-dispersed carbon nanotubes at high concentration[J]. J Am Chem Soc, 2006, 128(1): 95 - 99.

[211] Irimia-Vladu M, Marjanovic N, Vlad A, et al. Vacuum-processed polyaniline - C_{60} organic field effect transistors[J]. Adv Mater, 2008, 20(20): 3887 - 3892.

[212] Ma Y F, Cheung W, Wei D G, et al. Improved conductivity of carbon nanotube networks by in situ polymerization of a thin skin of conducting polymer[J]. ACS Nano, 2008, 2(6): 1197 - 1204.

[213] Ma Y F, Ali S R, Wang L, et al. In situ fabrication of a water-soluble, self-doped polyaniline nanocomposite: The unique role of DNA functionalized single-walled carbon nanotubes[J]. J Am Chem Soc, 2006, 128(37): 12064 - 12065.

[214] Park O K, Jeevananda T, Kim N H, et al. Effects of surface modification on the dispersion and electrical conductivity of carbon nanotube/polyaniline composites[J]. Scripta Mater, 2009, 60(7): 551 - 554.

[215] Li H J, Guan H L, Shi Z J, et al. Direct synthesis of high purity single-walled carbon nanotube fibers by arc discharge[J]. J Phys Chem B, 2004, 108(15): 4573 - 4575.

[216] Liu G T, Zhao Y C, Deng K, et al. Highly dense and perfectly aligned single-walled carbon nanotubes fabricated by diamond wire drawing dies[J]. Nano Lett, 2008, 8(4): 1071 - 1075.

[217] Zhang Z M, Wei Z X, Wan M X. Nanostructures of polyaniline doped with inorganic acids[J]. Macromolecules, 2002, 35(15): 5937 - 5947.

[218] Pouget J P, Jozefowicz M E, Epstein A J, et al. X-ray structure of polyaniline[J]. Macromolecules, 1991, 24(3): 779 - 789.

[219] Zhang Z M, Wan M X, Wei Y. Highly crystalline polyaniline nanostructures doped with dicarboxylic acids[J]. Adv Funct Mater, 2006, 16(8): 1100 - 1104.

[220] Rahy A, Yang D J. Synthesis of highly conductive polyaniline nanofibers[J]. Mater Lett, 2008, 62(28): 4311 - 4314.

[221] Zhang L J, Wan M X. Chiral polyaniline nanotubes synthesized via a self-assembly process[J]. Thin Solid Films, 2005, 477(1 - 2): 24 - 31.

[222] Yang Y, Wan M X. Chiral nanotubes of polyaniline synthesized by a template-free method[J]. J Mater Chem, 2002, 12: 897 - 901.

[223] Jana T, Chatterjee J, Nandi A K. Sulfonic acid doped thermoreversible polyaniline gels. 3. Structural investigations[J]. Langmuir, 2002, 18(15): 5720 - 5727.

[224] Zujovic Z D, Laslau C, Bowmaker G A, et al. Role of aniline oligomeric nanosheets in the formation of polyaniline nanotubes[J]. Macromolecules, 2010, 43(2): 662 - 670.

[225] Huang J E, Li X H, Xu J C, et al. Well-dispersed single-walled carbon nanotube/polyaniline composite film[J]. Carbon, 2003, 41(14): 2731 - 2736.

[226] Yao Q, Chen L D, Zhang W Q, et al. Enhanced thermoelectric performance of single-walled carbon nanotubes/polyaniline hybrid nanocomposites[J]. ACS Nano, 2010, 4(4): 2445 - 2451.

[227] Sainz R, Small W R, Young N A, et al. Synthesis and properties of optically active polyaniline carbon nanotube composites[J]. Macromolecules, 2006, 39(21): 7324 - 7332.

[228] Cabezas A L, Zhang Z B, Zheng L R, et al. Morphological development of nanofibrillar composites of polyaniline and carbon nanotubes[J]. Synth Met, 2010, 160(7 - 8): 664 - 668.

[229] Dong J Q, Shen Q. Enhancement in solubility and conductivity of polyaniline with lignosulfonate modified carbon nanotube[J]. J Polym Sci B, 2009, 47(20): 2036 - 2046.

[230] Kim K S, Imris M, Shahverdi A, et al. Single-walled carbon nanotubes prepared by large-scale induction thermal plasma process: Synthesis, characterization, and purification[J]. J Phys Chem C, 2009, 113(11): 4340 - 4348.

[231] Wei Z X, Wan M X, Lin T, et al. Polyaniline nanotubes doped with sulfonated carbon nanotubes made via a self-assembly process[J]. Adv Mater, 2003, 15(2): 136 - 139.

[232] Jiménez P, Maser W K, Castell P, et al. Nanofibrilar polyaniline: Direct route to

carbon nanotube water dispersions of high concentration[J]. Macromol Rapid Commun, 2009, 30(6): 418 - 422.

[233] Jiménez P, Castell P, Sainz R, et al. Carbon nanotube effect on polyaniline morphology in water dispersible composites[J]. J Phys Chem B, 2010, 114(4): 1579 - 1585.

[234] Yılmaz F, Küçkyavuz Z. Conducting polymer composites of multiwalled carbon nanotube filled doped polyaniline[J]. J Appl Polym Sci, 2009, 111(2): 680 - 684.

[235] Jeevananda T, Siddaramaiah K N H, Heo S B, et al. Synthesis and characterization of polyaniline-multiwalled carbon nanotube nanocomposites in the presence of sodium dodecyl sulfate[J]. Polym Adv Technol, 2008, 19(12): 1754 - 1762.

[236] Kim D K, Oh K W, Kim S H. Synthesis of polyaniline/multiwall carbon nanotube composite via inverse emulsion polymerization[J]. J Polym Sci B, 2008, 46(20): 2255 - 2266.

[237] Zhao B, Hu H, Yu A P, et al. Synthesis and characterization of water soluble single-walled carbon nanotube graft copolymers[J]. J Am Chem Soc, 2005, 127(22): 8197 - 8203.

[238] Conklin J A, Huang S C, Huang S M, et al. Thermal properties of polyaniline and poly(aniline-co-o-ethylaniline)[J]. Macromolecules, 1995, 28(19): 6522 - 6527.

[239] Pradhan B, Batabyal S K, Pal A J. Electrical bistability and memory phenomenon in carbon nanotube-conjugated polymer matrixes[J]. J Phys Chem B, 2006, 110(16): 8274 - 8277.

[240] Lu Y J, Partridge C, Meyyappan M, et al. A carbon nanotube sensor array for sensitive gas discrimination using principal component analysis[J]. J Electroanal Chem, 2006, 593(1 - 2): 105 - 110.

[241] 潘学杰,吴礼光,周勇,等. 碳纳米管/聚砜共混超滤膜的制备与表征[J]. 膜科学与技术,2009,29(5): 16 - 22.

[242] Jitsuhara I, Kimura S. Rejection of inorganic salts by charged ultrafiltration membranes made of sulfonated polysulfone[J]. J Chem Eng Jpn, 1983, 16(15): 394 - 399.

[243] 谭绍早,陈中豪. 荷电超滤膜的结构性能和应用[J]. 化工新型材料,2000,28(1): 28 - 30.

[244] Wang L X, Li X G, Yang Y L. Preparation, properties and applications of polypyrroles[J]. React Funct Polym, 2001, 47(2): 125 - 139.

[245] Skotheim T A, Reynolds J R. Handbook of Conducting Polymers[M]. New York: CRC Press, 2007.

[246] Tran H D, Shin K, Hong W G, et al. A template-free route to polypyrrole nanofibers [J]. Macromol Rapid Commun, 2007, 28(24): 2289 - 2293.

[247] Mazur M. Preparation of surface-supported polypyrrole capsules using a solidified droplets template approach[J]. J Phys Chem B, 2009, 113(3): 728 - 733.

[248] Jang J, Yoon H. Formation mechanism of conducting polypyrrole nanotubes in reverse micelle systems[J]. Langmuir, 2005, 21(24): 11484 - 11489.

[249] Zhang W X, Wen X G, Yang S H. Synthesis and characterization of uniform arrays of copper sulfide nanorods coated with nanolayers of polypyrrole[J]. Langmuir, 2003, 19(10): 4420 - 4426.

[250] Mi H Y, Zhang X G, Ye X G, et al. Preparation and enhanced capacitance of core-shell polypyrrole/polyaniline composite electrode for supercapacitors[J]. J Power Sources, 2008, 176(1): 403 - 409.

[251] Lee K H, Park B J, Song D H, et al. The role of acidic m-cresol in polyaniline doped by camphorsulfonic acid[J]. Polymer, 2009, 50(18): 4372 - 4377.

[252] Conway B E. Ionic hydration in chemistry and biophysics[M]. New York: Elsevier Scientific Publishing Company, 1981.

[253] Goela S, Mazumdara N A, Gupta A. Synthesis and characterization of polypyrrole nanofibers with different dopants[J]. Polym Adv Tech, 2009, 21(3): 205 - 210.

[254] Kim S W, Park C R. Catalyst-free and template-free preparation of semi-cylindrical carbon nanoribbons[J]. Carbon, 2009, 47(10): 2391 - 2395.

[255] Salaneck W R, Lundström I, Rånby B. Conjugated polymers and related materials [M]. London: Oxford University Press, 1993.

[256] Ricou R, Vives C. Local velocity and mass transfer measurements in molten metals using an incorporated magnet probe[J]. Int J Heat Mass Transfer, 1982, 25(10): 1579 - 1588.

[257] Wang Y, Su F B, Wood C D, et al. Preparation and characterization of carbon nanospheres as anode materials in lithium-ion secondary batteries[J]. Ind Eng Chem Res, 2008, 47(7): 2294 - 2300.

[258] Derradji N E, Mahdjoubi M L, Belkhir H, et al. Nitrogen effect on the electrical properties of CNx thin films deposited by reactive magnetron sputtering[J]. Thin Solid Films, 2005, 482(1 - 2): 258 - 263.

[259] Hou P X, Orikasa H, Yamazaki T, et al. Synthesis of nitrogen-containing microporous carbon with a highly ordered structure and effect of nitrogen doping on H_2O adsorption[J]. Chem Mater, 2005, 17(20): 5187 - 5193.

[260] Lee S U, Belosludov R V, Mizuseki H, et al. Designing nanogadgetry for

nanoelectronic devices with nitrogen-doped capped carbon nanotubes[J]. Small, 2009, 5(15): 1769-1775.

[261] Cruz-Silva E, Lopez-Urias F, Munoz-Sandoval E, et al. Electronic transport and mechanical properties of phosphorus-and phosphorus-nitrogen-doped carbon nanotubes [J]. ACS Nano, 2009, 3(7): 1913-1921.

[262] Strathmann H, Kocka K, Amar P, et al. The formation mechanism of asymmetric membranes[J]. Desalination, 1975, 6(2): 179-203.

后记

本书是在我的导师李新贵教授、Richard B. Kaner 教授以及黄美荣教授指导下完成的，导师们严谨的治学态度、活跃的学术思想和忘我的科研精神使我终身受益。衷心感谢导师一直在学业上给予的悉心教诲，在生活上给予的关心与支持。借此祝愿他们身体健康，工作顺利！

本书进行过程中得到了美国加州大学洛杉矶分校 Eric M. V. Hoek 教授和 Kang L. Wang 教授、阿博利斯生物制药公司 Kayvan Niazi 教授和 Shahrooz Rabizadeh 教授、澳大利亚皇家墨尔本理工学院 Kourosh Kalantar-Zadeh 教授以及英国牛津大学 Mark G. Moloney 教授在构建电化学器件、超滤膜性能测试和核磁共振分析方面的大力支持，得到了美国加州大学洛杉矶分校 Veronica Strong、Thomas Farrell、Yue Wang、Julio M. D' Arcy 以及 Jianshi Tang 等同学的无私帮助，在此一并感谢。同时，还要感谢同济大学师兄李虎博士、后振中博士；博士生黄绍军、封皓、丁永波；硕士生李昂、李骥、马小立、陈强、饶学武、鹿洪杰等在本书的实验工作以及我的学习和生活中给予的支持和帮助。

最后，特别感谢我深爱的妻子，正是她的包容与鼓励，使我能顺利完成学业；特别感谢我那年过半百的父母亲，是他们近 30 年的培养、持之以恒的支持与鼓励才能使我取得今天的成绩，愿孩子的成熟舒缓他们两鬓的白发。

本书获得国家自然科学基金(50873077 和 50773053)、国家留学基金(2008626064)和美国阿博利斯生物制药公司的资助，特此致谢！

廖耀祖